SPATIAL INFORMATION SCIENCE
ON PRACTICE

공간정보학 실습

공간정보학 실습 · SPATIAL INFORMATION SCIENCE ON PRACTICE

초판 1쇄 발행 2016년 7월 18일
초판 4쇄 발행 2023년 3월 22일

지은이 한국공간정보학회 | 강영옥 · 서동조 · 주용진

펴낸이 김선기
펴낸곳 (주)푸른길
출판등록 1996년 4월 12일 제16-1292호
주소 (08377) 서울특별시 구로구 디지털로 33길 48 대륭포스트타워 7차 1008호
전화 02-523-2907, 6942-9570~2
팩스 02-523-2951
이메일 purungilbook@naver.com
홈페이지 www.purungil.co.kr

ISBN 978-89-6291-355-2 93980

■이 도서의 국립중앙도서관 출판예정도서목록(CIP)은 서지정보유통지원시스템 홈페이지
(http://seoji.nl.go.kr)와 국가자료공동목록시스템(http://www.nl.go.kr/kolisnet)에서 이용
하실 수 있습니다.(CIP제어번호: CIP2016014007)

Spatial
Information
Science

오픈소스 공간정보 소프트웨어를 활용한 실습:
QGIS, PostGIS, GeoSERVER, APP Inventor, GRASS

SPATIAL INFORMATION SCIENCE ON PRACTICE

공간정보학 실습

한국공간정보학회

강영옥 · 서동조 · 주용진

푸른길

공간정보(지도)가 모든 활동의 중심이 되는 시대가 열리고 있습니다. 스마트폰으로 가까운 병원이나 맛집을 찾는 것은 기본이고 가까운 곳에 있는 택시를 부르거나 주차장의 빈 공간을 찾아 주는 모바일 서비스(애플리케이션)도 등장했습니다. 구글이나 네이버는 미술관이나 박물관을 디지털지도 속으로 옮겨 오고 있고, 시민단체 활동, 학술연구, 정부 정책도 이제는 디지털지도를 통해 이루어지고 있습니다.

대기오염, 지구온난화, 각종 재난재해, 식량부족 등 인류의 안전하고 지속적인 삶을 위협하는 문제를 해결하기 위해 다양한 학문 간 교류와 우주공간을 포함한 전 지구 차원의 정량적이고 지속적인 정보의 수집과 분석이 요구되고 있습니다. 지구공간에서 우주공간까지 다양하고 연속적인 정보를 수집하여 분석하고, 분석된 정보에 기초하여 과학적이고 합리적인 진단과 예측을 지원하는 학문이 '공간정보학'입니다.

이 책은 대학에서 공간정보학을 처음 접하는 학생들을 대상으로 강의에 활용할 수 있도록 데이터를 수집, 저장, 관리, 처리하여 분포, 배치, 인접관계 등의 공간분석을 수행하며, 그 결과를 표시하거나 종합하여 의미 있는 정보를 만들어 내기 위해 필요한 이론과 실습으로 구성하였습니다.

제1권 『공간정보학』은 공간정보에 대한 소개와 이슈, 공간정보 수집과 처리, 지적, GIS, 원격탐사, 공간정보 활용에 대한 개관으로 구성되어 있으며, 제2권 『공간정보학 실습』은 공간정보 소프트웨어를 활용하여 데스크톱, 서버, 모바일 GIS를 경험할 수 있도록 실습과 예제 위주로 구성되어 있습니다.

공간정보의 전반적인 내용을 담고 있는 개론서로서 충분한 이 책은 공간정보학을 배우려는 학생과 가르치려는 선생님 모두에게 시작점이 되어 줄 것입니다.

마지막으로 이 책을 펴내기 위해 수고하신 저자들과 자료를 협조해 주신 관계 기관 담당자들에게 감사드립니다.

2016년 6월
한국공간정보학회 회장 신동빈

머리말 •4

7. 플러그인 활용 •163

8. 프로젝트 실습 •185

2편   PostGIS, 지오서버, 모바일 GIS

1. 공간데이터의 자료 관리 •236

1.1 PostGIS의 이해 •236

1.2 PostGIS 설치 및 관리 도구 •238

1.3 공간데이터베이스 구축 실습 •252

QGIS 실습

1편

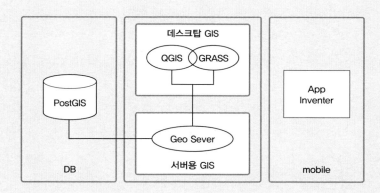

1. 공간정보 소프트웨어 소개

1.1 QGIS 소개와 사용법

GIS 소프트웨어는 지리정보의 수집, 저장, 관리, 질의, 분석, 표현 등의 기능을 갖는 시스템이다. 소프트웨어는 다양한 방식으로 시장에 출시될 수 있는데, 대표적인 출시 형태는 판매용 기성품을 하드카피 미디어(CD나 DVD)로 판매하는 것이다. 현재 이러한 상용 GIS 소프트웨어 시장은 2009년을 기준으로 전 세계적으로 에스리(ESRI)사가 점유율 30%, 인터그래프(Intergraph)사가 16%로 각각 1, 2위를 기록하고 있다. 그러나 다른 대안의 배포 형태가 점차 늘어가고 있는데, 그 가운데 하나가 오픈소스 소프트웨어(open source software)라 할 수 있다. 오픈의 의미는 무료가 아니라, 소프트웨어 소유권이 독점되지 않았다는 것을 의미하며 경우에 따라 무료일 수도 아닐 수도 있다. 오픈소스 소프트웨어는 소스 접근이 허용되며, 소스의 갱신, 재배포 등이 용이하다는 특징을 지니고 있다. 사용자는 소프트웨어를 사용할 뿐 아니라 프로그램을 갱신하거나 새로운 모듈을 개발하여 추가할 수 있다. 최근에는 오픈되었다는 의미와 무료 사용이 가능하다는 의미를 함께 포함하는 FOSS(Free and Open Source Software)라는 용어가 등장하였고, 공간정보 분야에서는 FOSS4G(Free and Open Source Software for Geospatial)라는 용어를 사용하고 있다.

QGIS(Quantum GIS)는 FOSS4G 프로젝트의 일환으로 오픈소스 데스크탑 GIS 분야에서 가장 선도적이며 안정적인 GIS 소프트웨어 가운데 하나라 할 수 있다. QGIS는 오픈소스 프로젝트로, 개발은 자원봉사 그룹에 의해 관리되고 있으며, 누구나 자유롭게 이용 및 개선할 수 있다. 전 세계 많은 개발자들에 의해 지속적으로 새로운 기능들이 핵심기능 및 플러그인 형태로 제공되고 있다. 현재 QGIS 버전 2.14까지 나와 있으며, 홈페이지를 통해 프로그램을 다운받을 수 있고, 관련 교육자료와 사용자 매뉴얼도 활용이 가능하다.

QGIS 홈페이지
(http://www.qgis.org/ko/site/index.html)

OSGeo 한국어지부
(http://www.osgeo.kr)

〈그림 1-1〉 QGIS 홈페이지 및 OSGeo 한국어지부

예제1 QGIS 설치 및 둘러보기

(1) QGIS 설치하기

① http://qgis.org/ko/site에 접속하여 QGIS 설치 파일을 내려받는다. (QGIS 2.10 버전)

도움말 실습 데이터 다운로드

웹하드 페이지 접속 http://only.webhard.co.kr
　　　　　　　　　　ID : pur456 PW : 2907
　　　　　　　　　　GUEST폴더>내리기전용>공간정보학 실습_데이터 폴더에서 다운로드

② 설치 파일을 더블클릭하여 설치를 시작한다.

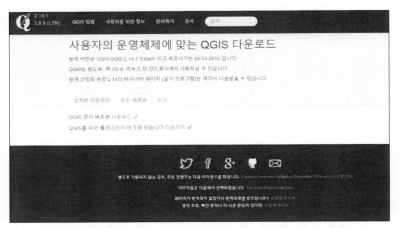

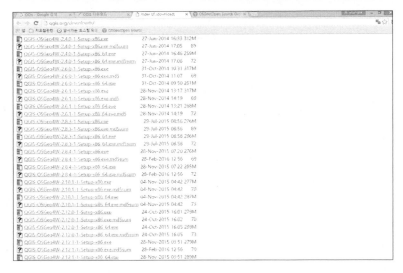

③ 기본적인 설정에 따라 설치를 완료한다.

④ 바탕화면의 QGIS 아이콘( )을 더블클릭하여 QGIS를 실행한다.

(2) QGIS 둘러보기

QGIS의 사용자 인터페이스는 ❶ 레이어 목록 및 브라우저 패널, ❷ 메뉴 및 툴바와 사이드 툴바, ❸ 맵 캔버스, ❹ 상태 바로 구성되어 있다.

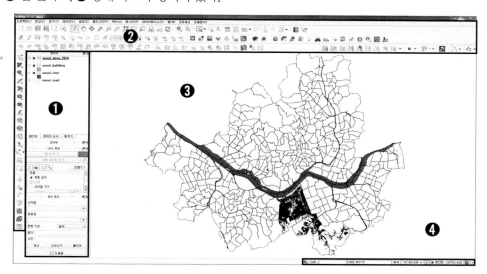

① 레이어 목록(❶)에서는 사용자가 사용할 수 있는 모든 레이어들의 목록을 볼 수 있고 브라우저 패널은 사용자의 데이터베이스를 쉽게 탐색할 수 있다.

② 메뉴(❷)는 QGIS에서 제공하는 모든 기능을 보여 주며, 사용자는 각 기능 중 자주 사용하거나 중요한 기능은 툴바를 활용하여 쉽게 접근할 수 있다. 즉 툴바는 가장 자주 사용하는 도구 모음을 보여 주며 사용자가 메뉴의 [보기]-[도구 모음]을 통해 툴바에 기능을 추가 또는 제거하여 사용자의 요구에 따라 인터페이스를 쉽게 지정할 수 있다.

③ 맵 캔버스(❸)는 불러들여 온 데이터가 맵으로 표현되는 곳이다.

④ 상태 바(❹)는 현재 맵에 관련된 정보를 보여 주고 맵 축척을 조정하거나 현재 맵 상에서 마우스가 위치한 지점의 좌표를 보여 준다.

도움말 자주 사용하는 도구 종류

새로 만들기 / 열기 / 저장 / 다른 이름으로 저장 / 새 인쇄 구성기 / 구성기 관리자 / 터치줌 및 이동 / 지도 이동 / 선택으로 지도이동 / 확대 / 축소 / 기본 픽셀 해상도로 확대 / 전체 보기 / 선택 영역으로 확대

예제2	데이터 열기

과제	벡터와 래스터 형태의 데이터 열어 보기
기능	레이어 추가
데이터	DATA\chap.1\spatial_data • seoul_road.shp • seoul_gu_2010.shp • seoul_landsat.tif • seoul_dem.tif • seoul_dong_2010.shp

(1) 벡터·래스터 데이터 불러오기

① 벡터 데이터를 불러오기 위해서 메뉴의 [레이어]-[벡터 레이어 추가] 또는 사이드 툴바의 [아이콘] 도구를 클릭한다.

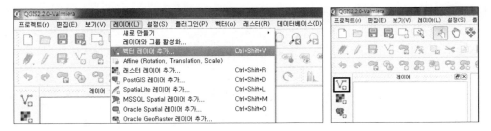

② DATA\chap.1\spatial_data에서 seoul_road.shp 파일을 선택한 후, [open]을 누른다.

③ 상단의 메뉴 중 [보기]-[확대] 또는 도구 모음의 🔍 , 메뉴 중 [보기]-[축소] 또는 도구 모음의 🔍 를 누르고 맵 캔버스의 지도를 클릭한 뒤, 지도가 어떻게 변하는지 살펴본다.

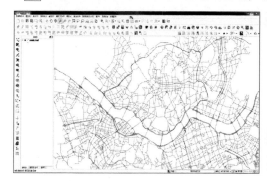 

도움말

[확대] 또는 🔍 도구를 눌러 확대해서 보고 싶은 지역을 드래그하면 해당 영역만 확대하여 볼 수 있다.

④ [보기]-[전체 보기] 또는 🔍 도구를 클릭하면 맵 캔버스 상에 지도 전체가 나타나며, [지도 이동] 또는 🖐 도구를 클릭한 뒤, 맵 캔버스 상의 지도를 누르면서 마우스를 움직이면 지도를 이동할 수 있다. 두 가지 도구를 비롯하여 도구 모음의 기본 아이콘을 눌러 보자.

⑤ 래스터 데이터를 불러오기 위해서 메뉴의 [레이어]-[래스터 레이어 추가]를 하거나 사이드 툴바의 🔳 를 클릭한다.

 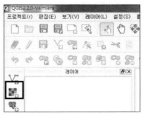

⑥ DATA\chap.1\spatial_data에서 seoul_landsat.tif 파일을 선택한 후 OK를 누른다.

⑦ 앞서 불러왔던 seoul_road 레이어를 나타내기 위해 왼쪽 레이어 목록에서 seoul_road 레이어를 클릭한 상태로 위로 끌어올리면 다음과 같이 seoul_landsat 레이어 위에 seoul_ road 레이어가 중첩된 지도를 확인할 수 있다. 가장 마지막에 불러온 레이어가 레이어 목록의 가장 위쪽에 나타나며, 사용자의 요구에 따라 ✖를 클릭하여 레이어가 캔버스에 보이게 하거나 보이지 않게 할 수 있고 레이어의 순서를 변경할 수도 있다.

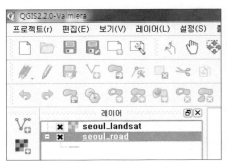

〈과제〉

1. DATA\chap.1\spatial_data에서 seoul_gu_2010.shp, seoul_dem30.tif 파일을 열어 보자.

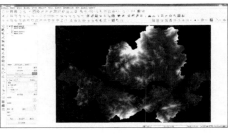

도움말 벡터 및 래스터 데이터 포맷

〈표 1-1〉 불러오기 및 저장하기가 가능한 벡터·래스터 데이터 형식

벡터 데이터	래스터 데이터
Shapefile(shp)	GeoTIFF(tif, tiff)
MapInfo TAB format(tab)	JPEG JFIF(jpg, jpeg)
Keyhole Markup Language(KML)	Virtual Raster(vrt)
WFS	Portable Network Graphics(png)
WMS 등	Graphics Interchange format(gif) 등

(2) 레이어 및 속성 이해하기

① 벡터 및 래스터 데이터 불러오기 과정에서 불러온 레이어가 몇 개인지 알아보자. 레이어의 목록은 왼쪽 상단의 레이어 목록 창에 보인다.

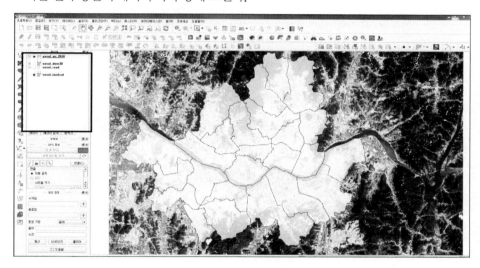

도움말

Qgis에서 하나의 레이어로 공간정보를 표현하는 벡터 데이터 중 shp 포맷의 경우 5개의 확장자로 구성되어 있다.

〈표 1-2〉 shp 포맷을 구성하는 확장자의 종류

파일 확장자명	설명
shp	지리적인 객체의 모양을 표현하기 위한 점, 선, 면의 도형 정보 파일
shx	빠르고 쉽게 검색이 가능한 사상(feature)의 위치 정보에 관한 인덱스 파일
dbf	엑셀(Excel), 액세스(Access)에서 열 수 있는 속성 정보를 가지는 데이터베이스 파일
prj	좌표체계(coordinate system) 정보를 포함하는 파일
qpj	QGIS의 프로젝트 파일

② 다음은 속성에 대하여 알아보자. 속성은 객체의 특성을 나타내는 것으로, 속성 테이블의 각 필드는 객체의 특성을 나타내기 위한 정보이다. 속성을 이해하기 위하여 seoul_dong_2010.shp 레이어를 불러오자.

③ 메뉴의 [레이어]−[벡터 레이터 추가]를 선택하거나 사이드 툴바의 ⊡를 선택한다.

④ DATA\chap.1\spatial_data에서 seoul_dong_2010.shp를 선택한다.

⑤ 속성을 이해하기 위해 seoul_dong_2010 레이어에서 마우스 오른쪽을 클릭하여 [속성 테이블 열기]를 선택하거나 상단의 툴바에서 ⊞를 클릭하여 속성 테이블을 연다.

도움말

속성 테이블의 속성값 중 한글이 깨지는 경우에는 데이터 소스 코드를 변경해 주어야 한다. 해당 레이어의 [속성]−[일반 정보]−[레이어 정보]에서 데이터 소스 코드화를 system에서 'UTF-8'로 설정할 것!

⑥ seoul_dong_2010 레이어는 어떤 속성 정보를 가지고 있는지 속성을 모두 써 보자.

code, name, name_eng, base_year

⑦ seoul_dong_2010 레이어는 4개의 속성과 423개의 객체로 구성되어 있음을 속성 테이블을 통해 알 수 있다.

〈과제〉

1. seoul_gu_2010.shp 파일의 속성이 몇 개로 이루어져 있는지 알아보자.

	code	name	name_eng	base_year	area	pop2010
0	11250	강동구	Gangdong-gu	2010	25486285.10	465958
1	11240	송파구	Songpa-gu	2010	33672460.80	646970

예제3 내보내기 및 저장하기

과제	레이어 및 프로젝트 파일 저장하기
기능	데이터 저장
데이터	DATA\chap.1\spatial_data • seoul_gu_2010.shp • seoul_road.shp • seoul_dong_2010.shp

도움말

벡터 레이어의 경우 도형 작업, 속성 작업 등을 하고 나서 shp, wfs, wms, kml, gml 등의 형태로 저장 가능하다.

(1) 레이어 저장하기

① 작업을 마친 레이어는 사용자의 요구에 따라 다양한 형태로 저장할 수 있다. seoul _road 레이어에서 마우스 오른쪽을 클릭한 뒤, [다른 이름으로 저장]을 선택한다.

② [새 이름으로 벡터 레이어 저장하기] 창이 뜨면, 저장 형식을 'KML'로 선택한다.

③ 새 이름으로 저장에서는 [탐색]을 클릭한 후, DATA\chap.1\results를 선택하여 파일명을 "seoul_road"로 저장한 뒤, OK를 누른다.

④ DATA\chap.1\results에서 저장한 파일을 확인할 수 있다. (이때, 데스크탑에 구글어스 프로그램이 설치되어 있어야 한다.)

(2) 이미지로 저장하기

① 레이어를 이미지 형태로 저장하고 싶은 경우 메뉴의 [프로젝트]−[이미지로 저장]을 선택하여 DATA\chap.1\results에 bmp, jpg, png, tif 등의 형식으로 저장할 수 있다.

② seoul_road 레이어와 seoul_gu_2010 레이어를 다음과 같이 이미지로 저장한다.

(3) 프로젝트 파일 저장하기

① 마지막으로 모든 작업을 마친 프로젝트 파일을 저장하기
위해 상단의 메뉴에서 [프로젝트]-[다른 이름으로 저장]을
선택한다.

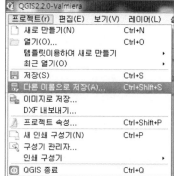

② DATA\chap.1\results에 파일명을 "chap1_2"로 지정한
뒤, qgs 파일 형식으로 저장한다.

도움말

프로젝트 파일을 저장한다는 것은 작업 공간을 저장하는 것으로 추후 프로젝트에 쓰인 전체 파일을 한꺼번에 불러들일
수 있다.

〈과제〉

1. seoul_gu_2010 레이어와 seoul_dong_2010 레이어를 kml 형식으로 저장해 보자.

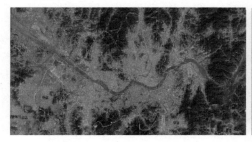 

1.2 좌표계 설정

우리가 살고 있는 지구 상의 위치를 2차원의 지도 상에 나타내는 방법은 크게 2가지이다. 하나는 지리좌표체계이며, 다른 하나는 투영좌표체계이다. 지리좌표체계는 지구 상의 위치를 경도와 위도로 나타내는데, 경도는 본초자오선으로부터 남북으로 나타내는 경선의 각도이고, 위도는 적도에서 동서방향으로 지나는 위도까지의 각도로 나타낸다.

투영좌표체계는 3차원 지구를 2차원의 지도로 투영하여 제작한 좌표체계이다. 대축척의 지도를 제작할 때 가장 많

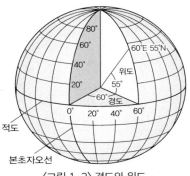

〈그림 1-2〉 경도와 위도

이 활용되는 투영법은 횡축 메르카토르 도법이며, 횡축 메르카토르 도법에서는 거리를 미터로 나타내기 때문에 거리계산, 면적계산 등에 유리하다. 우리나라의 국가기본도는 4개의 중앙경선을 가진 횡축메르카토르 도법을 사용하고 있으며, 투영원점은 4개이다. 투영원점에서 모든 방향으로 거리가 양의 값으로 산출되도록 하기 위해 가상원점은 동서방향으로는 200,000m, 남북방향으로는 600,000m의 값을 더해 준다. 따라서 어떤 지점의 직각좌표를 알면 가상원점을 기준으로 해당 지점까지의 상대적인 거리를 알 수 있다.

전 세계적으로 제공되는 데이터나 우리나라의 공공기관에서 제공되는 데이터를 활용하기 위해서는 좌표계를 반드시 맞춰 줘야 한다. 우리나라에서 최근 국지적인 좌표체계가 아닌 전 세계좌표계로 변환하는 작업이 진행 중이지만 실제로 데이터를 수급하였을 때 다양한 좌표계를 사용하는 데이터들이 존재한다. 따라서 데이터를 제공받을 때 좌표계를 확인하고 적절한 좌표계를 선택해야 하며, 경우에 따라서는 좌표계의 보정

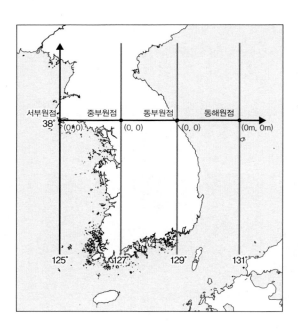

원점의 가상좌표
- 동서(E): 200,000m
- 남북(N): 600,000m

〈그림 1-3〉 우리나라 평면직각좌표 원점

작업이 필요한 경우도 있다. 우리나라에서 유통되는 공간데이터에 대해 좌표계를 등록할 때 필요한 정보는 표 1-3과 같다.

〈표 1-3〉 좌표계 종류에 따른 EPSG코드

좌표계 종류		EPSG코드
전 지구 좌표계	WGS 84 경위도 (GPS 위성이 사용하는 위·경도 좌표계)	EPSG:4326, EPSG:4166(Korean 1995)
	구글지도, 빙맵(bing map), 야후지도, 오픈스트리트맵(OSM) 등의 지도	EPSG:900913(통칭), EPSG:3857(공식)
	베셀(Bessel) 1841 경위도	EPSG:4004, EPSG:4162(Korean 1985)
	GRS80 경위도	EPSG:4019. EPSG:4737(Korean 2000)
투영 좌표계	UTM 52N(WGS84)	EPSG:32652
	UTM 51N(WGS84)	EPSG:32651
보정 안 된 오래된 지리원 표준	동부원점(Bessel)	EPSG:2096
	중부원점(Bessel)	EPSG:2097
	서부원점(Bessel)	EPSG:2098
–	브이월드 지도	EPSG:3857
오래된 지리원 표준	보정된 서부원점(Bessel)	EPSG:5173
	보정된 중부원점(Bessel)	EPSG:5174
	보정된 제주원점(Bessel)	EPSG:5175
	보정된 동부원점(Bessel)	EPSG:5176
	보정된 동해(울릉)원점	EPSG:5177
KATEC 계열	UTM-K(Bessel), 새주소 지도	EPSG:5178
	UTM-K(GRS80), 네이버지도	EPSG:5179
타원체 바꾼 지리원 표준	서부원점(GRS80)	EPSG:5180
	중부원점(GRS80), 다음지도	EPSG:5181
	제주원점(GRS80)	EPSG:5182
	동부원점(GRS80)	EPSG:5183
	동해(울릉)원점(GRS80)	EPSG:5184
현재 국토지리 정보원 표준	서부원점(GRS80)	EPSG:5185
	중부원점(GRS80)	EPSG:5186
	동부원점(GRS80)	EPSG:5187
	동해(울릉)원점(GRS80)	EPSG:5188

※ http://www.osgeo.kr/17(OSGeo 한국어지부 참조)

도움말

EPSG는 European Petroleum Survey Group, WGS는 World Geodetic System, UTM은 Universal Transverse Mercator의 약어

예제4	좌표계 설정하기

과제	다양한 출처의 데이터를 불러오고 좌표계 설정하기
기능	좌표계 확인 및 설정
데이터	DATA\chap.1\spatial_data • seoul_bike.shp • seoul_dong_2010.shp

① 메뉴의 [프로젝트]–[프로젝트 속성]을 클릭하여 [좌표계]를 확인한다.

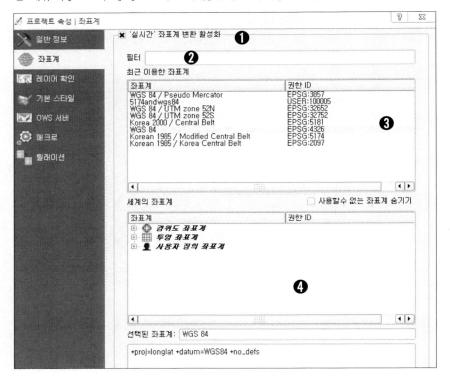

도움말 좌표계 설정

– ①에서는 '실시간' 좌표계 변환 활성화를 체크박스(✖)로 설정할 수 있으며, ②에서는 찾고자 하는 좌표계를 검색할 수 있다. ③에서는 최근 사용한 좌표계 정보가 제공되고, ④에서는 ②에서 검색한 좌표계를 보여 준다.
– QGIS는 기본적으로 프로젝트 좌표계가 WGS 84(EPSG:4326)로 설정되어 있다.
– 프로젝트 좌표계를 변경하기 위해서는 메뉴의 [프로젝트]–[프로젝트 속성]–[좌표계]에서 변경하여 설정할 수 있고, 특정 레이어의 좌표계를 변경하고자 하는 경우에는 레이어를 마우스 오른쪽으로 클릭한 후 [레이어 좌표계 설정]을 선택하여 변경한다.

② [레이어]–[벡터 레이어 추가] 또는 사이드 툴바의 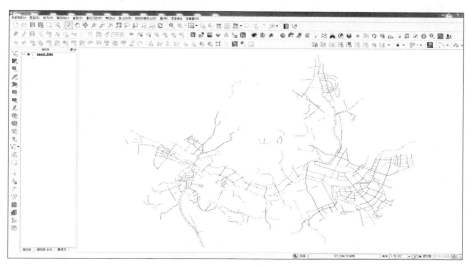를 클릭하여 DATA\chap.1\spatial_data 에서 seoul_bike.shp 파일을 불러온다.

③ '서울 열린데이터 광장' 홈페이지에서 제공하는 seoul_bike 레이어의 좌표체계는 WGS 84(EPSG:4326)이다. 레이어의 좌표계를 확인하기 위해 레이어를 마우스 오른쪽으로 클릭하고 [속성]–[일반 정보]를 클릭한다.

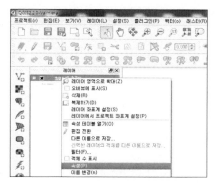

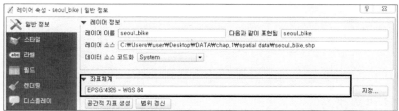

④ 같은 방법으로 DATA\chap.1\spatial_data에서 seoul_dong_2010.shp 파일을 불러온다. 통계청에서 내려받은 서울시 동별 경계지도의 경우 좌표체계를 Korean 1985/Modified Central Belt(EPSG: 5174)로 설정한다.

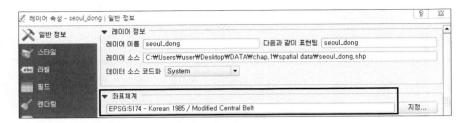

⑤ seoul_bike 레이어의 체크를 해제하고 seoul_dong 레이어만 활성화시킨 뒤 메뉴의 [전체 보기] 또는 를 클릭하면 seoul_dong 레이어가 맵 캔버스 상에 나타난 것을 확인할 수 있다.

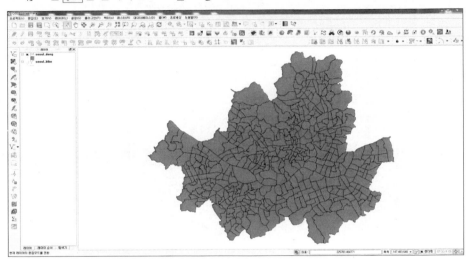

도움말

데이터에 따라 좌표계가 다르게 설정되며, 일반적으로 우리나라에서 많이 사용되는 좌표계는 Korean 1985/Modified Central Belt(EPSG:5174) 또는 Korean 1985/Korea Central Belt(EPSG:2097)이며, 최근에는 전 지구 좌표계인 WGS 84(EPSG:4326)가 많이 사용되고 있다.

예제5	좌표계 변환하기
과제	지리좌표계를 투영좌표계로 변환하거나 서로 다른 좌표계를 가진 레이어의 중첩을 위해 좌표계 변환하기
기능	레이어 좌표계 재정의
데이터	DATA\chap.1\spatial_data • seoul_bike.shp • seoul_road_crs.shp

(1) 지리좌표계를 투영좌표계로 변환하기

① [레이어]–[벡터 레이어 추가] 또는 사이드 툴바의 ▨를 클릭하여 DATA\chap.1\spatial_data 에서 seoul_bike.shp 파일을 불러온다.

② seoul_bike 레이어는 WGS 84(EPSG:4326) 지리좌표계로서 투영좌표계로 변환하고자 한다. 메뉴의 [프로젝트]–[프로젝트 속성]을 클릭하고 '실시간 좌표계 변환 활성화'를 체크한 뒤 "52N"을 검색한다.

③ '세계의 좌표계' 중 투영좌표계 WGS 84/UTM zone 52N을 선택하고 OK를 클릭한다.

④ 레이어에서 [다른 이름으로 저장]을 클릭한 뒤, DATA\chap.1\results에 "seoul_bike_utm. shp"로 저장한다. 그리고 [선택된 좌표계]를 클릭하여 WGS 84/UTM zone 52N을 선택하고 OK를 누른다.

⑤ DATA\chap.1\results의 seoul_bike_utm.shp 파일을 열어 레이어의 [속성]–[일반 정보]에서 좌표체계를 확인해 보면 WGS 84/UTM zone 52N으로 좌표계가 변환되었음을 확인할 수 있다.

⑥ 또 다른 좌표계 변환 방법으로 메뉴의 [프로세싱]–[툴박스]–[QGIS geoalgorithms]–[Vector general tools]–[Reproject layer]를 선택하는 방법이 있다. DATA\chap.1\spatial_data에서 seoul_bike.shp 파일을 불러온 뒤, 다음과 같이 클릭한다.

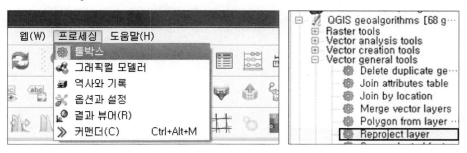

⑦ 'Input layer'는 "seoul_bike", 'Target CRS'는 "WGS 84/UTM zone 52N"을 선택한 뒤, DATA\ chap.1\results 폴더에 "seoul_bike_utm_2.shp"로 저장하고 Run을 클릭한다.

⑧ 레이어 리스트에 새로운 'Reprojected layer'가 생성되고 새로운 레이어의 [속성]–[일반 정보]–[좌표 체계]를 통하여 좌표계가 변환되었음을 확인할 수 있다.

(2) 새로운 좌표계 추가하여 변환하기

① 좌표계 변환의 또 다른 사례를 알아보자. DATA\chap.1\spatial_data에서 seoul_road _crs.shp 파일을 불러온다. 도로 레이어의 좌표계는 Korean 1985/Modified Central Belt (EPSG:5174) 이다.

② 플러그인 기능을 활용하여 다음지도를 배경 지도로 설정해 보자.

도움말 플러그인 기능을 활용하여 배경 지도로 다음지도 설정하기

메뉴의 [플러그인]-[플러그인 관리 및 설치]-[검색: TMS for Korea]-[플러그인 설치]를 클릭하여 설치한다.

---

③ 메뉴의 [플러그인]-[TMS for Korea]-[Add Daum Street]를 클릭하면 다음과 같이 다음지도 위에 서울시의 도로 레이어가 중첩된 지도를 볼 수 있다. 그러나 지도를 확대해 보면 두 개의 레이어가 정확히 맞지 않음을 알 수 있다. 이 문제를 해결하기 위해 새로운 사용자 정의 좌표계를 만들고, 도로 레이어의 좌표계를 수정하도록 한다.

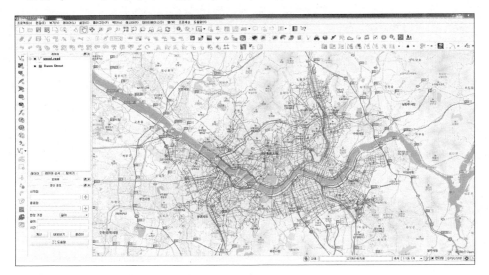

도움말

도로 레이어는 Korean 1985/Modified Central Belt (EPSG:5174), 다음지도의 좌표계는 Korea 2000/Central Belt(EPSG:5181)로 정의하였는데, 미세한 차이가 존재한다. 이는 베셀타원체를 사용한 EPSG:5174 좌표계, GRS80 타원체를 사용한 EPSG:5181 좌표계 간의 차이가 존재하기 때문이다. EPSG:5174 좌표계에 매개변수 정보를 추가하여 나만의 좌표계를 설정하도록 한다.

④ 메뉴의 [설정]에서 [사용자 정의 좌표계]를 클릭한 후, 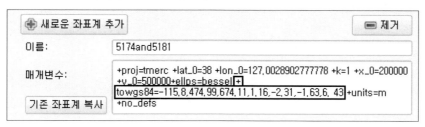 새로운 좌표계 추가 를 선택한다.

⑤ 이름에 "5174_re"를 쓰고 매개변수 아래의 기존 좌표계 복사 를 클릭한다.

⑥ EPSG:5174 좌표계를 불러오기 위해 필터에서 "5174"를 검색한 후, 세계의 좌표계에서 Korean 1985/Modified Central Belt (EPSG:5174)를 한 번 선택한다.

⑦ 선택한 좌표계의 proj4 정보를 복사한 후, 원래 창의 매개변수 입력란에 복사한 소스를 붙여넣는다. 그리고 towgs84 관련 변수 정보를 찾기 위해 http://www.osgeo.kr/17에서 Bessel1841 경위도의 proj4 정보 중 "+towgs84=−115.8,474.99,674.11,1.16,−2.31,−1.63,6. 43"을 'bessel' 과 '+units' 사이에 넣고 OK를 누른다.

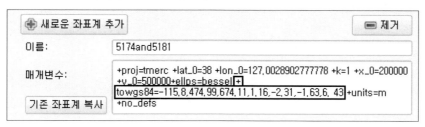

도움말

OSGeo 사이트(www.osgeo.kr/17)의 전 지구 좌표계에서 변환계수에 해당되는 부분을 복사하여 붙여넣기 한다.

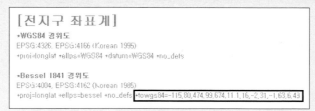

⑧ 서울시 도로 레이어의 좌표계를 새롭게 정의한 '5174_re' 좌표계로 설정하면 다음과 같이 도로 데이터 경계와 다음지도의 경계가 맞음을 확인할 수 있다.

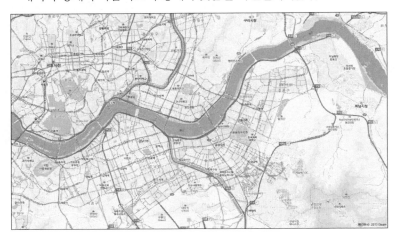

도움말

레이어의 좌표계가 올바르게 설정되었는지 확인하는 방법으로는 메뉴에서 [벡터]–[데이터 관리 도구]–[현재 투영법 정의]를 선택하여 살펴보는 방법이 있다. 좌표계가 올바르게 설정된 레이어의 경우, 입력 좌표계에 해당 좌표계가 나타나지만 좌표계 설정이 잘못된 경우에는 '없거나 잘못된 좌표계 임'이라는 문구가 나타난다. 좌표계가 잘못 설정된 경우 추후 공간 연산이나 분석 기능을 수행할 때 오류가 발생하는 요인이 되므로 좌표계 변환이 꼭 필요하다.

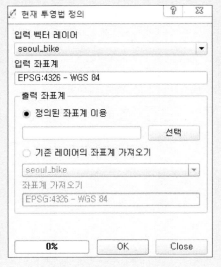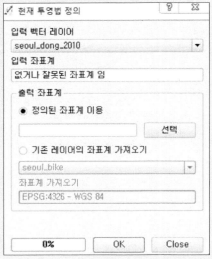

2. 데이터 검색

2.1 데이터 질의

질의는 사용자가 어떤 조건을 제시하면 데이터베이스에서 그 조건에 맞는 지역을 찾는 것이다. 질의하는 동안 데이터베이스가 변화하거나 새로운 데이터가 만들어지는 것은 아니다. 질의는 속성에 기반한 질의와 공간에 기반한 질의로 나눠 볼 수 있다.

GIS에서 속성에 대한 질의는 일반적인 데이터베이스 시스템에서 수행하는 기능과 동일하다. 속성 정보는 필드(field)와 레코드(record)로 구분되는 구조를 가지고 있다. 데이터베이스의 정보를 탐색하기 위해 질의문을 작성하게 되는데, 질의문에는 연산자가 포함된다. 질의문에 이용되는 연산자는 산술연산자와 논리연산자로 구분된다. 이들 연산자와 관계형 데이터베이스 질의어인 SQL(structured query language)을 이용하여 속성질의를 할 수 있다.

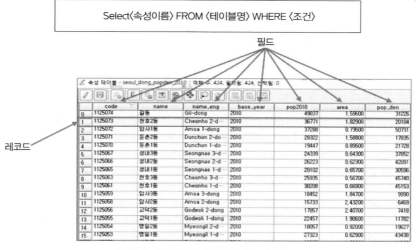

〈그림 1-4〉 속성 테이블에서 필드와 레코드

공간에 기반한 질의는 서로 다른 레이어 간 공간적 위치관계를 통해 답을 얻는 것이다. 속성질의에서와 동일한 연산자의 이용이 가능하지만 공간질의에서는 객체 간의 중첩과 인접성 여부에 따른 질의가 가능하다. 공간질의에서 사용되는 연산규칙은 다음과 같은 것이 있다.

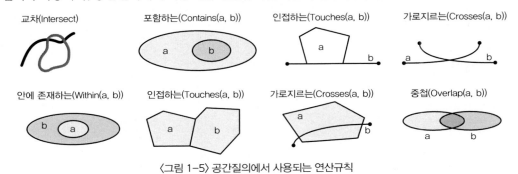

교차(Intersect)   포함하는(Contains(a, b))   인접하는(Touches(a, b))   가로지르는(Crosses(a, b))

안에 존재하는(Within(a, b))   인접하는(Touches(a, b))   가로지르는(Crosses(a, b))   중첩(Overlap(a, b))

〈그림 1-5〉 공간질의에서 사용되는 연산규칙

예제1	속성질의

과제	서울시의 인구가 5만 명 이상인 동 찾기
기능	속성 검색
데이터	DATA\chap.2\spatial_data • seoul_pop.shp

(1) 서울시의 동별 인구 중 5만 명 이상인 동 찾기

① DATA\chap.2\spatial_data에서 seoul_pop.shp 파일을 연다.

② seoul_pop 레이어에서 [속성 테이블 열기]를 선택하거나 🔲 도구를 클릭한다.

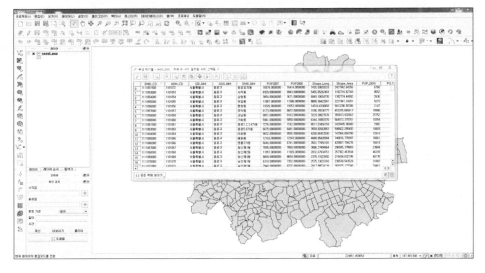

③ 왼쪽 하단의 [🎁 모든 객체 보이기]를 클릭한 후, [고급 필터 (식 사용)]를 선택한다.

④ 함수 목록 아래 '필드와 값'에서 "POP2008"을 더블클릭한 후 '표현식'에 ""POP2008">50000"을 입력하고 OK를 클릭한다.

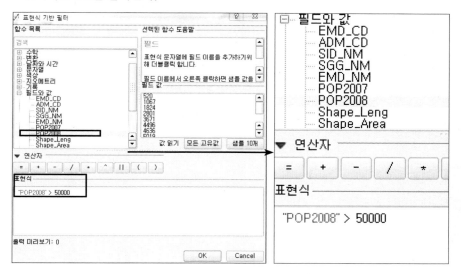

⑤ 그 결과, '화곡제1동'과 '길동'의 인구가 5만 명 이상임을 알 수 있다.

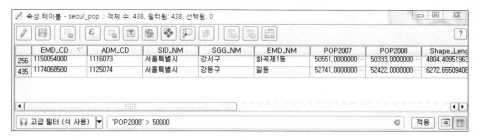

(2) 양천구와 강서구 내의 인구가 4만 명 이상인 동 찾기

① seoul_pop 레이어에서 [속성 테이블 열기]를 선택하거나 🗒 도구를 클릭한다.

② 왼쪽 하단의 [🎁 모든 객체 보이기]를 클릭한 후, [고급 필터 (식 사용)]를 선택한다.

③ 양천구와 강서구에 있는 인구 4만 명 이상의 동을 찾기 위해 '표현식'에 ""POP2008">40000 and "SGG_NM" in ('양천구', '강서구')"를 입력한다.

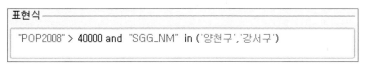

④ [속성 테이블]의 결과 창을 통해 양천구와 강서구에서 2008년 인구가 4만 명 이상인 동은 '목5

동', '신정3동', '염창동', '화곡제1동', '우장산동'임을 알 수 있다.

(3) 인구밀도 계산하기

과제	서울시의 동별 인구밀도 계산하기
기능	데이터 속성편집
데이터	DATA\chap.2\spatial_data • seoul_dong_2010.shp

① 먼저 DATA\chap.2\spatial_data 폴더에 있는 seoul_dong_2010.shp를 열고, 마우스 오른쪽을 클릭하여 [속성 테이블]을 연다. [속성 테이블]에는 기본적으로 코드(code), 이름(name), 영문명(name_eng), 해당 연도(base_year), 면적(area), 2010년 인구수(pop2010) 값이 들어 있다.

도움말 인구밀도 계산식

인구밀도 = 총인구/총면적

---

② [편집 모드 전환 (✎)]을 클릭한 뒤, [새 컬럼(▦)] 또는 [필드 계산기(▦)]를 클릭한다.
③ 아래의 그림처럼 [필드 계산기]를 활용할 경우, '새 필드 생성'에 체크하고, '출력 필드 이름'은 "pop_den", '출력 필드 유형'은 "십진수 (real)", '출력 필드 폭'(데이터 길이)은 "10"으로 입력한다.

④ 창 하단의 '표현식' 입력란에는 인구밀도 계산식인 '총인구/총면적'에 맞춰서 '"pop2010"/ "area"'를 입력한다.

표현식

"pop2010" / "area"

출력 미리보기: 31226.1904761905

[확인] [취소] [도움말]

⑤ 확인 버튼을 클릭하면 아래의 그림과 같이 새로운 컬럼 'pop_den'이 계산된 인구밀도 값과 함께 새로 생성된 것을 확인할 수 있다.

속성 테이블 - seoul_dong_popden_2010 :: 객체 수: 424, 필터됨: 424, 선택됨: 0

	code	name	name_eng	base_year	pop2010	area	pop_den
0	1125074	길동	Gil-dong	2010	49837	1,59600	31226
1	1125073	천호2동	Cheonho 2-d···	2010	36771	1,82900	20104
2	1125072	암사1동	Amsa 1-dong	2010	37288	0,73500	50731
3	1125071	둔촌2동	Dunchon 2-do···	2010	28322	1,58800	17835
4	1125070	둔촌1동	Dunchon 1-do···	2010	19447	0,89500	21728
5	1125067	성내3동	Seongnae 3-d···	2010	24339	0,64300	37852
6	1125066	성내2동	Seongnae 2-d···	2010	26223	0,62300	42091
7	1125065	성내1동	Seongnae 1-d···	2010	20102	0,65700	30596
8	1125063	천호3동	Cheonho 3-d···	2010	25935	0,56700	45740
9	1125061	천호1동	Cheonho 1-d···	2010	30208	0,66900	45153
10	1125059	암사3동	Amsa 3-dong	2010	18452	1,84700	9990
11	1125058	암사2동	Amsa 2-dong	2010	15733	2,43200	6469
12	1125056	고덕2동	Godeok 2-dong	2010	17857	2,40700	7418
13	1125055	고덕1동	Godeok 1-dong	2010	22457	1,90600	11782
14	1125054	명일2동	Myeongil 2-d···	2010	18057	0,92000	19627
15	1125053	명일1동	Myeongil 1-d···	2010	27323	0,62900	43438
16	1125052	상일동	Sangil-dong	2010	26965	1,80000	14980

⑥ 결과 파일은 DATA\chap.2\results에 "seoul_dong_popden_2010.shp"로 저장한다.

〈과제〉

1. seoul_pop 레이어에서 인구밀도(pop_den)가 5만 명/km² 이상인 동은 모두 몇 곳인지 찾아보자.

표현식

"POP_DEN" >=50000

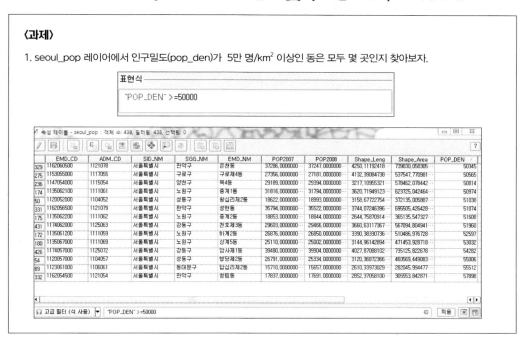

속성 테이블 - seoul_pop :: 객체 수: 438, 필터됨: 438, 선택됨: 0

	EMD_CD	ADM_CD	SID_NM	SGG_NM	EMD_NM	POP2007	POP2008	Shape_Leng	Shape_Area	POP_DEN
329	1162060500	1121078	서울특별시	관악구	은천동	37286,0000000	37247,0000000	4250,11192418	739830,058305	50345
275	1153055000	1117055	서울특별시	구로구	구로제4동	27356,0000000	27181,0000000	4132,39084738	537547,770981	50565
236	1147054000	1115054	서울특별시	양천구	목4동	29189,0000000	29394,0000000	3217,10955321	578462,078442	50814
174	1135062100	1111061	서울특별시	노원구	중계1동	31816,0000000	31794,0000000	3620,71949123	623725,042464	50974
50	1120052000	1104052	서울특별시	성동구	왕십리제2동	18622,0000000	18993,0000000	3158,67722754	372135,005887	51038
331	1162056500	1121079	서울특별시	관악구	성현동	35794,0000000	35522,0000000	3744,07246396	699505,426428	51074
175	1135062200	1111062	서울특별시	노원구	중계2동	18853,0000000	18844,0000000	2644,75870914	365135,547327	51608
431	1174062000	1125063	서울특별시	강동구	천호제3동	29603,0000000	29466,0000000	3660,63117367	567094,804941	51960
172	1135061200	1111059	서울특별시	노원구	하계1동	26876,0000000	26850,0000000	3390,38330736	510486,976728	52597
180	1135067000	1111069	서울특별시	노원구	상계5동	25110,0000000	25002,0000000	3144,96142894	471453,928718	53032
426	1174057000	1125072	서울특별시	강동구	암사제1동	39480,0000000	39904,0000000	4027,87088102	735125,822678	54282
54	1120057000	1104057	서울특별시	성동구	행당제2동	26791,0000000	25334,0000000	3120,36872366	460569,449083	55006
89	1123061000	1106061	서울특별시	동대문구	답십리제2동	15710,0000000	15657,0000000	2610,33973029	282045,994477	55512
332	1162054500	1121054	서울특별시	관악구	청림동	17837,0000000	17691,0000000	2852,37058100	305953,842871	57898

고급 필터 (식 사용) ▼ "POP_DEN" >=50000 [적용]

예제2	공간질의

과제	다양한 공간질의 기능을 통해 서울시의 공간 정보 검색하기
기능	공간질의
데이터	DATA\chap.2\spatial_data • seoul_dong_2010.shp • seoul_river.shp • seoul_gu_2010.shp • seoul_industry_landuse.shp • seoul_green_landuse.shp

(1) 한강을 지나는 서울시의 동 찾기

① DATA\chap.2\spatial_data에서 seoul_dong_2010.shp와 seoul_river.shp 파일을 불러온다.

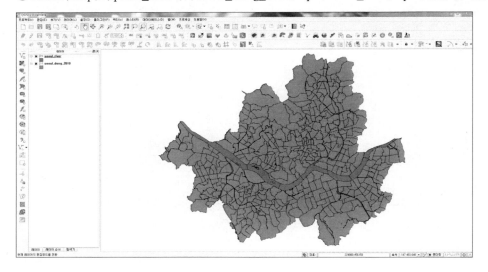

② 공간질의를 위해 메뉴의 [벡터]−[공간 검색]을 클릭한다.

③ [공간 검색] 창에서 '다음 위치에서 소스 feature를 선택하는'에서는 "seoul_dong_ 2010", '객체의 위치'는 "교차", '참조 객체'는 "seoul_river"를 선택하고 Apply 버튼을 클릭한다.

④ 서울시 424개의 동 중에서 한강을 지나는 동은 197개 동으로 나타났다.

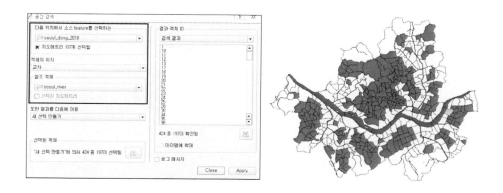

(2) 공업용지를 포함하는 서울시의 구 찾기

① DATA\chap.2\spatial_data에서 seoul_gu_2010.shp와 seoul_industry_landuse.shp 파일을
불러온다.

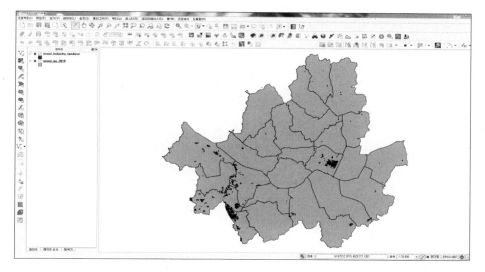

② 공간질의를 위해 메뉴의 [벡터]-[공간 검색]을 클릭한다.

③ [공간 검색] 창에서 '다음 위치에서 소스 feature를 선택하는'에서는 "seoul_gu_2010", '객체의
위치'는 "포함", '참조 객체'는 "seoul_industry_landuse"를 선택하고 Apply 버튼을 클릭한다.

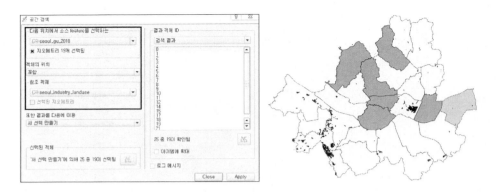

④ 공업용지를 포함하고 있는 구별 정보를 쉽게 알아보기 위해 seoul_gu_2010 레이어의 [속
성]−[라벨]을 선택한 후, ‘이 레이어의 라벨’을 체크하고 "name"을 선택한다. OK 버튼을 클릭
하여 행정구역명을 표시한다.

⑤ 위 지도를 통해 서울시의 25개 구 중에서 은평구, 종로구, 중구, 용산구, 강북구, 광진구를 제외
한 19개 구에 공업용지가 분포하고 있음을 확인할 수 있다.

〈과제〉

1. DATA\chap.2\spatial_data에서 seoul_river.shp, seoul_green_landuse.shp 파일을 불러들여 서울시의 녹지대 중 한강이 지나는 지역을 찾아보자.

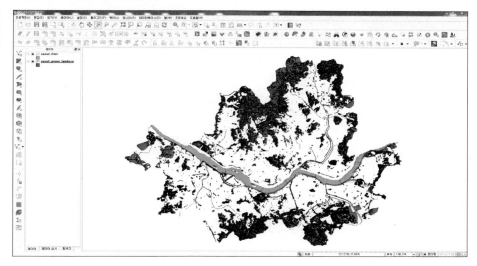

2.2 데이터 결합

GIS에서 데이터의 결합은 속성에 의한 결합(join)과 공간에 의한 결합(spatial join)이 가능하다. 속성에 의한 결합은 일반 데이터베이스 내에서 서로 다른 테이블을 하나의 테이블로 결합하는 것과 동일하다. 즉 서로 다른 테이블의 레코드를 조합하여 하나의 열로 표현하는 것이다. 결합을 위해서는 2개의 테이블에 있는 공통값을 이용하여 필드를 조합하면 된다.

서울시 동별 인구(GIS 속성 테이블)　　　　서울시 동별 인구(시트)

〈그림 1-6〉 속성에 의한 결합

공간에 의한 결합은 서로 다른 레이어의 공간객체 특성을 이용하여 속성값을 생성하는 경우이다. 즉 두 레이어의 공간객체 간 위치관계를 기반으로 새로운 속성값을 생성할 수 있다. 두 레이어의 공간객체는 점, 선, 면이 가능하며 두 레이어 간 위치관계는 교차하는(intersect), 포함하는(contains) 등의 관계를 적용할 수 있다. 예를 들면, 서울시 구 경계 레이어와 서울시 도서관 레이어를 이용하여 서울시 구별 도서관 수를 속성값으로 산출할 수 있다.

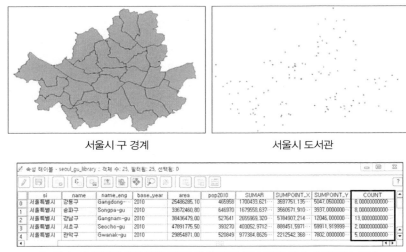

서울시 구 경계　　　　서울시 도서관

〈그림 1-7〉 공간에 의한 결합 예(구 경계 레이어에 도서관 개수 속성 필드 생성)

예제3	공간데이터와 시트 형태 자료 결합하기

과제	서울시 동 경계 레이어와 시트 형태의 1인 가구 데이터 결합하기
기능	속성 결합
데이터	DATA\chap.2\spatial_data • seoul_dong_2010.shp DATA\chap.2\attribute_data • seoul_1gagu.csv • seoul_totgagu.csv

서울시 동별 자료는 공간데이터로 존재하고 동별 1인 가구 자료는 텍스트 파일로 존재할 때, 테이블 자료를 속성으로 연결하여 서울시의 동별 1인 가구 현황을 지도로 나타낼 수 있다.

(1) 서울시 동별 1인 가구비율 알아보기

① DATA\chap.2\spatial_data에서 seoul_dong_2010.shp 파일과 DATA\chap.2\attribute_data에서 seoul_1gagu.csv 파일을 불러온다.

② csv 파일을 불러올 때는 메뉴의 [레이어]−[구분자로 분리된 텍스트 레이어를 추가]를 선택하거나, 사이드 툴바의 ⬛ 를 클릭한다.

③ csv 파일에 X, Y 좌푯값이 없으므로 '지오메트가 아님 (단지 속성 테이블임)'을 선택하고 OK를 누른다.

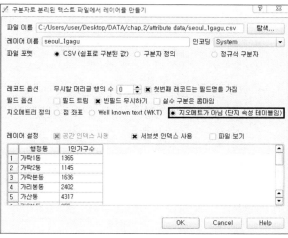

④ 같은 방법으로 seoul_totgagu.csv 파일을 불러온다.

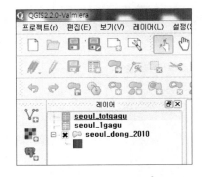

⑤ 먼저 공통된 속성을 선택하여 seoul_dong_2010.shp 파
일과 seoul_1gagu.csv 파일을 결합한다. 속성을 결합하기
위해서는 seoul_dong _2010 레이어의 [속성]–[결합]을
선택한다.

⑥ 하단의 ⊕를 클릭하면 나타나는 [벡터 조인 추가]
창에서 '조인 레이어'를 "seoul_1gagu", '조인 필드'를
"행정동", '대상 필드'를 "name"으로 지정한 후, OK
를 클릭한다. 조인 필드와 대상 필드의 속성값이 같
아야 결합이 가능하다.

⑦ 동별 총 가구수를 알아보기 위해서 [결합] 창에서 ⊕를 클릭하여 '조인 레이어'에 "seoul_
totgagu"를 선택하고 '조인 필드'는 "동별", '대상 필드'는 "name"을 지정하고 OK를 누른다.

⑧ [레이어 속성] 창에서 OK를 클릭한 뒤, seoul_dong_2010 레이어의 속성 테이블을 열면 다음
과 같이 동별 레이어에 '1인가구수'와 '총 가구' 속성이 결합되었음을 확인할 수 있다.

⑨ 결합한 레이어는 [다른 이름으로 저장]을 선택하여 새로운 레이어로 저장한다. [새 이름으로
벡터 레이어 저장하기]에서 탐색을 눌러 DATA\chap.2\results 폴더에 "seoul_1_total"이라고
저장한 후, '저장된 파일을 지도에 추가'를 체크(✖)하고 OK를 클릭한다.

 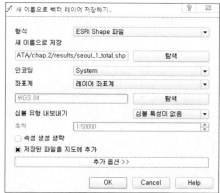

⑩ 레이어 리스트에서 seoul_1_total 레이어가 새롭게 추가되었음을 확인할 수 있다.

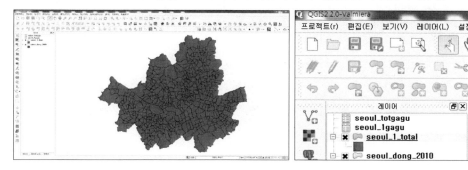

⑪ 먼저 동별 1인 가구비율을 알아보기 위하여 [속성 테이블 열기(🗒)]에서 열어 메뉴의 [편집 모
드 전환(✏)]을 클릭한다.

⑫ [속성 테이블] 창의 [필드 계산기(🧮)]를 선택하여 '새 필드 생성'에 체크하고 '출력 필드 이름'
은 "1인 가구비율", '출력 필드 유형'은 "십진수 (real)"로 설정한다. '출력 필드 폭'은 "5", '정확도'
는 "2"를 선택한다.

⑬ 동별 1인 가구비율을 계산하기 위해 함수 목록에서 [필드와 값]을 선택하고, 아래의 '표현식'에

"("seoul_1gagu"/"seoul_totg")*100"을 입력하고 OK를 누른다.

표현식
("seoul_1gag" / "seoul_totg") * 100

⑭ 다음과 같이 새로운 '1인가구비율' 컬럼이 생성되었음을 확인할 수 있다.

	code	name	name_eng	base_year	seoul_1gag	seoul_totg	seoul_65po	seoul_totp	1인가구비율
423	1101053	사직동	Sajik-dong	2010	973	3536	1285	8961	27.00
422	1101054	삼청동	Samche…	2010	271	1070	514	2975	25.00
421	1101055	부암동	Buam-d…	2010	693	3477	1424	10131	19.00
420	1101056	평창동	Pyeongc…	2010	918	5847	2550	18028	15.00
419	1101057	무악동	Muak-d…	2010	482	2730	946	8016	17.00

속성 테이블 - seoul_1_65 :: 객체 수: 424, 필터됨: 424, 선택됨: 0

⑮ [속성 테이블]을 닫고, 편집 모드(✏)를 해제한 뒤, 편집 종료 창에서 저장(💾)을 눌러 변경 사항을 저장한다.

⑯ 동별 1인 가구비율을 단계구분도로 나타내기 위하여 레이어의 [속성]-[스타일]에서 단계로 나누어진 ▼ 을 선택한다. 컬럼을 '1인 가구비율'로 지정하고 색상, 모드, 급간 등은 사용자들이 자유롭게 선택하여 지정할 수 있다.

⑰ 서울시 동별 1인 가구비율 단계구분도를 살펴보면 다음과 같다. 지도를 살펴보면 1인 가구비율은 신촌동, 대학동 등의 대학가와 신사동, 논현동, 종로1·2·3·4동 등에서 높게 나타났고 녹번동, 성북동, 성수동, 삼성1동 등에서 낮게 나타났다.

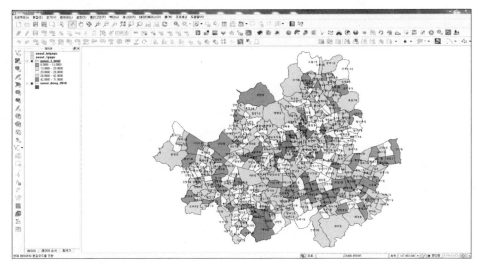

⑱ 완성한 레이어는 DATA\chap.2\results에 "seoul_1gagu.shp"로 저장하고, 프로젝트 파일은

[프로젝트]–[다른 이름으로 저장]으로 "seoul_1gagu.qgs"로 저장한다.

〈과제〉

1. DATA\chap.2\attribute_data의 seoul_65pop.csv과 seoul_totpop.csv, DATA\chap.2\spatial_data의 seoul_
   dong_2010.shp 파일을 이용하여 서울시 동별 노인인구비율 지도를 제작해 보자.

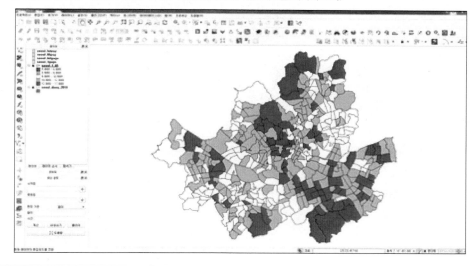

예제4	공간데이터 간 관계를 이용하여 속성값 생성하기(공간결합)

과제	서울시 구별 데이터와 공공 도서관 데이터를 활용하여 구별 공공 도서관 개수 확인하기
기능	위치에 따른 속성 결합
데이터	DATA\chap.2\spatial_data • seoul_gu_2010.shp • seoul_library.shp

① DATA\chap.2\spatia_data에서 seoul_gu_2010.shp와 seoul_library.shp 파일을 불러온다.

② 공간결합 전에 두 개의 레이어의 속성 테이블을 열어서 속성값을 확인한다.

③ 메뉴의 [벡터]–[데이터 관리 도구]–[위치에 따라 속성을 결합]을 클릭한다.

④ [위치에 따라 속성 결합] 창에서 '대상 벡터 레이어'는 "seoul_gu_2010", '벡터 레이어 조인'은
  "seoul_library"를 선택한다. 그리고 속성 요약에서 '교차하는 모든 객체 속성 요약 이용', '총계'
  를 체크한다.

⑤ '출력 shape 파일'에서 탐색 버튼을 클릭하여 DATA\chap.2\results 폴더에 "seoul_gu_library_
join"으로 저장한다. 출력 테이블은 '모든 레코드 남기기 (일치 않는 대상 레코드 포함)'에 체크
한다.

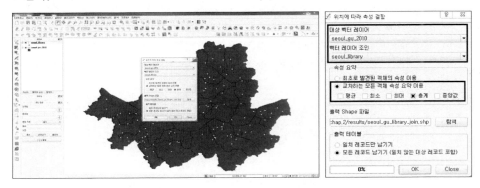

⑥ 다음과 같은 화면을 확인할 수 있다.

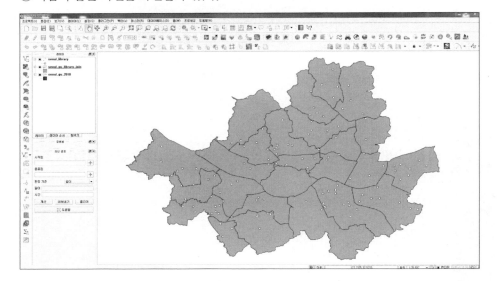

⑦ [속성 테이블 열기]를 선택하여 공간결합이 잘 되었는지 확인하고, 구별로 몇 개의 도서관이
분포하는지 'COUNT' 컬럼을 통하여 확인한다.

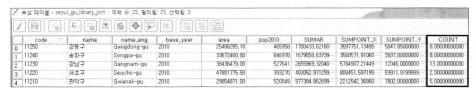

	code	name	name_eng	base_year	area	pop2010	SUMAR	SUMPOINT_X	SUMPOINT_Y	COUNT
0	11250	강동구	Gangdong-gu	2010	25486285,10	465958	1700433,62160	3697751,13499	5047,05000000	8,00000000000
1	11240	송파구	Songpa-gu	2010	33672460,80	646970	1679558,91060	3560571,91060	3937,00000000	8,00000000000
2	11230	강남구	Gangnam-gu	2010	38436479,00	527641	2655969,32040	5784907,21449	12046,0000000	13,0000000000
3	11220	서초구	Seocho-gu	2010	47891775,50	393270	403052,971299	888451,597199	59911,9199999	2,00000000000
4	11210	관악구	Gwanak-gu	2010	29854871,00	520849	977384,862699	2212542,36860	7802,00000000	5,00000000000

⑧ 구별 공공 도서관 분포 현황을 단계구분도로 나타내기 위해 공간결합한 레이어의 [속성]-[스타일]을 클릭한다. [스타일]에서 "단계로 나누어진"으로 설정한 뒤, 컬럼을 'COUNT'로 선택하고 색상과 모드, 클래스를 사용자의 요구에 따라 선택한다.

⑨ 구별 정보를 나타내기 위해서 [속성]-[라벨]에서 '이 레이어의 라벨'을 체크한 뒤, "name"을 선택한다. 그리고 텍스트 스타일에서 원하는 글꼴과 스타일, 크기, 색상 등을 설정한 뒤 OK 버튼을 클릭한다.

⑩ 지도에 나타난 서울의 구별 공공 도서관 분포 결과를 살펴보면 강남구, 종로구 순으로 많이 분포하고 있음을 알 수 있다.

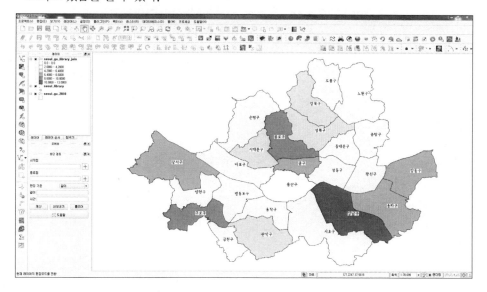

⑪ 상단의 (왼쪽 하단의 '자동 열림 양식' 체크)를 선택하여 객체를 확인할 수 있다. 색이 가장 진하게 나타나는 강남구를 클릭하여 몇 개의 도서관이 분포하는지 살펴본다. 'COUNT' 값을 통해 강남구에 13개의 공공 도서관이 분포함을 확인할 수 있다.

객체	값
□ 0	seoul_gu_library_join
□ name	강남구
⊞ (상속하는 속성)	
⊞ (액션)	
COUNT	13.0000000000000000
SUMAR	2655969.3204000000841916
SUMPOINT_X	5784907.2144999997690320
SUMPOINT_Y	12046.0000000000000000
area	38436479.00

〈과제〉

1. 서울시 토지이용도에서 상업지역만 추출한 뒤 서울시 구 경계 레이어와 공간결합하여 구별 상업지역 면적을 계산하고, 지도로 나타내 보자.

3. 주제도 제작

 지도는 우리가 살고 있는 지표 상의 여러 가지 정보를 전달하는 유용한 수단으로 활용되어 왔다. 지금은 종이지도보다는 인터넷을 통한 웹 지도나 포털사이트의 지도를 활용하는 사례가 많지만 여전히 지도는 GIS의 분석결과를 전달하고 소통하는 중요한 수단이다.

 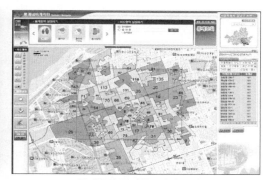

국토조사 통계지도 　　　　　　　　　　　통계청의 통계지도서비스

〈그림 1-8〉 다양한 유형의 지도

 지도는 사용 목적과 기능에 따라 다양한 형태로 제작되는데, 기능에 따라서는 일반도와 주제도로 나눌 수 있다. 일반도는 참조도라고도 불리며 다양한 지리적 현상들의 공간적 관계를 나타내는 것을 목적으로 제작된 지도이다. 일반도의 대표적인 예는 지형도라 할 수 있다.

 주제도는 특정한 주제에 대한 공간적 변이와 지역 간의 다양성에 관한 정보 제공에 초점을 둔 지도이다. 산림도, 지질도, 토지이용도, 강수도, 기온도, 인구분포도, 관광지도, 도시계획도 등의 지도가 이 부류에 포함된다. 주제도는 정성적인 주제도와 정량적인 주제도로 구분할 수 있다. 정량적인 주제도는 계량화할 수 있는 현상들의 공간적 분포를 나타내는 것으로 통계지도가 대표적이다. 통계지도에는 유선도, 점지도, 등치선도, 단계구분도, 도형표현도 등이 있다.

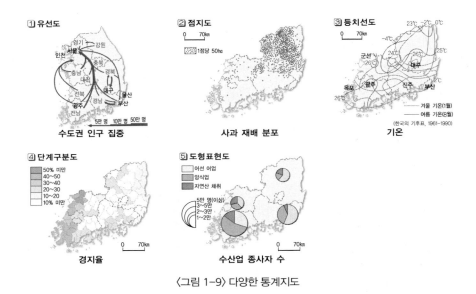

<그림 1-9> 다양한 통계지도

　　통계지도를 제작할 때 데이터 분류 방법에 따라 정보 전달이 달라진다. GIS 프로그램은 다양한
데이터 분류 방법을 제공해 주고 있으며, 표 1-4는 QGIS에서 제공하는 급간 분류 방법이다. 그림
1-10은 동일한 데이터에 대해 다른 데이터 분류 방법을 선택함에 따라 지도화 결과가 어떻게 다르
게 나타나는지를 보여 주고 있다.

　　일반적으로 분류법을 선정할 때 다음과 같은 기준을 고려하여 선택하도록 한다. 첫째, 해당 데이
터 분류 방법이 수치상으로 데이터의 분포를 어떻게 고려하고 있는가. 둘째, 분류 방법이 이해하기
쉬운가. 셋째, 분류 방법이 연산하기 쉬운가. 넷째, 분류 방법의 결과로 나온 범례를 이해하기 쉬운
가. 다섯째, 분류 방법이 순서자료의 이용에 적합한가. 여섯째, 분류 방법이 적절한 계급의 수를 정
하는 데 도움이 되는가이다.

<표 1-4> 단계구분도의 급간 분류 방법

급간 종류	설명
등간격	최댓값과 최솟값의 범위를 등간격으로 나누어 계급을 분류하는 방법
동일 개수(분위수)	최솟값에서부터 최댓값까지의 값을 순위화하여 일정한 개수로 계급을 나누는 방법
내추럴 브레이크(Jenks)	실세계에서 분포하는 현상을 분류하는 데 보다 적합한 방법으로, 최적화 분류 방법을 토대로한 자연적 분류 방법
표준편차	정규분포하고 있는 자료를 표현하는 데 적합한 방법으로 평균값을 기준으로 좌우대칭적으로 표준편차 간격으로 계급을 분류하는 방법
프리티 브레이크	통계패키지 R의 프리티 알고리즘에 기초하는 방법으로, 어림수로 클래스 경계를 구분하는 방법

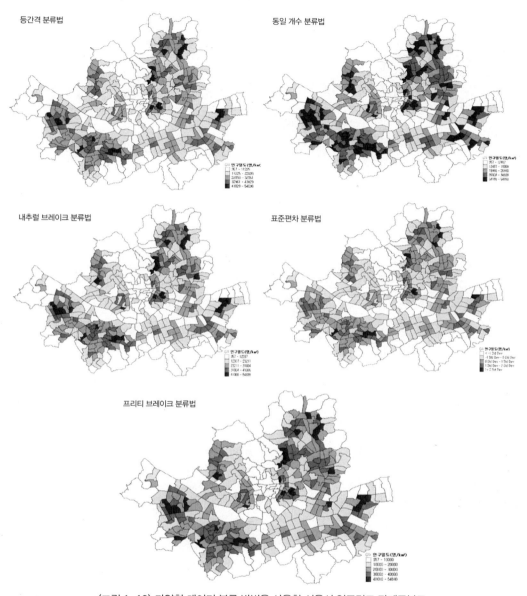

등간격 분류법

동일 개수 분류법

내추럴 브레이크 분류법

표준편차 분류법

프리티 브레이크 분류법

〈그림 1-10〉 다양한 데이터 분류 방법을 사용한 서울시 인구밀도 단계구분도

　　지도를 구성하는 요소는 지도 제목, 축척, 범례, 방위, 출처, 제작자 및 시기, 참조지도, 부가정보, 참조 그리드 등이 있다. 지도 구성 요소는 다양하지만, 모든 요소가 다 지도에 포함되지 않을 수도 있다. 그러나 이들 요소는 기본적으로 지도 구성에 필요하거나 지도를 설명하는 중요 정보를 포함하기 때문에 가급적 지도에 포함하는 것이 좋다.

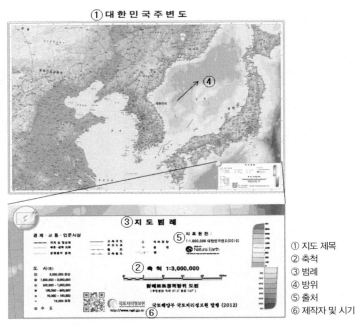

① 지도 제목
② 축척
③ 범례
④ 방위
⑤ 출처
⑥ 제작자 및 시기

〈그림 1-11〉 지도 구성 요소

<table>
<tr><td>예제1</td><td>주제도 제작하기(단계구분도)</td></tr>
</table>

과제	서울시의 동별 인구 데이터를 활용하여 단계구분도를 제작하고, 지도의 스타일 꾸며 보기
기능	단계구분도로 표현하기
데이터	DATA\chap.3\spatial_data • seoul_dong_popden_2010.shp

① DATA\chap.3\spatial_data에서 seoul_dong_popden_2010.shp 파일을 불러온다.

② seoul_dong_popden_2010 레이어에서 마우스 오른쪽을 클릭하고 [속성]을 선택한다. 지도를 꾸미기 위해 [스타일]을 선택하고, '레이어 투명도'를 "30"으로 변경한다.

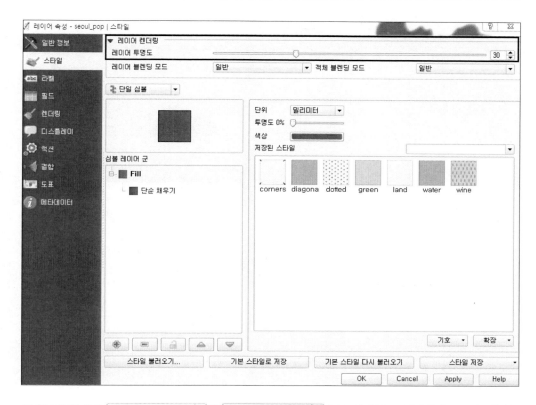

③ [스타일]에서 단일 심볼을 단계로 나누어진으로 변경하고 컬럼을 "pop_den", '클 레스'는 "5", '모드'는 "내추럴 브레이크 (Jenks)"로 설정한 후, OK를 클릭한다.

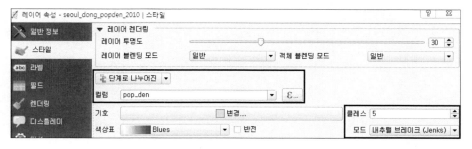

④ 결과 화면은 다음과 같다.

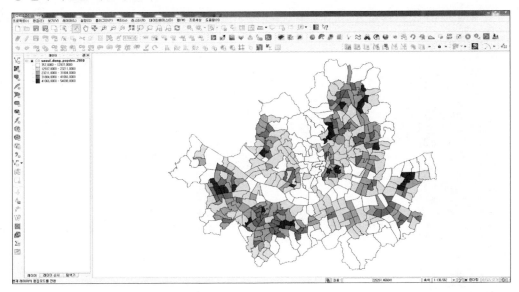

⑤ [속성]–[라벨]을 선택하고 '이 레이어의 라벨'을 체크(✖)한 후, "name"을 선택한다.

⑥ [라벨]의 '텍스트 스타일'에서 글꼴, 스타일, 크
기, 색상 등을 사용자의 요구에 따라 설정한다.

⑦ 결과 화면은 다음과 같다.

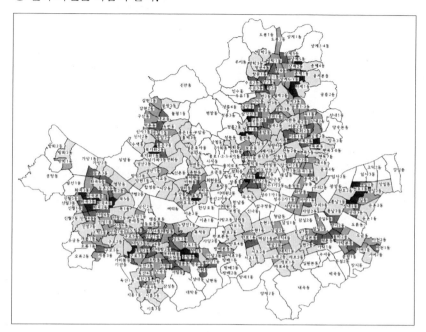

⑧ 레이어 범례의 숫자를 시각적으로 더 효과적이고 명료하게 표현하려면 레이어의 [속성]–[스타일]에서 값이나 라벨을 더블클릭하여 변경할 수 있다.

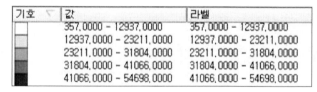

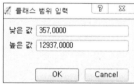

⑨ 라벨의 값에서 소수점 이하의 숫자는 모두 삭제하고 정수로 변경한다.

기호 ▽	값	라벨
	357,0000 – 12937,0000	357 – 12937
	12937,0000 – 23211,0000	12937 – 23211
	23211,0000 – 31804,0000	23211 – 31804
	31804,0000 – 41066,0000	31804 – 41066
	41066,0000 – 54698,0000	41066 – 54698

⑩ 레이어에서 마우스 오른쪽을 클릭하여 [이름 변경]을 선택하고 레이어의 이름을 "서울시 동별 인구밀도"로 변경한다.

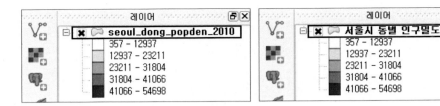

⑪ 완성한 지도는 DATA\chap.3\results에 "seoul_pop_style.qgs"로 저장한다.

〈과제〉

1. seoul_dong_popden_2010 레이어를 이용하여 내추럴 브레이크 (Jenks)를 제외한 나머지 단계구분도를 제작해 보고 각 분류법의 특성을 비교하여 설명해 보자.

예제2	주제도 제작하기(도형표현도)

과제	서울시의 구별 노인복지시설의 분포 현황을 파이 차트로 나타내고, 지도의 스타일 꾸며 보기
기능	차트로 표현
데이터	DATA\chap.3\spatial_data • seoul_gu_welfare.shp

도움말

Qgis에서 레이어 [속성]−[도표]를 통해 나타낼 수 있는 차트는 다음과 같다.
• 파이 차트
• 텍스트 도표
• 히스토그램

① DATA\chap.3\spatial_data에서 seoul_gu_welfare.shp 파일을 연다.

② 레이어의 [속성]에서 [도표]를 선택한다.

③ 상단의 '도표 보기'를 체크(✖)하고 도표 유형에서 "파이 차트"를 선택한다. 데이터에 따라 파이 차트, 텍스트 도표, 히스토그램 중 선택하여 차트를 제작할 수 있다.

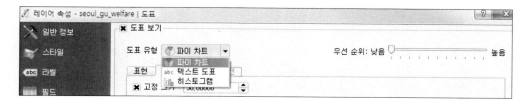

④ 파이 차트의 스타일은 [표현]에서 투명도, 선 색, 선폭, 시작 각을 사용자의 요구에 따라 자유롭게 지정한다.

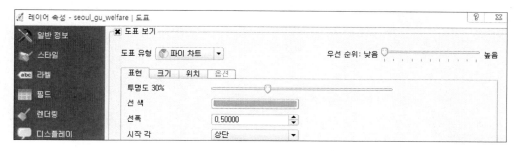

⑤ [속성]의 '가능한 속성'에서 '이용시설률', '재가시설률', '기타시설률'을 선택하여 [부여된 속성]에서 선택한 속성과 색상을 확인하고 Apply 버튼을 누른다.

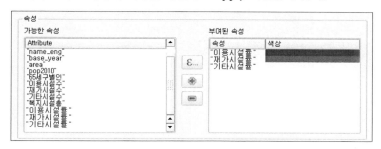

⑥ 크기를 조절하기 위해 [도표]−[크기]를 선택한 후, '고정 크기'를 해제하고 Apply를 클릭한다.

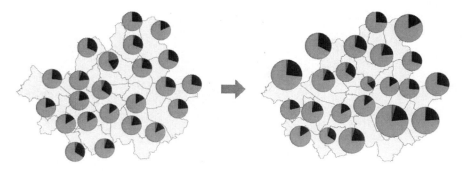

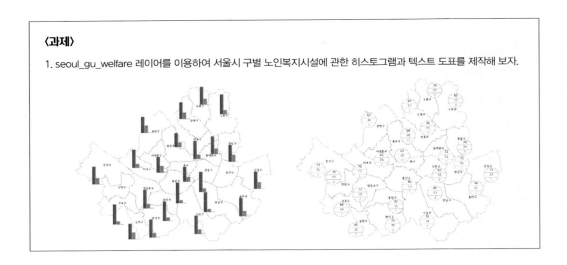

〈과제〉

1. seoul_gu_welfare 레이어를 이용하여 서울시 구별 노인복지시설에 관한 히스토그램과 텍스트 도표를 제작해 보자.

예제3	지도 레이아웃 만들기(출력용 지도)

과제	지도 구성 요소를 포함한 출력용 서울시 동별 인구분포 지도 제작하기
기능	새 인쇄 구성기를 이용한 출력용 지도 제작
데이터	DATA\chap.3\results • seoul_pop_style.qgs

(1) 지도 기본 틀 만들기

① DATA\chap.3\results에서 seoul_pop_style.qgs 파일을 불러온 뒤, 메뉴의 [프로젝트]–[새 인쇄 구성기] 또는 툴바의 ▭를 클릭한다.

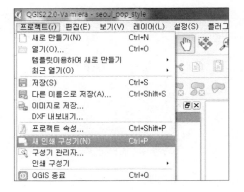

② 구성기 제목을 "서울시 동별 인구밀도"로 입력한 뒤, OK를 클릭하면 다음과 같은 화면으로 이동한다.

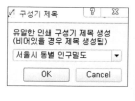 

③ 상단의 메뉴 중 [레이아웃]–[지도 추가]를 클릭한 후, 드래그하여 지도를 불러온다.

(2) 지도 요소 추가

출력용 지도를 제작하기 위해 완성된 지도 이외에도 지도의 기본적인 구성 요소인 지도의 제목, 범례와 축척, 방위 등을 추가해 보자.

① 지도 제목을 추가하기 위해 [레이아웃]–[라벨 추가]를 클릭하고 원하는 크기를 지정한다.

② 라벨을 '지도의 제목'으로 변경하기 위해 오른쪽 구성 Item properties 아틀라스 생성 항목 중 [item properties]를 클릭한 뒤, "서울시 동별 인구밀도"라고 입력한다.

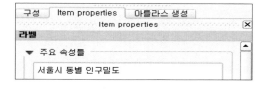

③ 제목의 크기와 색상은 오른쪽 라벨 아래의 항목 중 'Font'에서 변경 가능하다. 글꼴과 스타일, 크기, 색상 등을 사용자가 자유롭게 선택하여 지정한다.

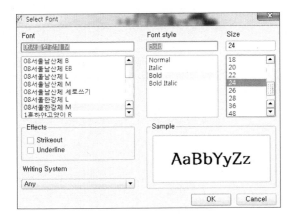

④ 범례를 추가하기 위해 [레이아웃]-[범례 추가]를 선택한 후, 원하는 크기를 지정하여 범례를
설정한다.

⑤ 오른쪽 범례의 '주요 속성들'에서 제목과 글꼴을 변경한다. 범례 항목 속성에서 "인구밀도(명/
km²)"로 변경한다.

⑥ '인구밀도(명/km²)'의 글꼴을 변경하기 위해 '글꼴'에서 Subgroup font... 를 선택하고 사용자 요
구에 따라 글꼴을 설정한다.

⑦ 범례의 스타일을 변경하기 위해 Item font... 를 클릭하고 사용자 요구에 따라 글꼴을 자유롭
게 설정한다.

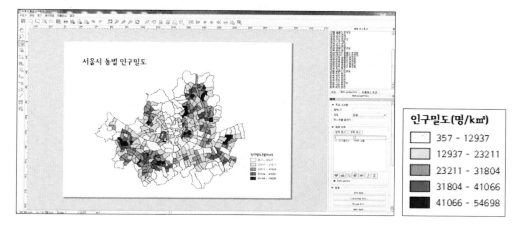

⑧ 축척을 추가하기 위해 [레이아웃]-[스케일바 추가]를 선택한 후, 원하는 크기를 지정한다.

⑨ 축척의 스타일과 크기를 변경하기 위해 오른쪽 구성 Item properties 아틀라스 생성 항목 중 [Item properties]를 선택하고 '세그먼트'를 클릭해서 '세그먼트'는 "왼쪽 1", "오른쪽 3", '크기'는 "2000.00 단위", '높이'는 "2mm"로 설정하고 글꼴, 색상을 사용자의 요구에 따라 자유롭게 설정한 뒤 OK를 클릭한다.

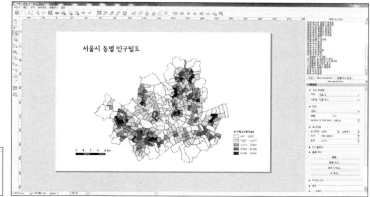

⑩ [레이아웃]-[이미지 추가]를 선택한다.

도움말

방위를 표시하는 이미지 파일은 미리 찾아 실습데이터 폴더 DATA\chap.3에 저장해 둘 것!

⑪ 방위를 표현해 주는 이미지를 삽입하기 위해 오른쪽 항목 중 '픽처'의 주요 속성들에서 이미지가 저장되어 있는 폴더를 선택하여 경로를 지정한 뒤 방위 이미지를 불러온다.

⑫ 지도의 구성 요소까지 추가하여 완성한 지도는 다음과 같다.

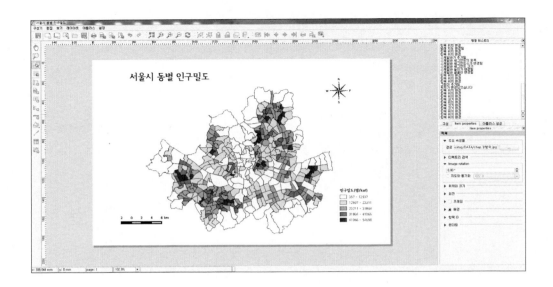

(3) 저장 및 내보내기

① 완성된 지도는 메뉴의 [구성기]−[템플릿으로 저장하기]를 선택하고, DATA\chap.3\results에 파일 이름을 "서울시 동별 인구밀도지도. qpt"로 저장한다.

② 완성된 지도는 [구성기]−[이미지로 내보내기]를 선택하고 DATA\chap.3\results에 seoul_dong_pop.jpg로 저장하여 이미지 파일로 내보낼 수 있다.

③ 출력용 지도를 모두 완성한 경우 지도 구성기 창을 닫고, 완성된 파일을 확인해 본다.

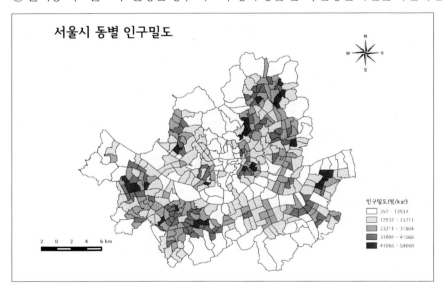

4. 공간데이터 입력 및 편집

4.1 스크린 디지타이징

GIS에 입력되는 자료로는 수치지도, 항공사진, 인공위성영상뿐 아니라 기존에 보유하고 있던 종이지도, GPS 등을 통해 입력되는 데이터 혹은 주소나 좌푯값을 보유하고 있는 시트 형태의 데이터들이 있다. 본 장에서는 이미지 형태의 데이터를 벡터데이터로 구축하는 과정을 중심으로 실습을 진행한다.

예제1	이미지 자료의 좌표 등록 및 스크린 벡터라이징

과제	이미지 파일로 된 서울시 지도에 GCP(좌푯값)를 부여하고, 디지타이징으로 한강 벡터 데이터 생성하기
기능	GCP 설정, 디지타이징
데이터	DATA\chap.4\spatial_data • seoul_gu_2012.shp DATA\chap.4\spatial_data\raster_data • seoul_map.jpg DATA\chap.4\results • seoul_map_modified.tif

① DATA\chap.4\spatial_data 폴더에서 seoul_gu_2012.shp 파일을 연다.

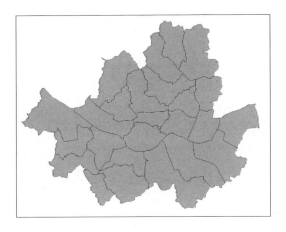

② QGIS 메뉴의 [래스터]–[지오레퍼런서]를 선택하여 창을 활성화시키고, [파일]–[래스터 열기] 또는 도구를 클릭하여 이미지 데이터인 seoul_map.jpg를 연다.

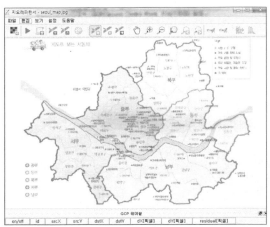

③ [편집]–[포인트 추가]를 클릭하여 지오레퍼런서 이미지 데이터의 GCP와 QGIS의 벡터 데이터가 일치하는 지점을 맞춤으로써 GCP 테이블을 완성한다(일치하는 지점 4~5개 정도). '지도 캔버스에서(지도 캔버스에서)'를 클릭하여 서로 일치하는 지점을 맞추고 확인을 누른다.

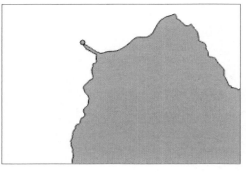

GCP 테이블								
on/off	id	srcX	srcY	dstX	dstY	dX[픽셀]	dY[픽셀]	residual[픽셀]
✖	0	605.52	-270.90	191640.44	460722.90	-7.01	-3.67	7.91
✖	1	158.26	-514.03	181987.92	455223.20	3.65	0.88	3.76
✖	2	736.26	-1307.63	194596.06	437152.77	0.49	1.25	1.34
✖	3	1669.78	-603.48	215547.29	453165.49	-1.18	-2.11	2.42
✖	4	1293.62	-30.07	207129.39	465923.29	4.04	3.64	5.44

도움말

동서남북으로 균등하게 4~5개 지점의 GCP를 설정하여 맞춰 준다. 이미지 데이터를 확대하여 보다 정확한 지점을 맞추어야 GCP가 정확하게 맞추어지며, 좁은 지역(건물, 도로 등)에 GCP를 설정할 경우, 오류를 범할 수 있다. 따라서 이미지 데이터 전체를 포함할 수 있는 넓은 지역에 대하여 GCP를 설정하여야 한다.

④ [설정]-[변환 설정]을 클릭하여 '변환 유형'은 "투명 변환", '재샘플링 방법'은 "최근린", '압축 방법'은 "NONE"으로 설정하고 '출력 래스터 파일'을 "seoul_map_modified.tif"로 지정한 후 OK 버튼을 클릭한다.

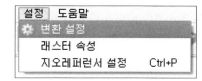

⑤ 그리고 지오레퍼런싱 시작(▶) 버튼을 누르면, QGIS 레이아웃에 'seoul_map_modified.tif' 레이어가 뜬다.

⑥ seoul_map_modified.tif 데이터의 좌표계를 "EPSG:5174 - Korean 1985/Modified Central Belt"로 맞춘다.

⑦ [레이어]-[새로 만들기]-[새 Shape 파일 레이어]를 클릭하여 연다. 새로 만들 벡터 레이어의 유형을 "다각형"으로 선택하고, 좌표계는 "EPSG:5174-Korean 1985/Modified Central Belt"로 설정한 뒤, 확인 버튼을 클릭한다. 출력할 레이어를 "river_digitizing.shp"로 입력한다.

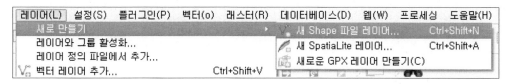

⑧ [편집 전환(✐)]-[객체 추가(◌)]를 클릭하고, 한강을 따라서 디지타이징을 한 후 저장한다 (💾).

⑨ 한강을 따라 새로운 벡터 레이어가 생성된 것을 확인할 수 있다.

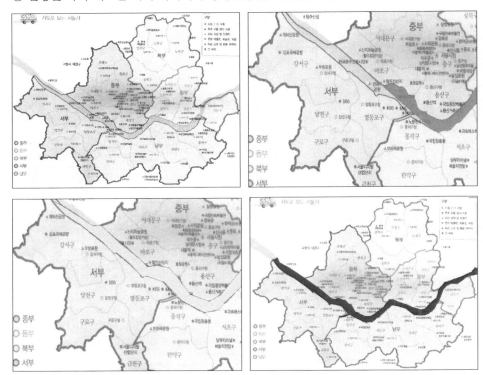

도움말 디지타이징 시 추가 기능

· 화면 확대 시 이동: 스페이스바를 누른 상태에서 마우스로 원하는 방향으로 이동하면 확대된 화면 그대로 원하는 방향으로 이동하는 것을 확인할 수 있다.

· 노드 수정: 디지타이징한 부분을 수정하고 싶을 때는 [레이어]-[편집 모드 전환] 또는 ✐ , [편집]-[노드 도구] 또는 🛠 를 이용한다. 해당 레이어에 새로 생성한 노드를 각각 원하는 지점으로 이동하여 수정하거나 추가 및 삭제할 수 있다.

도움말 스내핑

- 스내핑은 디지타이징 시 발생하는 객체들 사이의 오차나 간격을 줄여 주는 역할을 하는 것이다. 스크린 디지타이징으로 생긴 하나의 벡터 데이터에 이웃하는 새로운 벡터 데이터를 만들고자 할 때 먼저 만든 벡터 데이터를 따라서 스냅이 설정된다.
- 스냅 설정 정도는 다음 그림과 같이 허용치를 어느 정도 지정하느냐에 따라 달라진다. 허용치 값을 적게 설정할수록 좀 더 정확한 지도를 만들 수 있지만, 더 많은 세그먼트를 작성해야 하므로 지도의 축척(해상도)이나 요구되는 정확도에 따라서 적절한 허용치를 제시하여야 한다.
① 다음의 그림은 스크린 디지타이징으로 생성한 한강 벡터 데이터에 이웃한 여의도 벡터 데이터를 스내핑하는 모습이다.
② 스내핑 기능을 사용하기 위해서는 QGIS의 [설정]–[옵션]–[디지타이징]에서 '도킹 윈도에 맞추기 옵션 열기'를 체크하고, 기본 맞추기 모드를 '버텍스에 맞춤', '세그먼트에 맞춤', '버텍스와 세그먼트에 맞춤' 중에서 원하는 기능으로 선택한다.
③ 원하는 허용치 및 검색 반경 값을 설정한다.

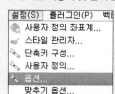 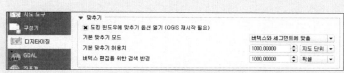

④ QGIS를 재시작하고 작업하던 파일을 다시 연다.
⑤ 아래의 그림과 같이 '맞추기와 디지타이징 옵션'이라는 창이 활성화되면, 창 하단의 "토폴로지 편집 활성화", "교차선에서 맞추기 활성화"를 체크한다.

⑥ 한강에 이웃하는 여의도 벡터 데이터를 새로 작성한다. 마우스에 ![icon] 모양의 아이콘이 생기는 지점이 두 벡터 데이터 간 스내핑되는 지점이다.
⑦ 스내핑하여 작성한 여의도 벡터 데이터의 모습은 아래와 같다. 확인해 보면 두 폴리곤 간에 빈틈없이 정확하게 레이어가 생성된 것을 알 수 있다.

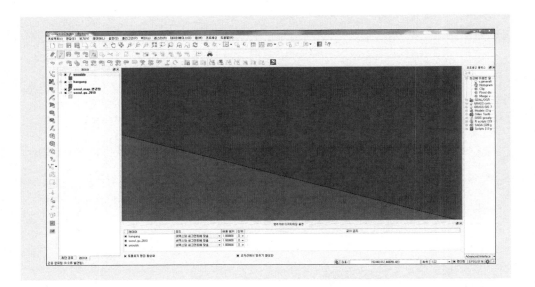

4.2 벡터 데이터 편집

예제2	**일반적인 벡터 데이터 편집**

과제	공간데이터의 다양한 편집 기능(객체 회전, 객체 단순화, 링 추가/삭제, 파트 추가/삭제, 객체 변형, 객체 분할 등)을 사용하여 벡터 데이터 편집하기
기능	공간데이터 편집 기능(QGIS의 [고급 디지타이징] 활용) 파트 추가/삭제 링 추가/삭제 객체 회전/단순화/변형/분할
데이터	DATA\chap.4\spatial_data • gangnam_vector_2010.shp • gangnam_building_TM.shp DATA\chap.4\spatial_data\raster_data • gangnam_yeoksam2dong.jpg

도움말 고급 디지타이징 메뉴

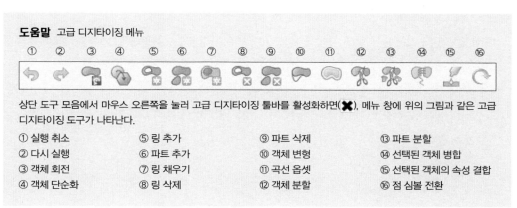

① ② ③ ④ ⑤ ⑥ ⑦ ⑧ ⑨ ⑩ ⑪ ⑫ ⑬ ⑭ ⑮ ⑯

상단 도구 모음에서 마우스 오른쪽을 눌러 고급 디지타이징 툴바를 활성화하면(✖), 메뉴 창에 위의 그림과 같은 고급 디지타이징 도구가 나타난다.

① 실행 취소   ⑤ 링 추가   ⑨ 파트 삭제   ⑬ 파트 분할
② 다시 실행   ⑥ 파트 추가   ⑩ 객체 변형   ⑭ 선택된 객체 병합
③ 객체 회전   ⑦ 링 채우기   ⑪ 곡선 옵셋   ⑮ 선택된 객체의 속성 결합
④ 객체 단순화   ⑧ 링 삭제   ⑫ 객체 분할   ⑯ 점 심볼 전환

DATA\chap.4\spatial_data 폴더에 있는 gangnam_vector_2010.shp를 열어 벡터 데이터를 편집하는 다양한 기능을 알아보자. [레이어]– [편집 전환] 또는 ✏️ 도구를 클릭하면 그림과 같이 나타난다.

(1) 객체 회전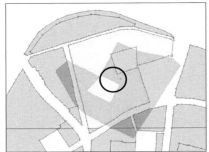

① 편집 모드에서 고급 디지타이징 툴바의 객체 회전()을 클릭한다.

② 선택한 객체의 중앙에 빨간색 십자가가 생성된다. 마우스 왼쪽을 클릭한 상태에서 원하는 방향으로 회전하여 보자.

③ 아래의 그림과 같이 해당 객체가 회전된 상태로 나타나는 것을 알 수 있다.

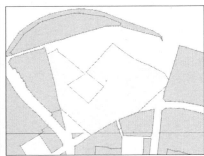

(2) 객체 단순화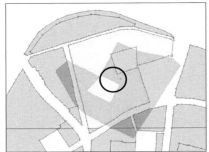

① 객체 단순화 기능은 도형의 형태를 가능한 한 변형하지 않는 상태에서 객체의 버텍스 수를 줄여 준다.

② 객체를 선택하면 붉은색 보조선과 슬라이더가 나타난다.

③ 슬라이더를 움직이면 단순화 허용치를 어느 정도 두느냐에 따라 객체가 얼마나 단순화되는지를 보여 준다.

도움말 허용치의 숫자가 커질수록 객체는 더 단순해진다.

예시: 5487, 10381

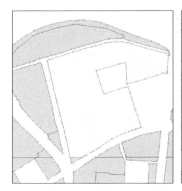

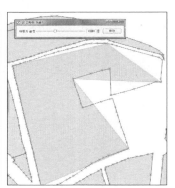

(3) 링 추가

① 링 폴리곤을 생성할 수 있는 기능으로 도넛처럼 내부를 비울 수 있는 다각형을 말한다. 기존 폴리곤 안에 링 폴리곤을 추가하면 구멍이 난 상태로 나타나고, 바깥 폴리곤과 안쪽 폴리곤의 경계 영역만 남는다.

② 속성 테이블을 열어서 하나의 객체를 선택한다.

③ 를 클릭하여 링을 추가한다.

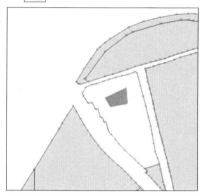 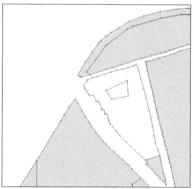

도움말

링 추가, 파트 추가, 객체 변형 시 〈예제1〉에서 디지타이징할 때 '도킹 윈도에 맞추기 옵션'의 '버텍스와 세그먼트에 맞춤'으로 설정되어 있어서 편집하는 데 오류를 범하는 경우가 있다. 따라서 [설정]–[옵션]–디지타이징] 메뉴로 들어가서 '도킹 윈도에 맞추기 옵션 열기' 및 '버텍스와 세그먼트에 맞춤'을 비활성화한 후, QGIS를 프로그램을 닫고, 재시작하여 〈예제2〉 실습을 수행하도록 한다.

(4) 파트 추가

① 선택된 멀티 폴리곤(여러 개의 도형으로 구성된 폴리곤)에 파트 폴리곤을 추가할 수 있다.

② 파트를 추가하고자 하는 객체를 선택( )한 뒤, 파트 추가( ) 아이콘을 클릭한다.

③ 그리고 새로운 파트를 생성하고자 하는 위치에 파트를 추가한다. 단, 새로운 파트는 선택된 멀티 폴리곤의 바깥쪽에 입력해야 한다.

도움말

'객체 생성'과 '파트 추가'는 다른 의미이다. '객체 생성( )'은 새로운 단일 객체를 생성하는 것이고, '파트 추가( )'는 떨어져 있지만 하나의 속성을 공유하는 새로운 파트를 생성하는 것이기 때문에 멀티 폴리곤이 된다.

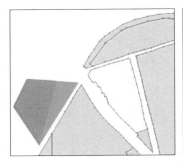 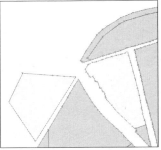

(5) 링 삭제

① 링 폴리곤을 삭제할 수 있는 기능으로, 이 도구는 폴리곤 레이어(일반 폴리곤과 멀티 폴리곤 객체)에서만 작동할 수 있으며, 폴리곤의 바깥쪽 폴리곤 경계에 대해서는 작동하지 않는다.

② 마우스(╋)를 링 폴리곤 꼭짓점 중 하나에 두고 클릭한다.

③ 다음의 그림과 같이 링이 삭제된 것을 확인할 수 있다.

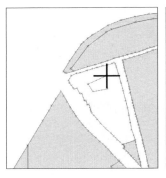 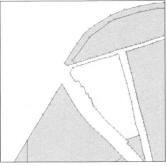

(6) 파트 삭제

① 멀티 폴리곤 객체로부터 파트 폴리곤을 삭제할 때 사용한다. 여러 개의 파트로 구성된 폴리곤 은 맨 마지막 파트를 제외한 모든 파트를 삭제할 수 있다. 이 도구는 모든 멀티 파트 도형, 즉 포 인트, 라인, 폴리곤에 대해 작동한다.

② 마우스 포인터를 파트 폴리곤의 버텍스 중 하나에 두고 클릭한다.

③ 다음의 그림과 같이 파트가 삭제된 것을 확인할 수 있다.

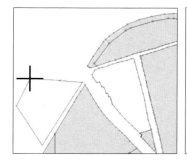 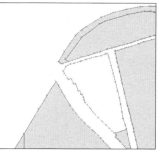 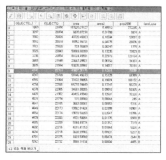

(7) 객체 변형

① 이 도구는 라인이나 폴리곤 객체를 변형할 수 있다. 이 도구로 입력하는 선의 첫 번째 교차점에서 다음 교차점까지의 부분을 새로운 선으로 대체한다.

② 폴리곤 안쪽에서 바깥쪽으로 원하는 형태의 모양을 그린다.

③ 다음의 그림과 같이 새로운 형태의 폴리곤이 생긴 것을 확인할 수 있다.

> **도움말**
>
> 객체 변형 도구는 약간의 편집에 사용하는 것이 좋으며, 변경을 많이 해야 할 경우는 사용하지 않는 것이 좋다. 또한 선을 입력할 때 여러 개의 폴리곤을 넘나드는 것은 피해야 한다. 잘못된 폴리곤이 생성될 수 있기 때문이다.

④ 반대로 폴리곤 바깥쪽에서 안쪽으로 원하는 모양의 폴리곤을 그린다.

⑤ 다음의 그림과 같이 폴리곤이 변형된 것을 확인할 수 있다.

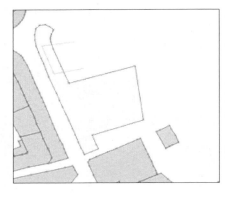

(8) 객체 분할 🐝

① 분할하고자 하는 객체를 가로지르는 라인을 그리면 객체가 분할되는 기능이다.

② 분할하고자 하는 객체를 선택(▦)한 뒤, 객체 분할(🐝)을 클릭한다. 그리고 폴리곤의 바깥쪽

에서 다른 바깥쪽으로 분할 선을 생성한다.

③ 하나의 객체가 분할되어 나타나는 것을 확인할 수 있다.

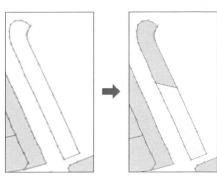

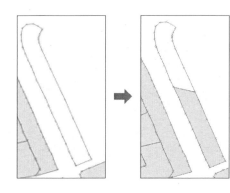

(9) 선택한 객체 병합

① 이 도구는 경계를 공유하고 속성이 동일한 객체들을 병합하는 데 사용한다.

② 속성 테이블을 열어 병합할 두 개의 폴리곤을 선택한다.

③ [선택한 객체 병합]을 클릭하면 객체의 속성을 결합하는 창이 뜨고, 속성 결합에 문제가 없다
면 확인 버튼을 클릭한다.

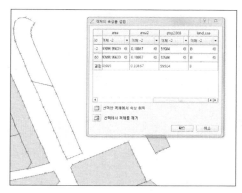

(10) 선택된 객체의 속성 병합

① 이 도구는 경계를 공유하는 객체에 대하여 도형은 병합하지 않고 객체의 속성만 공유한다.

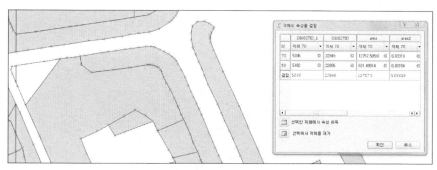

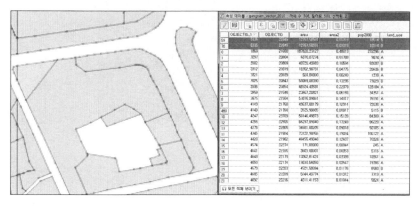

〈과제〉

1. 위성영상으로 본 강남구 역삼동 일대의 지도 데이터(gangnam_yeoksam2dong.jpg)와 수치지형도 데이터 (gangnam_building_TM.shp)를 비교하여 GCP를 설정하고, 건물의 모습이 바뀐 지점을 찾아 수정하여 보자.

예제3	복잡한 해안선 단순화하기

과제	남해안의 복잡한 해안선을 일반화하여 복잡한 폴리곤을 단순화하기
기능	공간데이터 편집 기능(QGIS의 [지오메트리 단순화] 활용) 간략화(thinning/generalize)
데이터	DATA\chap.4\spatial_data • namhaean_2012.shp • seohaean_2012.shp

우리나라에서 해안선이 가장 복잡한 전라남도와 경상남도 지역의 데이터를 구글의 kml이나 다른 포맷의 파일로 변환할 때 버텍스(vertex)가 많으면 작업 시간이 종종 길어진다. 정확도가 중요하지 않다면, 지오메트리(geometry)를 단순화하여 작업 시간을 효율적으로 활용할 필요가 있다.

> **도움말** 간략화(thinning)와 같지만 다르게 사용되는 용어
>
> • ArcGIS: generalize
> • QGIS: simplify geometry(지오메트리 단순화)
> • 기타: smooth, simplify, generalization

① DATA\chap.4\spatial_data 폴더의 namhaean_2012. shp를 불러온다.

② [벡터]-[지오메트리 도구]-[지오메트리 단순화] 창을 연다.

③ 아래 그림과 같이 '선이나 폴리곤 레이어 입력' 파일은

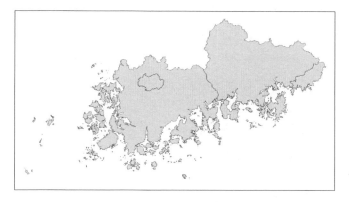

"namhaean_2012.shp", '단순화 허용치'는 "10.0000", '새 파일로 저장'에 체크하고 탐색에서 경로를 지정하여 "namhaean_generalize.shp"로 저장하고 '결과를 캔버스에 추가'를 체크한다.

④ 지오메트리 단순화 결과 아래와 같이 원본 데이터 세트의 버텍스 341,947개가 81,147개로, 약 1/4배 줄어든 것을 확인할 수 있다.

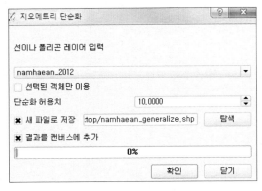

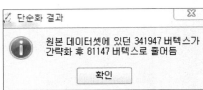

⑤ 단순화한 결과 파일은 아래의 남해안 지도와 같다. 확대해서 보면 원본 파일에 비해 비교적 단순화된 것을 알 수 있다.

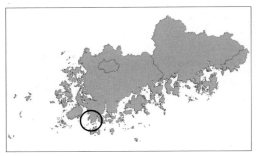

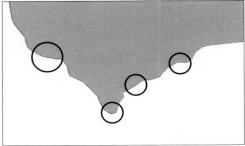

⑥ 지오메트리 단순화 결과를 좀 더 확인하기 위하여 단순화 허용치를 크게 늘려 보자. 허용치 숫자가 클수록 더 단순해진다.

⑦ 아래와 같이 '선이나 폴리곤 레이어 입력' 파일은 "namhaean_2012.shp", '단순화 허용치'를 "1,000.0000", '새 파일로 저장'에는 "namhaean_generalize1000.shp"로 저장하고 '결과를 캔버스에 추가'를 체크한다.

⑧ 지오메트리 단순화 결과 아래와 같이 원본 데이터 세트의 버텍스 341,947개가 8,075개로, 약 1/42배 줄어든 것을 확인할 수 있다.

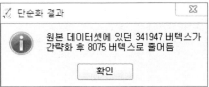

⑨ 단순화한 결과 파일은 아래의 그림과 같다. 남해안의 해안선이 많이 단순화된 것을 확인할 수 있다.

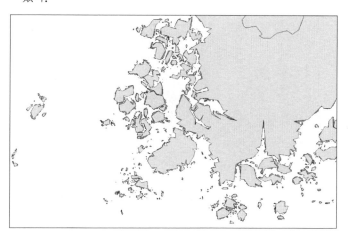

〈과제〉

1. seohaean_2012.shp 파일을 열고 단순화 허용치를 다양하게 하여 서해안의 해안선을 단순화하여 보자(단순화 허용치 예: 50, 500).

예제4	일정 폭 미만 도로 삭제하기(불필요한 도형정보 삭제/필요한 도형정보 저장)

과제	서울시 2차선 이하의 도로를 삭제하여 주요 도로망 데이터 생성하기
기능	공간데이터 편집 기능 속성질의(QGIS의 [표현식을 이용해 객체 선택]) 선택된 객체의 속성 삭제
데이터	DATA\chap.4\spatial_data • seoul_network.shp

(1) 불필요한 도형정보 삭제

서울의 도로 네트워크 데이터에는 상세한 도로 정보가 포함되어 있는데, 이 중 왕복 4차선 이상의 도로만을 추출하여 서울시 주요 도로 데이터를 만들어 보자.

① DATA\chap.4\spatial_data 폴더에 있는
seoul_network.shp를 연다.

② 마우스 오른쪽을 눌러 [속성 테이블 열
기]를 선택하여 서울시 도로 데이터의 속
성(예를 들어, 최고/최저 시속, 차선 수 등)
을 확인한다.

③ 메뉴의 [보기]-[선택]-[표현식을 이용해
객체 선택 (ε)] 창을 열고 그림과 같이 2

차선 이하인 도로를 삭제하여 왕복 4차선 이상인 도로만 추출한다.

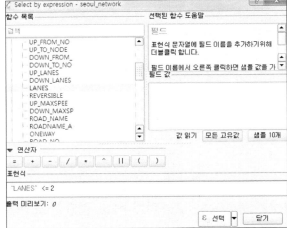

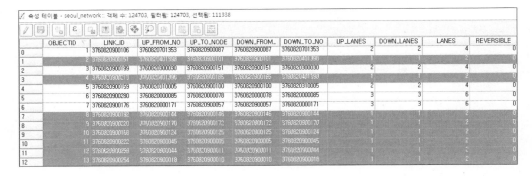

④ 2차선 이하의 객체들이 선택된 상태에서 [편집 모드 전환(✏)]을 선택하고, [선택된 객체 삭제
(🗑)]를 클릭한다.

 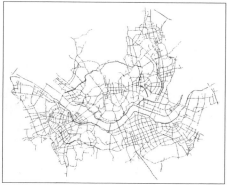

⑤ 선택된 도로 레이어는 레이어를 마우스 오른쪽으로 클릭하여 [다른 이름으로 저장]을 선택하고 DATA\chap.4\results 폴더에 seoul_network(korea2000)_simple.shp로 저장한다.

(2) 필요한 도형정보를 추출하여 저장

① DATA\chap.4\spatial_data 폴더에 있는 seoul_network.shp 데이터를 연다.

② [표현식을 이용해 객체 선택(ε)] 창을 열고 다음 그림과 같이 8차선 이상인 도로를 선택한다.

③ seoul_network.shp 레이어의 [속성 테이블] 하단에 있는 [모든 객체 보이기]-[선택된 객체 표시]를 클릭한다. 그러면 선택된 객체인 8차선 이상인 도로를 중심으로 속성 정보를 확인할 수 있다.

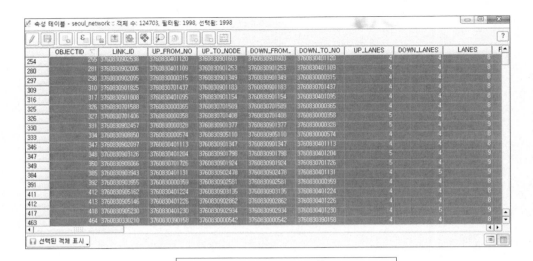

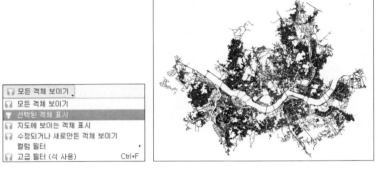

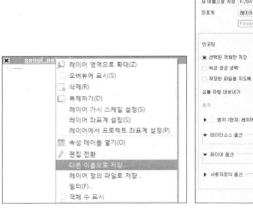

④ seoul_network.shp 레이어의 8차선 이상의 도로가 선택된 상태에서 마우스 오른쪽을 클릭
하여 [다른 이름으로 저장]을 눌러 창을 연다. '새 이름으로 저장'에 파일을 "seoul_network_
lane8.shp"로 지정하고, '선택된 객체만 저장'을 체크한 후 OK 버튼을 클릭한다.

⑤ 새로 만들어진 seoul_network_lane8.shp 파일을 불러와서 확인한다. 아래와 같이 8차선 도로 만 추출된 것을 확인할 수 있다.

 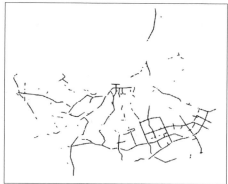

예제5	폴리곤 중심점 구하기

과제	폴리곤으로 된 데이터의 중심점을 구하여 포인트 데이터로 변환하기
기능	공간데이터 편집 기능(밀도 분석, 핫스팟 분석 등을 수행할 때 필요한 기능) 폴리곤 센트로이드
데이터	DATA\chap.4\spatial_data • seoul_gu_2012.shp DATA\chap.4\results • seoul_gu_centroid.shp

① DATA\chap.4\spatial_data 폴더에 있는 seoul_gu_2012.shp를 연다.

② [벡터]-[지오메트리 도구]-[폴리곤 센트로이드]를 클릭하여 창을 연다.

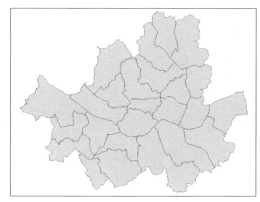 

③ 아래와 같이 '폴리곤 벡터 레이어 입력'에는 "seoul_gu_2012.shp", '출력 점 Shape 파일'은 "seoul_gu_centroid.shp"로 설정하고 '결과를 캔버스에 추가'를 선택한다.

④ 확인을 누르면 서울의 구별 중심점(centroid)이 생성된 것을 확인할 수 있다.

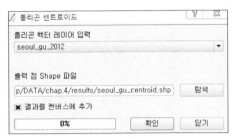

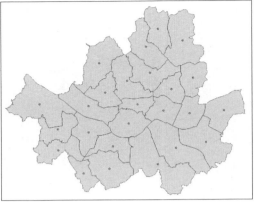

4.3 래스터 데이터 편집

예제6	래스터 데이터 열기 및 색상 변환

과제	래스터 데이터의 속성값을 확인하고, 시각적으로 보기 쉽게 색상 변환하기
기능	래스터 데이터 스타일 변환
데이터	DATA\chap.4\spatial_data\raster_data • seoul_dem.tif • seoul_shadedrelief.tif • jeju_dem.tif • GDEM_10km.tif

(1) 래스터 데이터 열기

① DATA\chap.4\spatial_data\raster_data 폴더에 있는 seoul_dem.tif를 불러온다.

② 레이어의 [속성]-[스타일]을 클릭하면 각 래스터 '최솟값' "1"에서 "최댓값" "401.668"까지 DEM 데이터가 구성되어 있음을 확인할 수 있다.

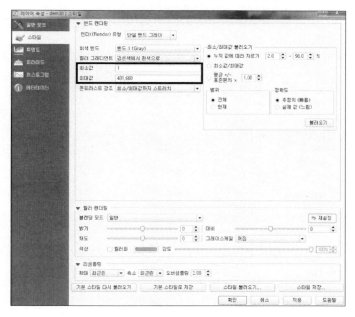

③ 그러나 seoul_dem.tif.aux.xml 파일을 열어 seoul_dem.tif의 메타데이터를 확인하면, 다음과 같이 최솟값은 약 '0.5', 최댓값은 약 '580.5'로 구성되어 있다.

```xml
<?xml version="1.0"?>
- <PAMDataset>
  - <PAMRasterBand band="1">
    - <Histograms>
      - <HistItem>
          <HistMin>0.5008620689655172</HistMin>
          <HistMax>580.4991379310345</HistMax>
          <BucketCount>580</BucketCount>
          <IncludeOutOfRange>0</IncludeOutOfRange>
          <Approximate>1</Approximate>
          <HistCounts>2784|244|232|182|87|50|40|46|47|54|707|371</HistCounts>
        </HistItem>
      </Histograms>
    - <Metadata>
        <MDI key="STATISTICS_MAXIMUM">580</MDI>
        <MDI key="STATISTICS_MEAN">86.816021361816</MDI>
        <MDI key="STATISTICS_MINIMUM">1</MDI>
        <MDI key="STATISTICS_STDDEV">101.31189743251</MDI>
      </Metadata>
    </PAMRasterBand>
  </PAMDataset>
```

④ 마찬가지로 해당 레이어의 마우스 오른쪽을 눌러 [속성]-[히스토그램] 메뉴에 들어가면 래스터의 히스토그램을 볼 수 있다. 다음과 같이 '580' 근처로 확대하여 데이터를 살펴보면 래스터 데이터에 580 정도의 데이터가 입력되어 있는 것을 확인할 수 있다.

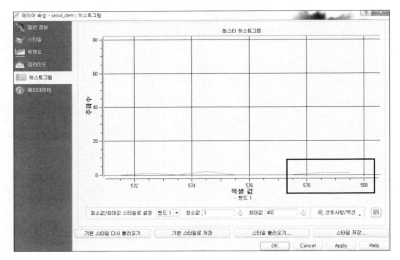

⑤ 따라서 아래의 최솟값 및 최댓값 각각에 "0.5", "580.5"를 입력하고, [선호사항/액션]에서 [히스토그램 재계산]을 클릭한다.

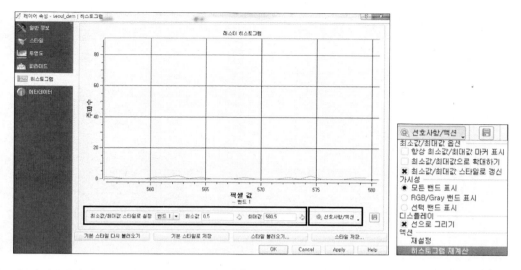

⑥ 다시 [레이어 속성]-[스타일] 메뉴를 확인하면 최솟값과 최댓값이 변경된 내용으로 설정되어 있는 것을 확인할 수 있다.

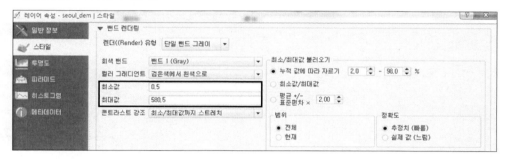

<과제>

1. seoul_shadedrelief.tif 파일을 열고, 좌표계를 설정한다. 그리고 데이터의 특징을 알아보자.
2. jeju_dem.tif 파일을 열고, 좌표계를 설정한다. 그리고 데이터의 특징을 알아보자.

(2) 래스터 데이터 색상 변환

서울시의 DEM 래스터 데이터도 스타일을 편집하여 값의 최솟값과 최댓값 사이를 다양하게 표현할 수 있다.

① 먼저 래스터 데이터에서 마우스 오른쪽을 클릭하여 [속성]-[스타일]을 선택한다.

② [스타일] 탭에서 '랜더(Render) 유형'은 "단일 밴드 의사색체"를 선택하고, 색상 보간은 '선형', 그리고 원하는 색상표를 선택하고 분류를 클릭한다.

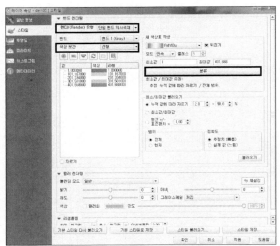

③ QGIS에서는 색상 보간을 이산, 선형, 엄밀 3개의 유형으로 제공한다. DEM 값을 다르게 표현하고 싶다면 '색상 보간'을 "이산"으로 선택하고 분류와 확인 버튼을 클릭한다.

④ 다음 그림과 같이 DEM 값의 경계 표현이 다르게 나타나는 것을 확인할 수 있다.

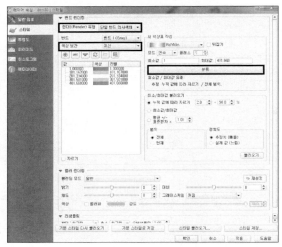
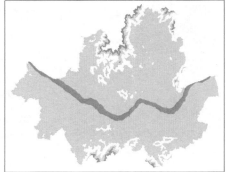

〈과제〉

1. DATA\chap.4\spatial_data\raster_data 폴더의 GDEM_10km.tif 파일을 열고, 좌표계를 설정한다. 그리고 데이터의 특성에 맞게 속성을 편집하여 보자.

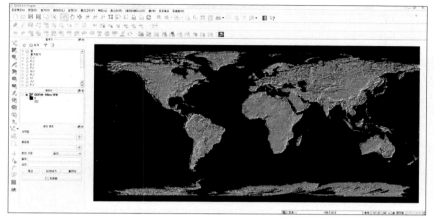

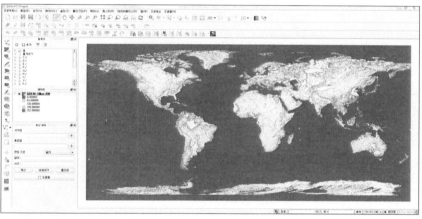

예제7   벡터 데이터를 래스터 데이터로 변환하기

과제	동별 인구밀도 데이터를 래스터 데이터로 변환하기
기능	래스터 변환
데이터	DATA\chap.4\spatial_data • seoul_dong_2010.shp DATA\chap.4\results • pop_den_raster.tif

① 서울시 동별 벡터 데이터를 연다. [속성 테이블]을 열면, 2010년 기준의 동별 인구 'pop2010'과 면적 'ful_area'에 대한 인구밀도 'pop_den' 컬럼이 있는 것을 확인할 수 있다.

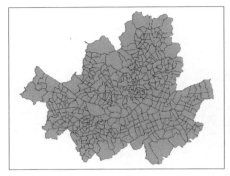

② [속성]–[스타일]을 선택하여 인구밀도에 따른 단계구분도를 만들어 서울시 동별 인구밀도 정보를 확인하여 본다.

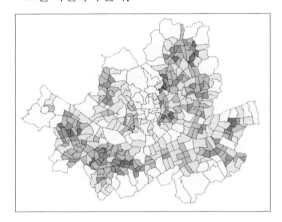

③ 인구밀도 데이터를 래스터 데이터로 변환하기 위하여 [래스터]–[변환]–[래스터화 (벡터를 래스터화)]를 클릭한다.

④ '입력 파일 (Shape 파일)'은 "seoul_dong_2010.shp"로 지정하고, '속성 필드'는 인구밀도를 나타내는 "pop_den", 출력 파일은 "pop_den_raster.tif"를 선택하고, '종료시 캔버스로 불러옴'을 체크한다.

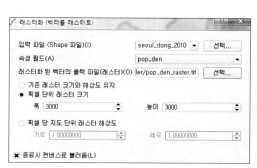

도움말 픽셀과 래스터 크기

- 앞의 동별 인구밀도에 대한 래스터 데이터는 10×10m 해상도를 지닌다.
- 기본적으로 10m는 약 37,795px로 벡터 데이터를 래스터 데이터로 변환하고자 할 때 픽셀의 설정 크기를 37,795px
  로 입력하면, 소프트웨어 프로세싱 과정에서 시간이 많이 소요된다.
- 본 실습에서는 상세한 해상도를 필요로 하지 않기 때문에 픽셀 단위 래스터 크기를 기본값인 3,000으로 설정한다.
- 만약 낮은 해상도를 지녀도 무방하며 더 빠른 처리 속도를 원할 때는 1,000으로 지정하면 약 1/3배 낮은 해상도의 래
  스터 데이터가 출력된다.

⑤ 래스터 데이터로 변환되면서 만들어진 사각형 모양을 서울시 모양으로 잘라내는 작업을 수행
한다. [래스터]−[추출]−[잘라내기] 기능을 클릭하여 아래와 같이 입력한다.

⑥ 그리고 레이어에서 마우스 오른쪽 버튼을 눌러 [속성]−[스타일] 메뉴를 이용하여 서울시 동별
인구밀도를 시각적으로 표현한다. 아래 그림과 같이 인구밀도 래스터 데이터가 최종적으로 만
들어진 것을 확인할 수 있다.

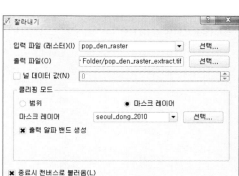

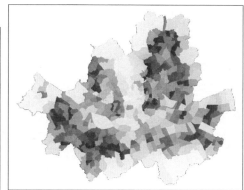

5. 공간분석

　GIS 소프트웨어에 입력된 데이터는 다양한 분석 목적에 맞게 공간질의, 속성질의 등이 이루어지고, 다양한 분석방법을 사용하여 문제를 해결하고 답을 찾는 작업을 수행하게 된다. GIS 분석 기능은 다양하게 분류되지만 표 1-5와 같은 순서로 실습을 진행하도록 한다.

〈표 1-5〉 공간분석 유형

분석	기능
1. 측정, 질의, 분류	• 측정: 위치, 길이, 거리, 면적 등을 계산하는 기능 • 질의: 속성 또는 도형정보의 공간 특성에 따른 질문에 답을 찾는 기능 • 분류: 속성값에 따라 재그룹화하는 기능
2. 중첩	• 한 레이어에 다른 레이어를 이용하여 두 레이어 간의 관계를 분석하고 이를 지도학적으로 표현하는 것
3. 근접분석	• 탐색: 특정 탐색 기능 내의 피처들을 찾는 기능 • 버퍼: 특정 피처 주변을 거리 등에 따라 정의하는 기능 • 보간: 근처의 알고 있는 지점의 값을 이용하여 모르는 지점의 값을 예측하는 기능 • 지형분석: 지형에서 경사도분석과 같이 옆의 셀값을 이용하여 특정 지점의 특성을 결정하는 기능
4. 연결성분석	• 인접성 측정: 서로 연결된 공간의 특성을 평가하는 기능 • 네트워크 분석: 네트워크를 이루는 연결된 선의 특징을 분석하는 기능 −도로나 교통로, 전선, 상하수도관 망 등이 네트워크가 될 수 있으며, 최단경로 찾기나 특정 거리 내 모든 지점 찾기, 출발 지점으로부터 배분하는 지점 찾기 등을 분석하는 기능

5.1 재분류 및 디졸브

　재분류는 속성 데이터 범주의 수를 줄임으로써 데이터베이스를 간략화하는 기능이다. 래스터 분석에서 재분류는 각각의 셀에 입력된 원래의 값을 새로운 값으로 치환하는 재부호화(recode) 방식을 통해 이루어진다. 벡터 분석에서는 속성값을 분류 기준에 맞게 입력하여 다시 그룹을 만드는 과정을 포함한다. 벡터 데이터의 경우 재분류는 흔히 두 단계를 거쳐 이루어진다. 첫 번째 단계는 속성값을 검색하여 새로운 속성값을 입력하는 단계이며, 두 번째 단계는 같은 속성값을 갖는 인접하는 폴리곤들을 병합하여 다시 위상 구조를 구축하는 과정으로 흔히 디졸브(dissolve)의 과정을 거치게 된다.

예제1	서울시 토지이용도 재분류하기(벡터 데이터 재분류)

과제	11개 유형으로 구분된 서울시 토지이용도 데이터를 주거지역, 상업지역, 기타 지역의 3개 유형으로 재분류하고, 같은 속성값을 가진 지역은 경계선이 생기지 않도록 병합하기
기능	속성 질의/속성 편집/입력(필드 계산기) 디졸브
데이터	DATA\chap.5\spatial_data • seoul_landcover_2010.shp

(1) 토지이용도 재분류하기

① DATA\chap.5\spatial_data 폴더에서 seoul_landcover_2010.shp 데이터를 연다. (데이터의 용량이 크기 때문에 불러오는 데 다소 시간이 걸릴 수 있다.)

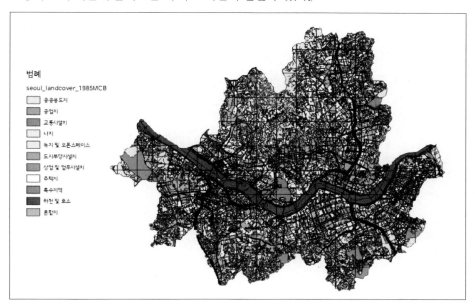

② 레이어의 [속성]−[스타일]을 클릭하여 표현 형태는 "분류된"으로 선택하고, '컬럼'은 "이용범례"로 설정하면 다음 그림과 같이 11개의 토지이용이 구성된 것을 확인할 수 있다.

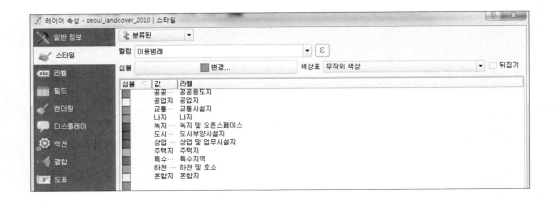

③ 속성 테이블을 열어 [편집 모드 전환(✏️)]을 클릭하고 [컬럼
추가 (🔢)]를 선택하여 오른쪽 그림과 같이 텍스트를 입력
할 "재분류" 컬럼을 생성한다.

④ 토지이용 유형에 따라 A, B, C 총 3개의 유형으로 재분류
해 보자.

A='주택지', '혼합지'
B='상업 및 업무 시설지'
C=나머지 유형(주택지, 혼합지, 상업 및 업무 시설지를 제외한 8개
유형)

⑤ [표현식을 이용해 객체 선택(ε)]을 클릭하여, 다음 그림의 '표현식'과 같이 입력한다.

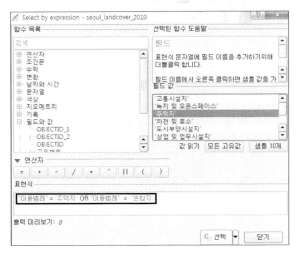

⑥ "주택지"와 "혼합지"가 선택된 상태에서 [필드 계산기(🔢)]를 클릭하여 창을 열고 선택된 객체

의 필드에 'A'값을 부여한다. 그러면 선택된 레코드에만 'A'값이 입력되는 것을 확인할 수 있다.

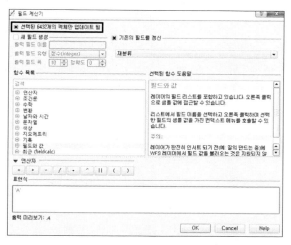

⑦ 다음 그림과 같이 재분류 필드의 '주택지' 행에 'A' 값이 부여된 것을 알 수 있다.

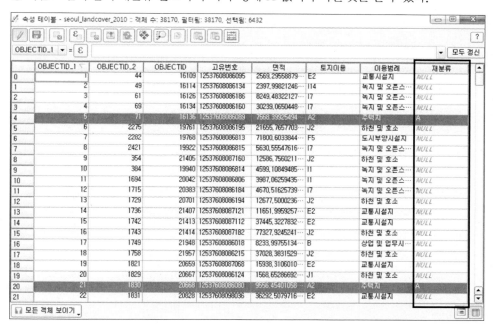

⑧ '상업 및 업무시설지'에 대해서도 토지이용 유형 'B'값을 입력하여 보자. 먼저 [표현식을 이용해
객체 선택(ℰ)]을 클릭하여, '표현식'에 ""이용범례' = '상업 및 업무시설지'"를 입력한다.

⑨ '상업 및 업무시설지'가 선택된 상태에서 [필드 계산기(📟)] 창을 열어 선택된 객체의 필드에
'B'값을 부여한다.

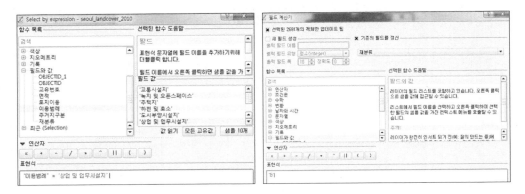

⑩ 나머지 토지 이용 유형 'C'도 같은 방식으로 수행한다. 결과물은 아래와 같다.

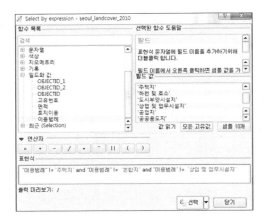

	OBJECTID_1	OBJECTID	고유번호	면적	토지이용	이용범례	주거지구분	재분류
0	44	16109	12537608086095	2569.29558879…	E2	교통시설지	B	C
1	49	16114	12537608086134	2397.99821246…	I14	녹지 및 오픈스…	B	C
2	61	16126	12537608086186	8249.48322127…	I7	녹지 및 오픈스…	B	C
3	69	16134	12537608086160	30239.0650448…	I7	녹지 및 오픈스…	B	C
4	71	16136	12537608086089	7568.39925494…	A2	주택지	A	A
5	2275	19761	12537608086195	21655.7657703…	J2	하천 및 호소	B	C
6	2282	19768	12537608086813	71800.6033844…	F5	도시부양시설지	A	C
7	2421	19922	12537608086815	5630.55547616…	I7	녹지 및 오픈스…	B	C
8	354	21405	12537608087160	12586.7560211…	J2	하천 및 호소	B	C
9	384	19940	12537608086814	4599.10849485…	I1	녹지 및 오픈스…	B	C
10	1694	20042	12537608086806	3987.06259435…	I1	녹지 및 오픈스…	B	C

⑪ seoul_landcover_2010.shp 레이어의 마우스 오른쪽을 클릭하여 [다른 이름으로 저장]에서 재
분류된 토지이용도를 "seoul_landcover_reclassify.shp"로 저장한다.

(2) 재분류된 토지이용도 속성 데이터를 기준으로 디졸브하기

① 재분류된 토지이용도 파일, seoul_landcover_reclassify.shp를 열고 [벡터]-[공간 연산 도

구]-[디졸브] 메뉴를 클릭한다.

② 디졸브의 기준이 되는 필드는 '재분류'이다. 즉 토지이용 유형(A, B, C) 별로 데이터를 병합하는 것이다. 다음 그림과 같이 입력하여 "seoul_landcover_dissolve.shp" 파일을 출력하여 보자.

③ 디졸브한 결과는 A(주택지, 혼합지), B(상업 및 업무 시설지), C(기타)이다. 토지이용별로 시각적으로 구별하기 쉽게 지도를 표현하여 보자.

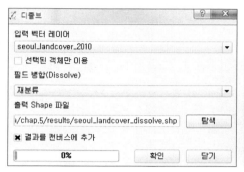 

도움말

실행 시 완전하게 디졸브가 진행되지 않거나 문제가 있을 경우 DATA\chap.5\results 폴더에 있는 seoul_landcover_dissolve.shp 파일을 사용하도록 한다.

④ 레이어에서 마우스 오른쪽을 클릭하여 [속성]-[스타일]을 선택하고, '표현 유형'은 "분류된"으로 설정한다. 그리고 A를 노란색, B를 빨간색, C를 초록색으로 설정한다.

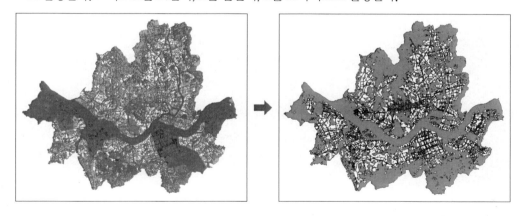

예제2	래스터 데이터 재분류하기

과제	서울시 DEM 데이터의 고도값을 5단계로 재분류하기
기능	속성 편집
데이터	DATA\chap.5\spatial_data\raster_data • seoul_dem.tif

① DATA\chap.5\spatial_data\raster_data 폴더에서 seoul_dem.tif 파일을 연다.

② 해당 레이어의 [속성]−[스타일] 탭을 열면, DEM 데이터의 최솟값(1)과 최댓값(406)을 확인할
수 있다.

 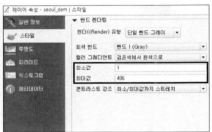

③ 히스토그램 또는 seoul_dem.tif 데이터의 메타데이터(seoul_dem.tif.aux.xml)를 열어 서울시
DEM의 최솟값과 최댓값을 확인하고 다시 입력해 준다. (4.3 래스터 데이터 편집 참조)

④ '렌더(Render) 유형'을 '단일 밴드 그레이'에서 "단일 밴드 의사색채"로 변경하고, 높이가 잘 표
현될 색상을 선택한다. 그리고 분류를 클릭한다.

⑤ 다음 그림과 같이 '0.500000', '145.500000', …, '580.500000' 5단계로 분류되어 나타난다.

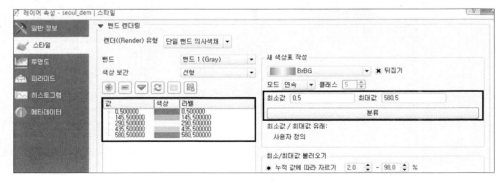

⑥ 5단계로 분류된 것을 원하는 값으로 재분류하여 보자. 고도 값에서 소수점은 의미가 없으므로 독도자(讀圖者)가 고도의 범례를 이해하고 보기 쉽도록 아래와 같이 '0', '100', '200', …, '600'으로 설정하고자 한다. 더블클릭하여 '값'과 '라벨'의 값을 수정하고 확인을 클릭한다.

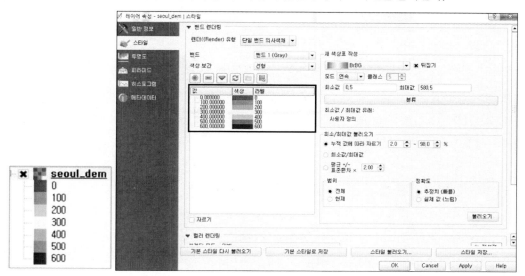

⑦ 아래의 그림과 같이 래스터 데이터가 0~600까지 100의 간격으로 재분류되었다.

5.2 중첩분석

중첩은 한 레이어에 다른 레이어를 이용하여 두 주제 간의 관계를 분석하고 이를 지도학적으로 표현하는 것이다. 중첩 기능은 벡터 데이터와 래스터 데이터에서 모두 가능하다. 소방서 최적입지 분석, 신도시 입지 선택, 쓰레기 매립지 최적지 선택 등 적지분석에서 가장 많이 사용되는 기능 중 하나이다. 중첩분석은 사용되는 자료의 구조에 따라 벡터 데이터를 이용한 분석과 래스터 데이터 를 이용한 분석으로 구분할 수 있다. 벡터 데이터에서는 위상을 이용하여 경계를 분할, 결합, 삭제 하는 등의 중첩을 수행하며, 래스터 데이터의 경우 도면대수(map algebra)라 불리는 공간분석기법 에 의해 분석이 수행된다.

(1) 벡터 데이터의 중첩

벡터 데이터의 중첩은 면과 면 간의 대상물들을 위주로 수행되지만 때로는 점과 면(point-in-polygon)이나 선과 면(line-in-polygon) 형태로 이뤄질 수도 있다. 벡터 형식에서 중첩은 두 개 이 상의 레이어를 겹쳤을 때 경계선이 새롭게 생성되고 속성이 합쳐지고 분리되는 과정을 수행한다. 벡터데이터에서 가능한 중첩연산기능은 다음과 같다.

- 교차(intersect): 두 개의 레이어를 교차하여, 서로 교차하는 범위 내의 모든 면을 분할하고, 각각 에 해당되는 모든 속성을 포함한다. 공간 조인과 같은 기능이라 할 수 있다.
- 자르기(clip): 두 번째 레이어의 외곽경계를 이용하여 첫 번째 레이어를 자른다.
- 결합(union): 레이어를 교차했을 때 중첩된 모든 지역을 포함하고, 모든 속성을 유지한다.
- 동일성(identity): 첫 번째 레이어의 모든 형상들은 그대로 유지되지만, 두 번째 레이어의 형상은 첫 번째 레이어의 범위 내에 있는 형상들만 유지된다.
- 조각내기(split): 첫 번째 레이어를 두 번째 레이어를 토대로 작은 구역으로 면적을 분할하여 조각 으로 분리한다.
- 지우기(erase): 두 번째 레이어를 이용한 첫 번째 레이어의 일부분을 지운다.

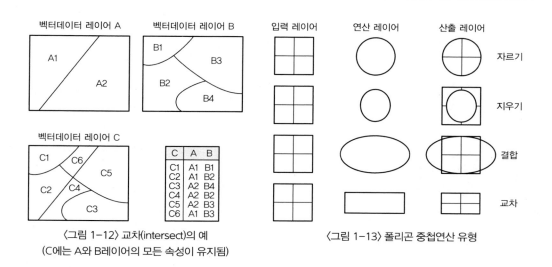

C	A	B
C1	A1	B1
C2	A1	B2
C3	A2	B4
C4	A2	B2
C5	A2	B3
C6	A1	B3

〈그림 1-12〉 교차(intersect)의 예
(C에는 A와 B레이어의 모든 속성이 유지됨)

〈그림 1-13〉 폴리곤 중첩연산 유형

(2) 래스터 데이터의 중첩

래스터 데이터를 기반으로 하는 중첩분석은 크게 두 가지 연산에 의해 이루어진다. 하나는 논리적 연산이며, 다른 하나는 산술적 연산이다. 흔히 래스터 데이터에서 산술적 연산을 통한 중첩과정을 지도 대수기법(map algebra)이라 일컫는다. 도면대수는 동일한 셀 크기를 가지는 래스터 데이터를 중첩하여 덧셈, 뺄셈, 곱셈, 나눗셈 등 다양한 수학연산자를 사용해 새로운 셀 값을 계산하는 방법이다.

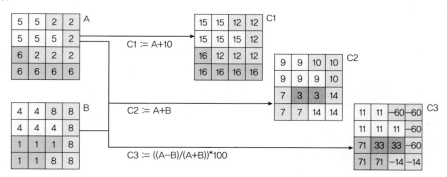

〈그림 1-14〉 래스터 데이터의 도면대수 방법의 예

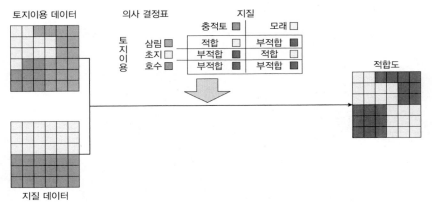

의사 결정표	지질	
	충적토 ■	모래 □
토지이용 삼림 ■	적합 □	부적합 ■
초지 □	부적합 ■	적합 □
호수 ■	부적합 ■	부적합 ■

토지이용 데이터

지질 데이터

적합도

〈그림 1-15〉 래스터 데이터의 중첩연산의 예

예제3   폴리곤의 점 기능을 활용하여 중첩분석하기

과제	전국의 시도별 초등학교 개수를 계산하여, 초등학교 수가 가장 많거나 적은 시도를 지도로 나타내기
기능	폴리곤의 점(point in polygon)
데이터	DATA\chap.5\spatial_data • korea_primary.shp • korea_sido.shp

① DATA\chap.5\spatial_data에서 korea_sido.shp, korea_primary.shp 파일을 불러온다.

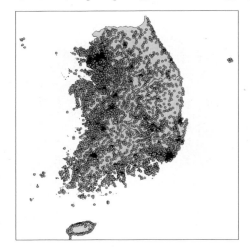

② 메뉴에서 [벡터]-[분석 도구]-[폴리곤의 점]을 선택한다.

③ '입력 폴리곤 벡터 레이어'는 "korea_sido", '입력 점 벡터 레이어'는 "korea_primary"로 선택하고 '출력 Shape 파일'을 "korea_sido_primary.shp"로 저장한다. '결과를 캔버스에 추가'를 체크하고 OK를 클릭한다.

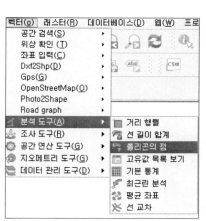

④ 속성 테이블을 살펴보면 전국 시도별 초등학교 총수가 계산된 새로운 컬럼이 추가되었음을 확인할 수 있다. 전국에서 초등학교가 가장 많은 곳은 경기도이며 1,193개가 분포하고, 가장 적은 곳은 제주특별자치도이며 116개의 초등학교가 분포함을 알 수 있다.

⑤ 전국 시도별 초등학교 분포 현황을 보여 주는 단계구분도를 제작한다.

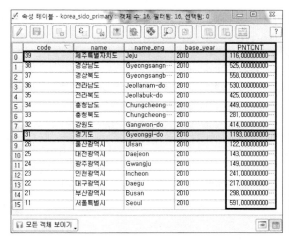
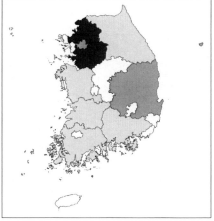

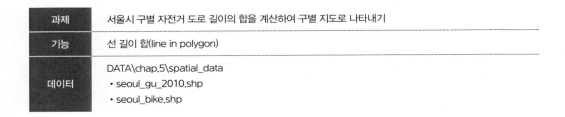

예제4 | **선 길이 합 기능을 활용하여 중첩분석하기**

과제	서울시 구별 자전거 도로 길이의 합을 계산하여 구별 지도로 나타내기
기능	선 길이 합(line in polygon)
데이터	DATA\chap.5\spatial_data • seoul_gu_2010.shp • seoul_bike.shp

① DATA\chap.5\spatial_data에서 seoul_gu_2010.shp, seoul_bike.shp 파일을 불러온다.

② [벡터]–[분석 도구]–[선 길이 합계]를 선택한다.

③ '입력 폴리곤 벡터 레이어'는 "seoul_gu_2010", '입력 선 벡터 레이어'는 "seoul_bike", '길이 합 출력 필드 이름'은 "길이", '출력 shape 파일'을 "sum of gu.shp"로 설정하고 OK 버튼을 클릭한다.

④ sum of gu 레이어의 [속성 테이블 열기]를 클릭하여 속성 테이블을 살펴보면, '길이'라는 새로운 컬럼이 생성되었음을 확인할 수 있다.

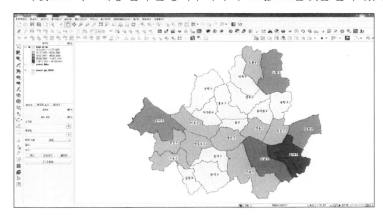

	code	si	name	name_eng	base_year	area	pop2010	길이
23	11020	서울특별시	중구	Jung-gu	2010	10047824.00	121164	3633.09634757
24	11010	서울특별시	종로구	Jongno-gu	2010	23892610.10	155675	9323.94169848
12	11130	서울특별시	서대문구	Seodaemun-gu	2010	17457010.00	313814	9958.73512121
17	11080	서울특별시	성북구	Seongbuk-gu	2010	24368947.50	457570	10757.2331850
7	11180	서울특별시	금천구	Geumcheon-gu	2010	12565681.30	242510	11209.1614538
18	11070	서울특별시	중랑구	Jungnang-gu	2010	17930689.80	403105	11865.0728444
13	11120	서울특별시	은평구	Eunpyeong-gu	2010	31304823.80	450583	15452.1648187
16	11090	서울특별시	강북구	Gangbuk-gu	2010	23717975.10	324413	16735.0811965
4	11210	서울특별시	관악구	Gwanak-gu	2010	29854671.00	520849	20547.1411965
5	11200	서울특별시	동작구	Dongjak-gu	2010	17405595.30	397317	21169.6465318
19	11060	서울특별시	동대문구	Dongdaemun-	2010	14481542.60	346770	28674.5979477
15	11100	서울특별시	도봉구	Dobong-gu	2010	20742965.60	348625	32363.0165964
8	11170	서울특별시	구로구	Guro-gu	2010	19838239.50	417339	34625.1448905
22	11030	서울특별시	용산구	Yongsan-gu	2010	21208245.00	227400	35295.9037501
3	11220	서울특별시	서초구	Seocho-gu	2010	47891775.50	393270	39934.3913295
21	11040	서울특별시	성동구	Seongdong-gu	2010	16558786.70	296135	41205.5943314
20	11050	서울특별시	광진구	Gwangjin-gu	2010	17704173.30	368021	50759.6030985
6	11190	서울특별시	영등포구	Yeongdeungp-	2010	21603818.10	396243	51950.9440825
10	11150	서울특별시	양천구	Yangcheon-gu	2010	17642427.90	469434	54757.0491210
11	11140	서울특별시	마포구	Mapo-gu	2010	24637170.50	369432	58209.9199132
9	11160	서울특별시	강서구	Gangseo-gu	2010	42810531.90	546938	65141.4308020
14	11110	서울특별시	노원구	Nowon-gu	2010	35525165.60	587248	76442.1524393
0	11250	서울특별시	강동구	Gangdong-gu	2010	25486289.10	465958	78772.8249049
2	11230	서울특별시	강남구	Gangnam-gu	2010	38436479.00	527641	91752.1474862
1	11240	서울특별시	송파구	Songpa-gu	2010	33672460.80	646970	141355.602105

⑤ 서울시의 구별 자전거 도로 총길이를 살펴보면 자전거 도로 길이가 가장 짧은 구는 중구이며 약 3.6km이고 가장 긴 구는 송파구이며 약 141.3km인 것을 알 수 있다.

예제5	클립 기능을 활용하여 중첩분석하기

과제	서울시 토지이용도 데이터에서 강남구 토지이용도 데이터 추출하기
기능	자르기(clip)
데이터	DATA\chap.5\spatial_data • seoul_landcover_2010.shp • seoul_landcover_1985MCB.shp • gangnam_gu_2012.shp

① DATA\chap.5\spatial_data 폴더의 seoul_landcover_2010.shp와 gangnam_gu_2012.shp를 연다.

② 프로세싱 툴박스에서 'Clip' 기능을 검색하여 창을 연다.

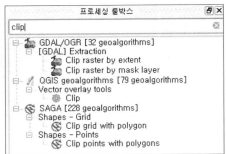

③ 입력 레이어는 서울 토지이용도 데이터 "seoul_landcover_2010.shp"로, 클립 레이어는 "gangnam_gu_2012.shp"로 설정하고, 클립되어 출력되는 레이어는 "gangnam_landcover. shp"로 설정한다. 알고리즘이 실행된 후 출력 파일을 레이아웃에 띄울 수 있도록 체크 박스를 활성화한다.

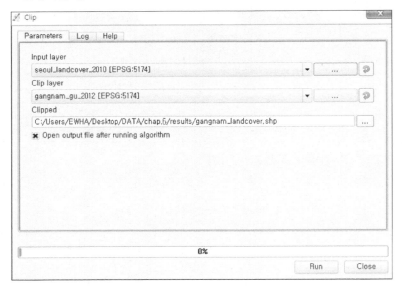

④ 아래 그림과 같이 강남구의 토지이용도 데이터만 클립되어 추출된 것을 알 수 있다.

⑤ 강남구의 토지이용도 레이어의 [속성]–[스타일]에서 토지이용 범례에 따라 시각적으로 구분하기 쉽게 표현하여 보자.

도움말

토지이용 범례	지정색	토지이용 범례	지정색
주택지	노란색	도시부양시설지	옅은 갈색
상업 및 업무시설지	빨간색	나지	베이지색
혼합지	주황색	특수지역	녹색
공업지	보라색	녹지 및 오픈스페이스	연두색
공공용도지	하늘색	하천 및 호소	파란색
교통시설지	회색		

⑥ 강남구의 중심에는 상업 및 업무 시설지가 도로를 따라 나타나며, 한강 및 작은 하천을 주변으로 주택지가 분포하는 것을 알 수 있다. 강남구의 남쪽에는 녹지 및 오픈 스페이스가 다수 분포하는 것을 볼 수 있다.

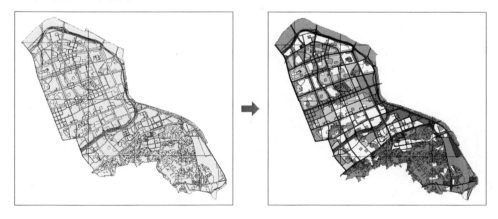

예제6	인터섹트 기능을 활용한 중첩분석하기

과제	구별 공원 면적을 구하고 이를 지도로 표현하기
기능	인터섹트, 디졸브, 결합 속성 편집/입력(필드 계산기)
데이터	DATA\chap.5\spatial_data • seoul_gu_2012.shp • seoul_park_TM.shp DATA\chap.5\results • seoul_gu_park _intersect_dissolve.shp

(1) '공원' 레이어를 구별로 자르기

① DATA\chap.5\spatial_data 폴더의 seoul_
gu_2012.shp, seoul_park.shp를 연다.

② 두 데이터 각각 [레이어 좌표계 설정]을 클
릭하여 "EPSG:5174-Korean 1985/Modi
fied Central Belt"로 맞춘다.

③ [벡터]-[공간 연산 도구]-[인터섹트] 메뉴
를 클릭하여 창을 연다. 아래와 같이 '입력
벡터 레이어'는 "seoul_gu_2012", '레이어
교차분석'은 "seoul_park_TM", '출력 Shpe

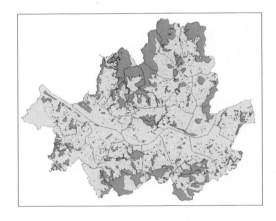

파일'은 "seoul_gu_park_intersect.shp"로 설정하고, '결과를 캔버스에 추가'를 체크한다.

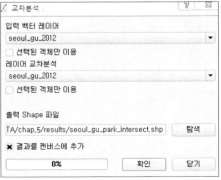

④ 두 레이어의 교집합의 값을 출력하기 때문에 결과물은 seoul_park_TM.shp와 유사하지만, 속성 테이블을 열어 확인하면 두 레이어의 속성값이 모두 들어가 있는 것을 확인할 수 있다.

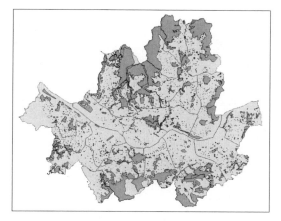

	code	name	name_eng	base_year	일최대강우	ENG_PAR_NM	KOR_PAR_NM	PARK_CL	PARK_SN
0	11250	강동구	Gangdong-gu	2012	315.00	NULL	한강시민공원	UQT200	109
1	11250	강동구	Gangdong-gu	2012	315.00	NULL	암사선사유적지	UQT200	110
2	11250	강동구	Gangdong-gu	2012	315.00	NULL	NULL	UQT200	71
3	11250	강동구	Gangdong-gu	2012	315.00	NULL	선사어린이공원	UQT200	10
4	11250	강동구	Gangdong-gu	2012	315.00	NULL	새장터어린이…	UQT200	13
5	11250	강동구	Gangdong-gu	2012	315.00	NULL	광나루어린이…	UQT210	1
6	11250	강동구	Gangdong-gu	2012	315.00	NULL	NULL	UQT200	103
7	11250	강동구	Gangdong-gu	2012	315.00	NULL	천호동공원	UQT200	23
8	11250	강동구	Gangdong-gu	2012	315.00	NULL	NULL	UQT200	91
9	11250	강동구	Gangdong-gu	2012	315.00	NULL	NULL	UQT200	63
10	11250	강동구	Gangdong-gu	2012	315.00	NULL	NULL	UQT200	55

⑤ 서울시 구별 행정 경계 내에 공원 정보가 각각 속성으로 생성되었음을 확인할 수 있다. 서울시 구별 코드를 기준으로 디졸브(병합)하여 구별 공원 면적이 얼마나 되는지 계산하여 보자.

(2) 구별로 공원을 디졸브(병합)하고 면적 구하기

① 메뉴에서 [벡터]-[공간 연산 도구]-[디졸브]를 클릭하고 다음과 같이 입력한다.

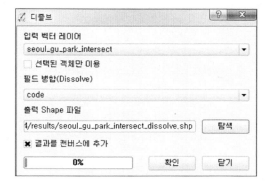

② 아래의 속성 테이블과 같이 행정구역별로 공원 데이터가 병합되어 나타난 것을 알 수 있다.

	code	name	name_eng	base_year	일최대강우	ENG_PAR_NM	KOR_PAR_NM	PARK_CL	PARK_SN
0	11190	영등포구	Yeongdeungp…	2012	299.00	*NULL*	(소공원)	UQT200	4
1	11090	강북구	Gangbuk-gu	2012	272.00	*NULL*	*NULL*	UMA100	63
2	11050	광진구	Gwangjin-gu	2012	282.00	*NULL*	망우공원	UQT200	52
3	11200	동작구	Dongjak-gu	2012	266.00	*NULL*	까치어린이공원	UQT200	24
4	11130	서대문구	Seodaemun-gu	2012	267.00	*NULL*	인왕산자연공원	UQT200	53
5	11220	서초구	Seocho-gu	2012	281.00	*NULL*	*NULL*	UQT200	68
6	11170	구로구	Guro-gu	2012	0.00	*NULL*	*NULL*	UQT200	80
7	11150	양천구	Yangcheon-gu	2012	287.00	*NULL*	*NULL*	UQT200	42
8	11030	용산구	Yongsan-gu	2012	273.00	*NULL*	*NULL*	UQT200	70
9	11110	노원구	Nowon-gu	2012	275.00	*NULL*	공릉동근린공원	UQT220	135
10	11070	중랑구	Jungnang-gu	2012	301.00	*NULL*	*NULL*	UQT200	70
11	11010	종로구	Jongno-gu	2012	301.00	*NULL*	*NULL*	UQT200	56
12	11240	송파구	Songpa-gu	2012	184.00	*NULL*	*NULL*	UQT200	48
13	11180	금천구	Geumcheon-gu	2012	249.00	*NULL*	*NULL*	UQT200	72
14	11120	은평구	Eunpyeong-gu	2012	278.00	*NULL*	북한산	UQT230	45
15	11210	관악구	Gwanak-gu	2012	348.00	*NULL*	*NULL*	UQT220	64
16	11040	성동구	Seongdong-gu	2012	289.00	*NULL*	서마장공원	UQT040	10
17	11230	강남구	Gangnam-gu	2012	322.00	*NULL*	*NULL*	UQT200	109
18	11080	성북구	Seongbuk-gu	2012	285.00	*NULL*	*NULL*	UQT200	60
19	11020	중구	Jung-gu	2012	265.00	*NULL*	*NULL*	UQT220	23
20	11140	마포구	Mapo-gu	2012	309.00	*NULL*	*NULL*	UQT220	70
21	11060	동대문구	Dongdaemun…	2012	288.00	*NULL*	*NULL*	UQT200	12
22	11100	도봉구	Dobong-gu	2012	274.00	*NULL*	*NULL*	UMA100	63
23	11160	강서구	Gangseo-gu	2012	252.00	*NULL*	*NULL*	UQT200	62
24	11250	강동구	Gangdong-gu	2012	315.00	*NULL*	한강시민공원	UQT200	109

③ 인터섹트와 디졸브된 공원의 면적을 계산하기 위하여 레이어에서 마우스 오른쪽 버튼을 누르고 [속성 테이블 열기]를 클릭한다.

④ [필드 계산기(⊞)] 창을 열어 아래와 같이 '새 필드 생성'을 체크하고, '출력 필드 이름'은 "area"로, 필드 유형, 폭, 정확도는 각각 "십진수(real)", "10", "2"로, '표현식'은 "$area"로 설정한다.

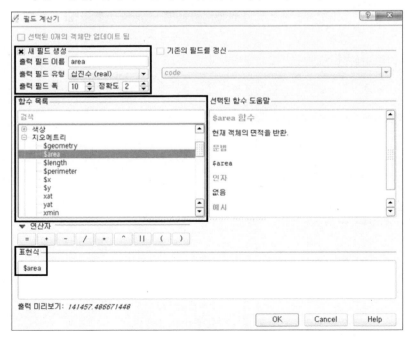

⑤ 아래의 속성 테이블처럼 오른쪽에 'area' 컬럼이 새로 생성된 것을 알 수 있다.

	code	name	name_eng	base_year	일최대강우	ENG_PAR_NM	KOR_PAR_NM	PARK_CL	PARK_SN	area
0	11190	영등포구	Yeongdeungp…	2012	299.00	NULL	(소공원)	UOT200	4	736087.18
1	11090	강북구	Gangbuk-gu	2012	272.00	NULL	NULL	UMA100	63	12065680.28
2	11050	광진구	Gwanglin-gu	2012	282.00	NULL	망우공원	UOT200	52	3642247.00
3	11200	동작구	Dongjak-gu	2012	266.00	NULL	까치어린이공원	UOT200	24	4139387.81
4	11130	서대문구	Seodaemun-gu	2012	267.00	NULL	인왕산자연공원	UOT200	53	4783237.53
5	11220	서초구	Seocho-gu	2012	281.00	NULL	NULL	UOT200	68	14915768.27
6	11170	구로구	Guro-gu	2012	0.00	NULL	NULL	UOT200	80	3196525.24
7	11150	양천구	Yangcheon-gu	2012	287.00	NULL	NULL	UOT200	42	2715841.26
8	11030	용산구	Yongsan-gu	2012	273.00	NULL	NULL	UOT200	70	2106817.41
9	11110	노원구	Nowon-gu	2012	275.00	NULL	공릉동근린공원	UOT220	135	13921555.96
10	11070	중랑구	Jungnang-gu	2012	301.00	NULL	NULL	UOT220	70	4613525.91
11	11010	종로구	Jongno-gu	2012	301.00	NULL	NULL	UOT200	56	11152868.09
12	11240	송파구	Songpa-gu	2012	184.00	NULL	NULL	UOT200	48	2211449.41
13	11160	금천구	Geumcheon-gu	2012	249.00	NULL	NULL	UOT200	72	2442751.14
14	11120	은평구	Eunpyeong-gu	2012	278.00	NULL	북한산	UOT230	45	14736070.69
15	11210	관악구	Gwanak-gu	2012	348.00	NULL	NULL	UOT220	64	12123100.28
16	11040	성동구	Seongdong-gu	2012	289.00	NULL	서마장공원	UOT200	10	1277928.73
17	11230	강남구	Gangnam-gu	2012	322.00	NULL	NULL	UOT200	109	5685830.59
18	11080	성북구	Seongbuk-gu	2012	285.00	NULL	NULL	UOT220	60	7819099.46
19	11020	중구	Jung-gu	2012	265.00	NULL	NULL	UOT200	23	1773644.98
20	11140	마포구	Mapo-gu	2012	309.00	NULL	NULL	UOT220	70	2175499.05

(3) 구별 행정 경계와 구별 공원 면적 레이어를 결합하고 지도로 나타내기

① 구별 공원 면적은 계산되었지만, 서울시 구별 행정구역 데이터 seoul_gu_2012.shp에는 공원 면적값이 없다. 따라서 구별 행정구역 데이터와 인터섹트/디졸브 분석이 수행된 데이터 seoul _gu_park_intersect_dissolve.shp의 결합(조인)이 필요하다.

② 서울시 구별 행정구역 데이터에서 [속성]-[결 합]을 클릭하고 다음 그림과 같이 '조인 필드'와 '대상 필드'를 "code"로 설정한다.

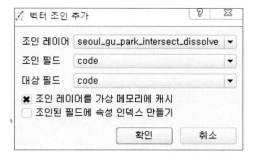

③ 서울시 구별 행정구역 데이터의 [속성]-[스 타일]에서 구별 공원 면적(seoul_gu_park_ intersect_dissove_area)을 5단계로 나누어 지 도에 표현한다.

④ 서울시 구별 행정구역명을 입력하기 위하여 [속성]-[라벨]에서 이 '레이어의 라벨'을 "name"

으로 선택한다.

⑤ 결과 화면은 다음과 같다. 서울시에서 은평구, 노원구, 관악구, 서초구, 도봉구, 강북구, 종로구 등 산지를 중심으로 공원의 면적이 상대적으로 넓은 것을 알 수 있다.

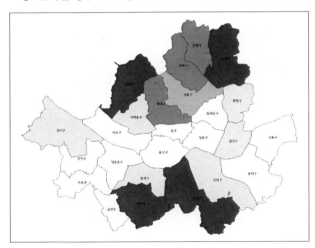

래스터 데이터 중첩분석하기

과제	서울시 경사도 데이터와 경사 방향 데이터를 활용하여 래스터 데이터 중첩분석하기
기능	중첩분석 래스터 계산기
데이터	DATA\chap.5\spatial_data\raster_data • seoul_aspect.tif • seoul_slope.tif

　주택지를 선정할 때는 기본적으로 경사가 완만하고 남향인 지역을 선호한다. 경사가 낮고 남향인 지역을 래스터 데이터를 활용하여 중첩분석하고자 한다. 경사도는 5° 미만이며, 경사향이 남향인 지역만을 선택하여 보자.

① DATA\chap.5\spatial_data\raster_data 폴더에서 seoul_aspect.tif와 seoul_slope.tif 데이터를 연다.

• seoul_aspect.tif

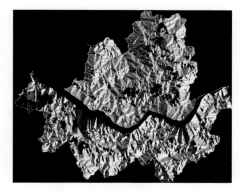

• seoul_slope.tif

② QGIS 상단의 메뉴에서 [래스터]−[래스터 계산기]를 선택하여 창을 연다.

③ 경사향 데이터인 seoul_aspect.tif는 135° ~225° 로 지정하고, 경사도 데이터인 seoul_slope. tif는 평지를 나타내는 0~5° 값으로 지정한다. 이 두 데이터에 대하여 'AND' 연산자를 사용하여 중첩분석을 수행한다.

```
(135<="seoul_aspect@1"<=225) AND ("seoul_slope@1"<=5)
```

④ 출력 레이어는 DATA\chap.5\results 폴더에 "raster_overlay.tif"로 저장한다.

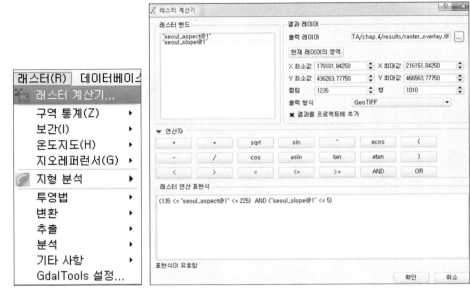

⑤ 결과는 다음과 같다. 흰색은 0.999, 검은색은 0을 나타내는데, 흰색 지역이 경사가 0~5°이며 남향인 지역이다.

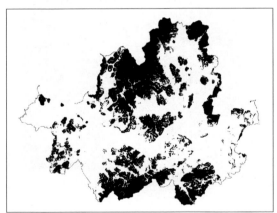

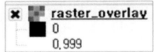

5.3 버퍼분석

버퍼(buffer)는 점, 선, 면 모든 객체로부터 일정거리 내의 영역을 표시하는 기능으로, 버퍼링 결과는 폴리곤으로 표현된다. 버퍼는 래스터 자료와 벡터 자료 모두 적용이 가능하며, 일정구간을 여러 단계로 지정하여 영역을 생성할 수도 있다.

예제8	지하철역 반경 500m 이내에 위치한 공공 도서관 찾기

목표	서울시 지하철역을 중심으로 반경 500m 이내에 위치한 공공 도서관 찾기
기능	버퍼(buffer)
데이터	DATA\chap.5\spatial_data • seoul_subwaystation.shp • seoul_library.shp

(1) 지하철역 반경 500m 이내 지역 찾기

① DATA\chap.5\spatial_data 폴더에서 seoul_subwaystation.shp, seoul_library.shp 파일을 불러온다.

② 서울시 지하철역을 중심으로 반경 500m 이내의 지역을 알아보기 위하여 [벡터] 메뉴의 [공간 연산 도구]-[버퍼]를 선택한다.

③ '입력 벡터 레이어'는 "seoul_subwaystation"을 선택하고, '버퍼 거리'에 체크한 후, "500"을 입력한다.

④ '출력 shape 파일'에서 탐색을 클릭하여 "DATA\chap.5\results"에 "subway_buffer.shp"로 저장을 선택하고 '결과를 캔버스에 추가'에 체크하고 OK를 클릭한다. 다음과 같이 지하철역을 주변으로 버퍼가 생성된 지도를 확인할 수 있다.

 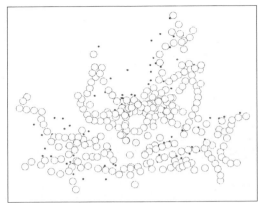

(2) 지하철역 500m 이내 공공 도서관 찾기

① 지하철역 반경 500m 이내의 공공 도서관을 찾기 위해 [벡터]-[공간 연산 도구]-[인터섹트]를 선택하여 'seoul_library' 레이어와 'subway_buffer' 레이어를 중첩한다.

② '입력 벡터 레이어'를 "seoul_library"로, '레이어 교차분석'은 "subway_buffer"로 선택하고, '출력 shape 파일'은 'subway_library.shp'로 입력한다.

③ '결과를 캔버스에 추가'를 체크하고 OK를 클릭하면, 지하철역으로부터 500m 이내에 분포하는 서울시의 공공 도서관 정보를 알 수 있다.

 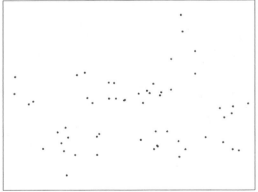

④ 왼쪽 상단의 레이어 리스트에서 선택된 도서관 레이어만 제외하고 체크박스를 모두 해제한 뒤, 구별 행정 경계 레이어를 중첩하여 도서관 위치를 확인한다.

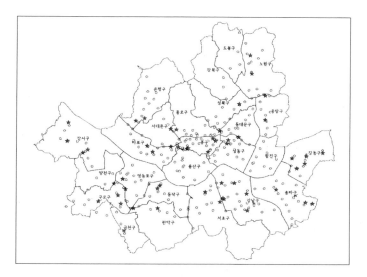

⑤ 공공 도서관의 상세 정보를 알고 싶다면 [보기]–
[객체 확인] 또는 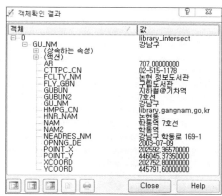 를 선택한 후 해당 객체를
클릭한다. 다음과 같이 도서관명, 행정동명, 홈페
이지 정보, 주소, 위치 등의 도서관 상세 정보를
확인할 수 있다.

예제9	초등학교 반경 200m 이내에 유해 시설 입지 금지 구역 지정하기

과제	초등학교로부터 반경 200m는 유해 시설 입지 금지 구역으로 지정하고, 이 구역에 위치한 상업 시설 중 유해 시설 추출하기
기능	버퍼 클립
데이터	DATA\chap.5\spatial_data • gangnam_dong_2012.shp • gangnam_elementraryschool.shp • gangnam_poi.shp

① DATA\chap.5\spatial_data 폴더의 강남구 데이터 gangnam_dong_2012.shp와 강남구의 초등학교 데이터 gangnam_elementaryschool.shp를 연다.

② [벡터]-[공간 연산 도구]-[버퍼]를 클릭하여 창을 연다. '입력 벡터 레이어'는 "gangnam_elementaryschool", '버퍼 거리'는 "200"으로, '출력 shape 파일'은 "seoul_school_buffer200.shp"로 설정한 후, "결과를 캔버스에 추가"를 체크하고 확인 버튼을 클릭한다.

③ 포인트 데이터인 초등학교 반경 200m 지점이 폴리곤 데이터로 출력된 것을 확인할 수 있다.

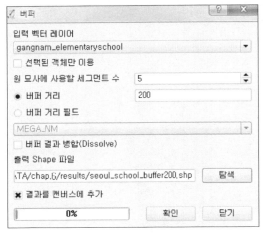

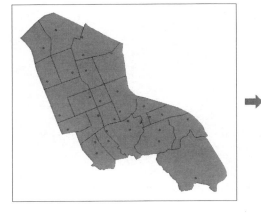
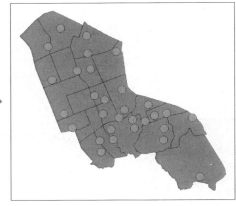

④ 추가로 강남의 여러 시설에 대한 데이터인 gangnam_poi.shp 파일을 연다.

⑤ [벡터]-[공간 연산 도구]-[클립]을 통하여 강남에 있는 여러 시설 중 초등학교 반경 200m에 입지한 시설을 추출한다. '입력 벡터 레이어'는 "gangnam_poi", 클리핑하는 레이어는 "seoul_school_buffer200", 그리고 '출력 Shape 파일'은 "seoul_poi_buffer200_clip.shp"로 저장한다. '결과를 캔버스에 추가'를 체크하고 확인 버튼을 누른다.

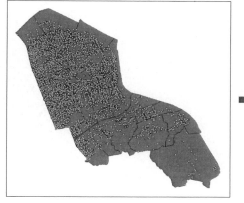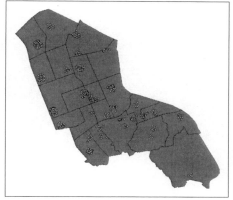

⑥ 초등학교 반경 200m에 입지한 시설 중 유해 시설(노래방, 오락실, 당구장 등)이 있는지 [속성 테이블]을 열어 확인한다. 'gangnam_poi_buffer200_clip.shp' 레이어의 [속성 테이블]의 하단 에 있는 [컬럼 필터]−[고급 필터 (식 사용)]를 선택하고, '노래', '당구', 'PC' 등을 검색하여 본다.

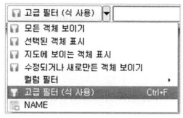

```
"NAME" LIKE '%노래%'
"NAME" LIKE '%당구%'
"NAME" LIKE '%PC%'
```

⑦ 초등학교 반경 200m에 위치한 전체 시설 정보 중 유해 시설 총 10곳이 있음을 알 수 있다. (노래 교실은 유해 시설이 아니며, 당구장과 PC방이 유해 시설로 판단할 수 있는 가능성이 높기 때문에 조사 대상이 된다고 가정한다.)

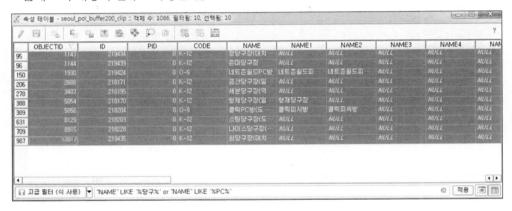

⑧ 따라서 유해 시설일 가능성이 높은 당구장과 PC방을 조사 대상으로 추출한다. 객체들이 선택된 상태에서 레이어의 마우스 오른쪽을 눌러 [다른 이름으로 저장하기]를 클릭하고 출력 파일을 "harmful_facility.shp"로 저장한다. '선택된 객체만 저장'과 '저장된 파일을 지도에 추가'를 클릭한다.

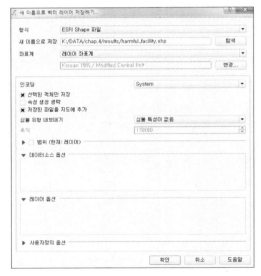

⑨ 유해 시설 레이어인 'harmful_facility.shp'의 [속성]−[스타일], [속성]−[라벨]에서 지도를 시각
  적으로 알아보기 쉽게 표현하도록 한다.

5.4 보간

보간(interpolation)이란 관측을 통해 얻은 지점값을 이용하여 관측하지 않은 지역의 값을 보간함수를 적용하여 추정하는 것이다. 즉 실측하지 않은 지점의 값을 합리적으로 어림짐작하는 계산법이라 할 수 있다. 공간 보간법은 공간적 자기상관의 개념을 토대로 하고 있다. 즉 공간 상에서 근접해 있는 지점일수록 멀리 떨어져 있는 지점들보다 유사한 값을 가지는 자기상관성에 따라 보간법을 통해 실측되지 않은 지점의 값을 추정하는 것이다.

예제10	기상 관측 지점의 값을 이용하여 기온 분포도 작성하기
과제	• 지역별 기온을 시각적으로 표현하기 위하여 포인트로 된 기온 데이터를 래스터 데이터화하기 • 행정구역 경계를 따라 클리핑하기
기능	보간 마스크 클리핑
데이터	DATA\chap.5\spatial_data • seoul_gu_2012.shp • winter_yavrg_tmp.shp • spring_yavrg_tmp.shp • summer_yavrg_tmp.shp • autum_yavrg_tmp.shp

① 기상 관측 지점 데이터는 서울 열린데이터 광장(http://data.seoul.go.kr) 홈페이지에서 제공하는 각 계절별 AWS(automatic weather system) 관측 데이터를 활용할 수 있다.

② DATA\chap.5\spatial_data 폴더에서 AWS의 겨울 평균 기온을 나타내는 winter_yavrg_tmp.shp와 서울시 구별 경계 seoul_gu_2012.shp를 연다.

③ 좌표계를 모두 "EPSG:5174-Korean 1985/Modified Central Belt"로 맞춘다.

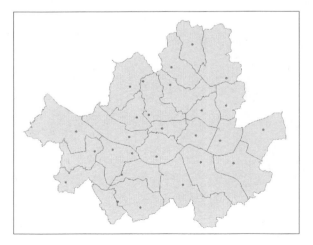

④ [래스터]–[분석]–[격자(보간)]를 클릭하여 창을 연다. '입력 파일'은 겨울 기온값인 "winter_ yavrg_tmp"를 선택하고, 'Z 필드'는 "WIN_TEMP"를 선택한다. '출력 파일'은 "interpolation_ win_tem.tif"로 지정한다.

⑤ 보간을 하는 여러 가지 알고리즘이 있는데 이번 실습에서는 거리가 멀어질수록 그 거리 값의 제곱만큼 반비례하는 "거리 제곱 반비례"(IDW: inverse distance weighted) 알고리즘을 선택한다.

⑥ 확인을 누르면 다음 그림과 같이 결과 화면이 나타나는 것을 알 수 있다.

 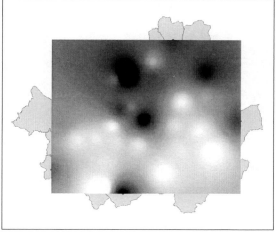

⑦ 그러나 보간되는 구역이 서울시 안쪽으로 지정되기 때문에 서울시를 다 포함할 수 있도록 보간되는 범위를 넓힐 필요가 있다.

⑧ [래스터]–[분석]–[격자(보간)]를 클릭하여, 다음 그림과 같이 설정한다. '입력 파일', 'Z 필드'는 이전과 동일하게 입력하고 '출력 파일'은 "interpolation_win_tem(1).tif"로 저장한다.

⑨ 이번에는 '범위'를 선택하고, 캔버스에서 원하는 크기 만큼 드래그하여 영역을 지정한다.

⑩ 다음 그림과 같이 서울 전체 지역을 포함하는 겨울 평균 기온값을 보간한 래스터 데이터가 생성된 것을 알 수 있다.

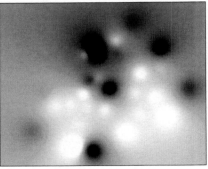

⑪ 서울시 행정구역의 형태로 래스터 데이터를 추출하기 위하여 [래스터]–[추출]–[잘라내기]를 클릭한다.

⑫ [잘라내기] 창에서 '입력 파일 (래스터)'은 래스터 데이터인 "interpolation_win_tem(1).tif"를 입력하고, '출력 파일'은 "seoul_winter_idw.tif"로 저장한다. '클리핑 모드'에서는 마스크 레이어의 "seoul_gu_2012.shp"를 선택한다. '출력 알파 밴드 생성'을 체크하고 확인 버튼을 클릭한다.

⑬ 기온이 높고 낮음이 시각적으로 잘 구별되지 않기 때문에 레이어의 [속성]–[스타일]을 다음 그림과 같이 변경한다. '렌더(Render) 유형'을 "단일 밴드 의사색채"로 선택하고, 원하는 색상표를 지정한다. 그리고 [투명도] 탭에서 '전역 투명도'를 20~50%' 정도로 수정하여, 서울시 구별 경계 데이터와 함께 보일 수 있도록 한다.

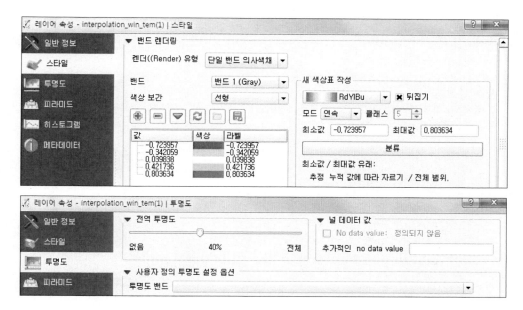

⑭ 서울시 구별 경계 데이터에 [속성]−[라벨]을 클릭하여 라벨을 넣는다.

⑮ 서울시의 겨울철 평균 기온에 대한 포인트 데이터를 보간하여 서울시 전체를 포함하는 기온 분포도를 표현한 결과는 다음과 같다. 북한산과 관악산 주변은 기온값이 낮게 나타나며, 전체적으로 한강 이남 지역의 겨울철 평균 기온값이 0~0.8℃로 영상을 웃돌면서 상대적으로 높게 나타났다. 한강 이북 지역은 겨울철 평균 기온값이 −0.7~0℃로 영하 값이 나타나는 지역이 많은 것을 알 수 있다.

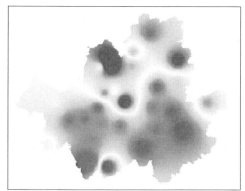 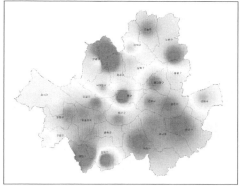

〈과제〉

1. 계절별 평균 기온 분포도를 그려 보자.
- spring_yavrg_tmp.shp, summer_yavrg_tmp.shp, autumn_yavrg_tmp.shp 데이터를 활용하여 계절별 평균 기온 분포도를 만들어 보자.
- '거리 제곱 반비례 방법'과 '최근린법'을 사용한 뒤 결괏값을 비교하여 해석하고, 각 방법의 특징과 활용 예를 알아보자.
- 서울시의 계절별 평균 기온의 특징을 서술하여 보자.

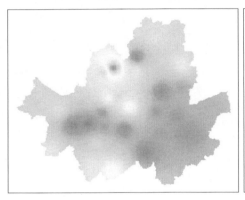 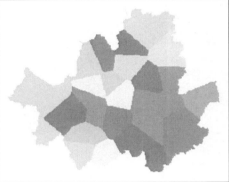

5.5 지형분석

지형분석은 래스터 자료에서 인접한 셀들과의 관계를 중심으로 분석하는 대표적 사례이다. 지형 분석에서 많이 활용되는 음영기복도, 경사도, 향, 가시권 분석 등은 각 셀의 높이와 인접한 셀의 높이를 기반으로 분석한다. 예를 들어, 경사도 분석의 경우 인접한 셀까지 변하는 값에 대한 최대 비율을 계산하며, 계산된 값들 중 최댓값을 다시 원래의 셀에 입력하는 구조로 되어 있다. 대표적인 지형분석의 종류는 경사도 및 향 분석, 등고선 생성, 단면분석, 3차원 분석, 가시권 분석, 일조분석 등이 있다.

예제11	음영기복도, 경사도, 향 분석 지도, 등고선 지도 만들기

과제	서울시 래스터 데이터를 기반으로 지형분석을 수행하여 음영기복도, 경사도, 향 분석 지도, 등고선 지도 만들기
기능	음영기복도, 경사도, 향(경사 방향) 분석 지도, 등고선 지도
데이터	DATA\chap.5\spatial_data\raster_data • seoul_dem.tif • central_korea_dem.tif • north_korea_dem.tif • jeju_dem.tif • ulsan_dem.tif • incheon_dem.tif

도움말 수치 표고 모델(DEM)과 지형분석

• 수치 표고 모델(DEM: digital elevation model)이란, 지형의 고돗값을 수치로 저장함으로써 지형의 형상을 나타내는 자료이다. 수치 표고 모델이 만들어지고 저장되는 방식은 크게 네 가지로 구분한다. 일정 크기의 격자로 저장되는 격자 방식, 높이가 같은 지점을 연속적으로 연결하여 만든 등고선에 의한 방식, 단층에 의한 프로파일 방식, 그리고 불규칙한 삼각형에 의한 TIN(Triangular Irregular Network) 방식이다. 수치 표고 모델은 지형 자료의 처리 방법 중 가장 보편적인 방법으로 격자 방식으로 저장되어 활용된다. 격자 방식에서 같은 크기를 가진 각각의 격자는 지표면에서 동일 지점의 표고를 나타낸다.

• 지형분석

지형분석 종류	내용
음영기복(relief)	도수 분포를 분석하여 고도 색상을 구분하여 제공하는 음영기복도이다.
경사 방향(aspect)	북쪽 방향을 0으로 시작해서 반시계 방향으로 도 단위로 계산한다.
등고선(hillshade)	빛과 그림자를 이용하여 제작되는 음영 지도이다.
경사도(slope)	각 셀에 대한 경사도를 도(°) 단위로 계산한다.

도움말 방위 및 각의 계산

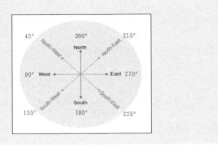

(1) 음영기복도 계산하기

음영기복도는 지형을 좀 더 사실적으로 표현하기 위하여 사용한다. 즉 빛을 받는 부분과 그림자가 지는 부분을 설정하여 지형을 좀 더 3차원처럼 보이도록 하는 래스터 데이터이다.

① DATA\chap.5\spatial_data\raster_data 폴더의 seoul_dem.tif 파일을 연다.

② [래스터]-[분석]-[DEM (지형 모델)]을 클릭한다.

③ '입력 파일 (DEM 래스터)'은 "seoul_dem.tif"로, '출력 파일'은 선택을 눌러 경로를 지정하여 'hillshade_seoul_dem.tif'로 저장하고 '모드'는 "음영기복"을 선택한다. '종료시 캔버스로 불러옴'에 체크하고 확인을 클릭한다.

④ 다음 그림과 같이 음영기복도가 생성된다. 고도가 높은 지역에 빛을 받는 부분은 흰색, 빛을 받지 않고 그늘이 지는 지역은 검은색으로 표현되는 것을 알 수 있다.

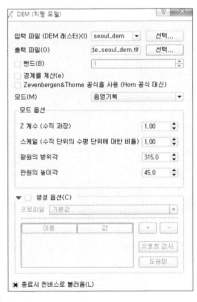

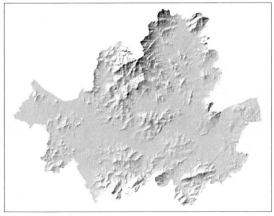

(2) 경사도 계산하기

경사도는 각 셀에 대한 경사도를 계산하여 나타내는 것으로, 지형이 얼마나 가파르고 평평한지를 나타낼 수 있다.

① [래스터]–[분석]–[DEM (지형 모델)]을 클릭한다.

② [DEM (지형 모델)] 창에서 '입력 파일 (DEM 래스터)'은 "seoul_dem", '출력 파일'은 "slope_seoul_dem.tif"로 저장한다.

③ '모드'를 "경사"로 선택하고, '종료시 캔버스로 불러옴'에 체크하여 확인을 클릭한다.

④ 경사도가 계산된 결괏값을 확인할 수 있다. 경사가 가파른 지형은 흰색으로, 경사가 완만한 지역은 검은색으로 표현된다.

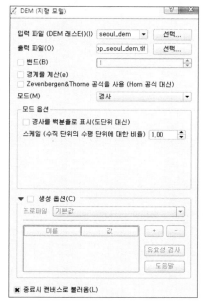

⑤ 이번에는 서울 지역에서 경사도가 2° 이하인 지역을 선정하여 보자. 먼저 [래스터]–[래스터 계산기]를 클릭하여 창을 연다.

⑥ 다음 그림과 같이 '래스터 연산 표현식'을 작성하고, '출력 레이어'는 "slope_seoul_2.tif"로 지정한 뒤 확인을 클릭한다.

"slope_seoul_@1"<=2

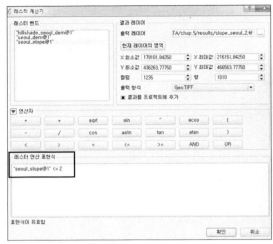

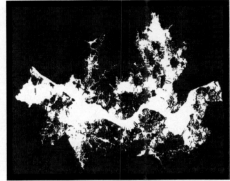

⑦ 위의 결과 화면은 위의 그림과 같이 경사가 2° 이하인 지역은 흰색, 2°가 넘는 지역은 검은색으로 표현된 것을 확인할 수 있다.

⑧ 값을 다르게 하여 서울 지역에서 경사도가 5° 이하인 지역을 선정하여 보자. 먼저 [래스터]–[래스터 계산기]를 클릭하여 창을 연다.

⑨ 마찬가지로 다음 그림과 같이 '래스터 연산 표현식'을 작성하고 확인을 클릭한다.

⑩ 결과 화면은 다음 그림과 같이 경사가 5° 이하인 지역은 흰색, 5°가 넘는 지역은 검은색으로 표현된다. 경사도가 2° 이하인 지역의 결과 화면과 비교하였을 때 흰색이 차지하는 부분이 상대적으로 넓어진 것을 알 수 있다.

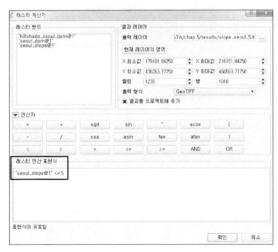

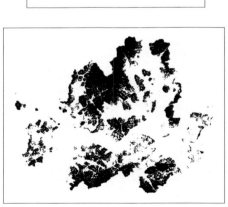

"slope_slope_@1"<=5

(3) 경사 방향 계산하기

경사 방향은 경사면이 향하는 방향을 말한다. 예를 들어, 북반구에 있는 우리는 집을 지을 때 대부분 남향을 선호한다. 경사도 계산에서 인접 셀과의 방향이 경사 방향으로 계산되는데, 이때 북쪽을 기준으로 반시계 방향으로 0°(북)에서부터 90°(서), 180°(남), 270°(동), 360°(북) 사이의 값이 계산된다.

① [래스터]−[분석]−[DEM (지형 모델)]을 선택하여 창을 활성화한다.

② '입력 파일 (DEM 래스터)'은 "seoul_dem" 데이터를 선택하고, '출력 파일'은 "aspect_seoul_dem.tif"로 저장한다.

③ '모드'를 "경사 방향"으로 설정하고, '종료시 캔버스로 불러옴'에 체크하고 확인을 클릭한다.

④ 다음 그림과 같은 결괏값을 확인할 수 있다.

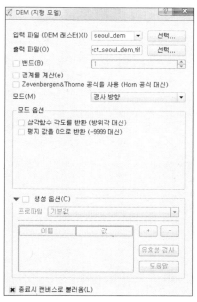
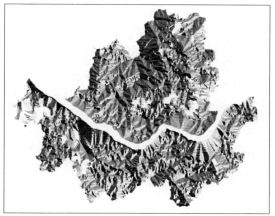

⑤ 경사 방향이 남쪽인 것을 계산하여 나타내기 위해서는 래스터 계산기를 활용한다.

⑥ [래스터]−[래스터 계산기]를 클릭한다. 남쪽 방향은 130°와 225° 사이의 값을 가지기 때문에 다음 그림과 같은 표현식을 사용하여 남쪽 방향을 표현할 수 있다.

⑦ 결과 화면은 다음과 같이 남사면(135°~225°)은 흰색, 남사면을 제외한 부분은 검은색으로 표현된다.

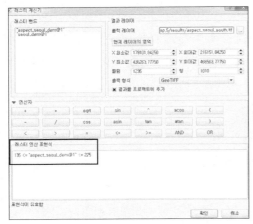
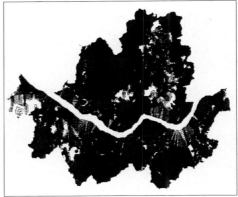

1. korea_dem.tif 파일을 열고 다음 풍력발전소의 입지 조건을 만족하는 지역을 찾아보자.

풍력발전소와 관련하여 권영한 외(2008)의 연구에서는 풍속과 고도를 입지 조건으로 들고 있으며, 이수주 외(2010)의 연구에서는 풍속, 풍향, 표고, 경사도, 경사 방향, 하천과의 인접성, 도로와의 거리, 토지이용 현황을 들고, 기상청(2010)은 연평균 풍속, 바람 비율, 최대 순간 풍속, 주풍향 등을 풍력발전에 고려할 인자로 제시한다. 전상희(2011)의 연구에 의하면 이를 좀 더 세분하여 자연적 요인(바람 자원, 지형, 산림밀도), 환경 보호 요인(토지이용, 보존 지역, 국립공원, 백두대간), 인간 피해 요인(소음, 그림자), 경제적 요인(송전선로, 접근 도로)으로 제시한다.

위의 연구들에 의하면 특히 지형은 바람의 흐름에 영향을 미치는 요인이며, 지형에 의한 바람의 막힘이 최소화되는 지역일수록 풍력발전소 입지에 적합하다(한국환경정책 평가연구원, 2008; Rodman, L. C. et al., 2006). 따라서 이번 실습에서는 풍력발전소의 적지를 찾기 위한 여러 요인 중 지형 요인만 고려하고자 한다. 지형 요인 중 '골짜기 각도(경사도)'가 크게 되면 돌풍 또는 난류가 발생할 확률이 높아 바람의 질이 떨어지게 되므로 입지 선정 시 고려하여야 할 요소로서 골짜기 각도가 작을수록 풍력발전 하기에 좋다고 할 수 있다.

또한 강원도 지역에서 풍력발전에 유리한 주 풍향은 북서풍 또는 서풍이 우세하다. 따라서 풍력발전에서는 주 풍향으로부터 많은 바람을 받을 수 있도록 북서, 서쪽 사면 방향에 대하여 큰 값을 할당할 필요가 있다(박정일, 2011).

2. central_korea_dem.tif 파일을 열고 풍력발전소의 지형 조건을 충족하는 지역을 래스터 분석을 통하여 선정하여 보자.

지형

	골짜기 각도(경사도)	사면 방향
입지 적합	0~30°	서풍(대관령, 울진), 북서풍(속초)
입지 미흡	> 30°	–

한국에너지기술연구원(2004), 전상희(2011), 저자 수정

(4) 등고선 지도 만들기

QGIS에서 제공하는 등고선 기능은 래스터 데이터인 DEM으로부터 벡터의 등고선 데이터를 생성한다.

① 먼저 DATA\chap.5\spatial_data\raster_data 폴더에서 DEM 데이터인 seoul_dem.tif 파일을 불러온다.

② [래스터]−[추출]−[등고선] 메뉴를 선택하고 '입력 파일 (래스터)'은 "seoul_dem"으로, '등고선 (벡터) 출력 파일'은 "contour_seoul_dem10.shp"로 지정한다.

③ 등고선 간격은 m 단위이며, 원하는 등고선 간격(예: 10m)을 지정한다.

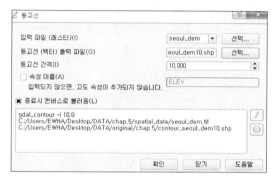

④ 확인을 클릭하면 다음 그림과 같이 등고선이 10m 간격으로 생성된 것을 확인할 수 있다.

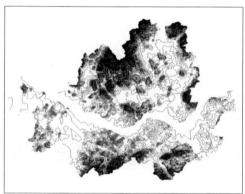

〈과제〉

1. ulsan_dem.tif와 incheon_dem.tif의 10m, 20m, 50m 등의 간격으로 등고선을 만들어 보자.

 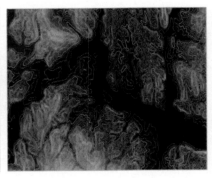
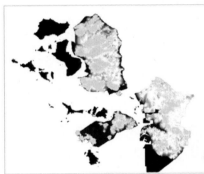 

도움말 국외에서 무료로 제공하는 DEM 데이터 내려받기

CGIAR-CSI(http://srtm.csi.cgiar.org) 홈페이지에서는 SRTM 90m의 전 세계 DEM 데이터를 무료로 배포한다.

① [CGIAR-CSI Content]-[SRTM Content]-[SRTM Data Search and Download]를 클릭한다.

② 지도에서 우리나라가 위치한 지역에 해당하는 구역을 클릭한다.

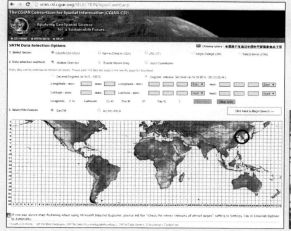 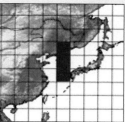

③ Click here to Begin Search >> 버튼을 클릭하면 내려받는 화면으로 이동한다.

④ Data Download (HTTP) 를 클릭하여 원하는 지역에 해당하는 SRTM 데이터를 내려받는다.

도움말 가상의 래스터데이터 만들기

① north_korea_dem.tif, central_korea_dem.tif, jeju_dem.tif 파일을 연다.

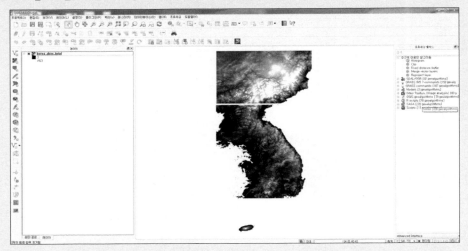

② [래스터]-[기타 사항]-[가상 래스터 만들기(카탈로
그)]를 클릭한다.

③ '입력으로 켜진 레이어 사용'을 체크하고, '출력 파일'
을 "korea_dem_total.vrt"로 저장한다. 그리고 '종료
시 캔버스로 불러옴'을 선택한다.

④ 그러면 3개였던 래스터 데이터가 가상의 래스터 데이터 1개로 합쳐진 것을 확인할 수 있다.

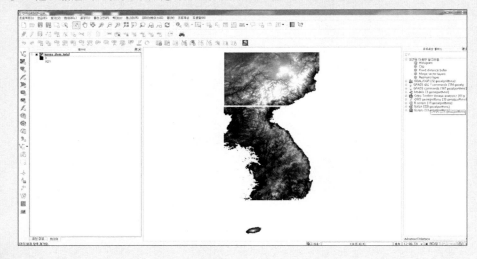

5.6 네트워크 분석

네트워크 분석은 래스터와 벡터 기반 자료에서 모두 가능하지만 벡터 기반 분석이 주를 이룬다. 네트워크 분석은 크게 세 가지로 유형화할 수 있다. 첫째는 최단 경로나 최소 비용 경로를 찾는 경로 탐색(path finding) 기능, 둘째는 네트워크를 특정 목적 지점에 할당하는(allocation) 기능, 셋째는 네트워크상에서 연결성을 추적하는 추적(tracking) 기능이다.

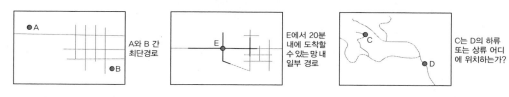

예제12	**네트워크 분석**

과제	네트워크 분석을 통하여 임의 지점부터 해당 초등학교까지의 최단 거리 또는 최단 시간에 따른 최단 경로 찾기
기능	네트워크 분석 거리/시간에 따른 최단 경로 분석
데이터	DATA\chap.5\spatial_data • gangnam_road.shp • gangnam_elementaryschool.shp

도움말

플러그인이란?

QGIS는 플러그인 아키텍처를 통하여 기본 응용 프로그램에 새로운 기능을 수정 또는 추가하여 활용할 수 있는 장점이 있다. QGIS의 다양한 기능들은 실제로 이러한 플러그인을 사용함으로써 구현이 가능하다. 플러그인 검색 메뉴를 이용하여 다양한 플러그인을 검색하고 원하는 기능을 내려받아 사용할 수 있으며, 필요할 경우 플러그인 업데이트, 재설치, 삭제를 할 수 있다.

(1) 좌표 변환하기

① DATA\chap.5\spatial_data 폴더에서 gangnam_elementryschool.shp와 gangnam_road.shp
데이터를 불러온 뒤, [웹]-[TMS for Korea]-[Daum Maps]-[Daum Street] 지도를 연다.

② 대치4동과 역삼2동 주변으로 확대하여 데이터를 살펴보면 좌표계가 맞지 않는 것을 알 수 있다.

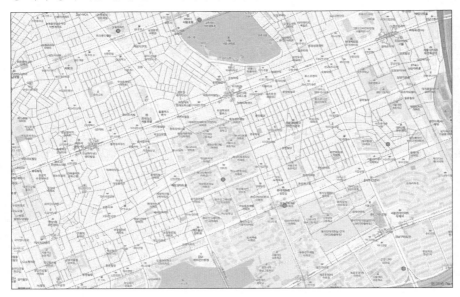

③ 좌표계를 각각 맞춰주기 위해서 [설정]-[사용자 정의 좌표계]를 클릭한 뒤 아래의 좌표계를 각
각 추가한다.

korea2000(school)	+proj=tmerc +lat_0=38 +lon_0=127 +k=1 +x_0=200000 +y_0=500000 +ellps=GRS80 +towgs84=-280.80,220.99,674.11,1.16,-2.31,-1.63,6.43 +units=m +no_defs
korea2000(road)	+proj=tmerc +lat_0=38 +lon_0=127 +k=1 +x_0=200000 +y_0=500000 +ellps=GRS80 +towgs84=22,-20,0,0,0,0,0 +units=m +no_defs

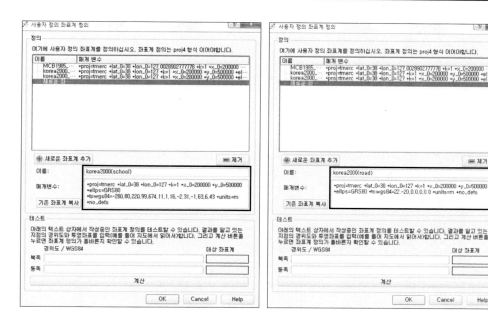

④ gangnam_elementryschool.shp는 좌표계를 "korea2000(school)"으로 맞춰주고, gangnam_
road.shp는 좌표계를 "korea2000(road)"으로 맞춰 준다. 다음과 같이 2개의 레이어가 다음지도
와 잘 맞춰진 것을 확인할 수 있다.

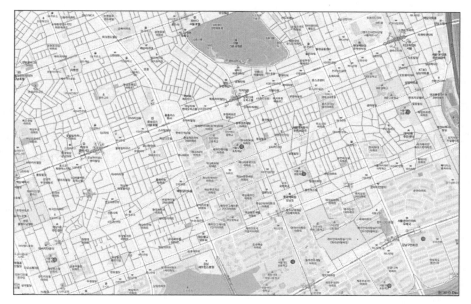

(2) 최단 경로(길이) 분석하기

[Road graph] 플러그인을 시작하기 전에 설정 값을 변경할 필요가 있다. 먼저 [설정] 창에서 시간, 거리, 단위를 설정하고, 스피드 필드와 단위를 선택한다.

① 메뉴에서 [벡터]-[Road graph]-[설정]을 클릭하여 플러그인 설정 창을 연다.

② 설정 창에서 초등학교까지 거리가 1~2km이기 때문에 'm/s'로 정한다.

③ 그리고 속도 값은 1초당 1m 가는 빠르기인 '1m/s'로 지정한다.(실제로 초등학생의 걸음걸이는 1초에 1m 빠르기 미만이지만, 속도를 소수점으로 설정할 수 없기 때문에 속도를 지정할 수 있는 가장 작은 값인 "1"로 정하기로 한다.)

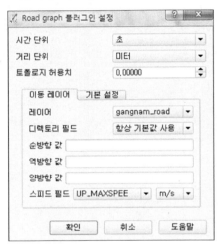
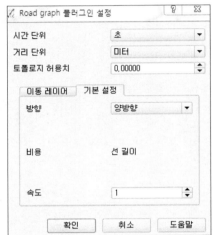

④ QGIS 레이아웃의 왼쪽 하단에 보면 '최단 경로' 창이 있다. 시작점의 아이콘 '✳'을 클릭하면 마우스가 십자가 모양으로 바뀐다. 시작점 '역삼동 트레벨 아파트'에서 도착점 '서울도곡초등학교' 위치에 클릭한다. 그리고 '최단 경로' 창의 계산 버튼을 누르면 시작점과 도착점 사이에 거리는 약 '699m', '699초(11분 39초)'인 것을 알 수 있다.

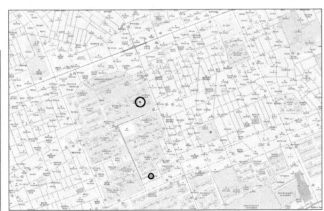

⑤ 걸음 속도가 빠른 성인의 경우 2m/s의 속도로 걷는다고 할 때를 가정하기 위하여 [벡터]–
[Road graph]–[설정]에서 '속도'를 "2"로 수정한다. 같은 시작점으로부터 도착점까지 약 349초,
즉 5분 49초 걸리는 거리이다.

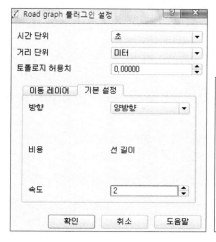

(3) 최단 경로(시간) 분석하기

이번에는 시간에 따른 최단 경로를 분석하고자 한다.

① [벡터]–[Road graph]–[설정] 창에 들어가서 '스피드 필드'를 "UP_MAXSPEE"로 설정한다.

② UP_MAXSPEE는 자동차가 다닐 수 있는 최대 시속 값이므로 차를 탔을 때 가장 빠른 시간 내
에 도착 지점에 닿을 수 있는 경로를 분석하고자 할 때 활용할 수 있다.

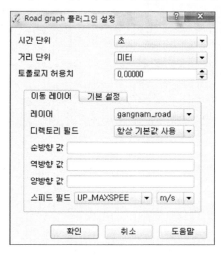
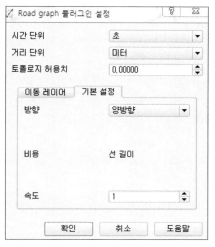

③ 길이에 따른 최단 경로를 분석하는 것과 마찬가지로 시작점 '역삼동 트레벨 아파트'에서 도착
점 '서울도곡초등학교'까지의 위치를 설정하고 '판정 기준'을 길이가 아닌 "시간"으로 선택한
뒤, 계산 버튼을 누른다. 결괏값은 다음 그림과 같이 차를 탔을 때 거리상으로 약 738m이며 약
19초가 걸리는 경로를 추천하는 것을 확인할 수 있다.

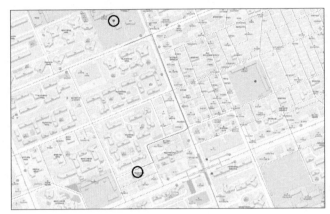

④ 예를 들어 '판정 기준'을 시간이 아니라 "길이"로 최단 경로를 출력한다면 약 699m, 23초가 나
오는 경로를 추천하지만, "시간"을 기준으로 최단 경로를 설정했을 때 약 39m 먼 거리이지만, 4
초 빠른 19초가 나오는 경로를 추천해 주는 것을 알 수 있다.

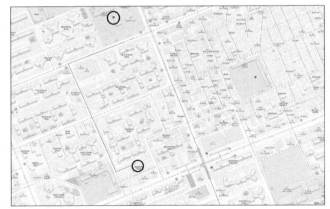

6. 데이터 개방과 공공데이터의 활용

일반적으로 GIS 데이터 구축 비용은 GIS 프로젝트 전체 비용의 약 70~80%를 차지한다고 알려져 있다. 즉 데이터의 구축 여부는 GIS를 활용하고자 할 때 큰 영향을 미친다. 특히 공간데이터는 쉽게 구축할 수 있거나 접근이 가능한 상황이 아니었다. 그러나 최근 국가적 차원에서 정부가 보유하고 있는 공공데이터를 민간에 공개하여 경제적 가치 창출을 도모하고 있다. 표 1-6은 공간데이터를 다운받거나 신청에 의해 협조받을 수 있는 주요 자료 출처를 정리한 것이다. 자료는 크게 공간데이터와 속성데이터로 구분하고, 공간데이터는 벡터와 래스터 형태 그리고 전 세계 차원의 데이터와 우리나라 데이터를 수집할 수 있는 사이트를 정리하였다. 또한 네이버, 다음, 구글, 브이월드 등에서 제공하는 지도는 API를 통해 활용이 가능하다.

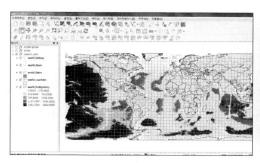
Natural Earth (벡터 데이터)

NASA Reverb | ECHO (30m DEM 데이터)

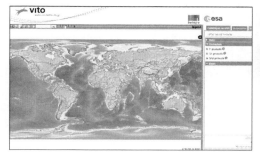
VEGETATION (SPOT 영상)

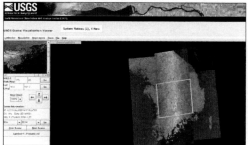
USGS Landsat Mission (랜드샛 영상)

〈그림 1-16〉 전 세계 데이터를 다운로드할 수 있는 사이트

데이터 유형	범위	자료 유형	제공 사이트
공간데이터	벡터	전 세계	도로망, 지명 등	OpenStreetMap(http://www.openstreetmap.org)

데이터 유형	범위		자료 유형	제공 사이트
공간데이터	벡터	전 세계	도로망, 지명 등	OpenStreetMap(http://www.openstreetmap.org)
			국가 경계, 주요 도시, 도로, 철도, 공항, 항구, 시가화 지역, 공원 등	Natural Earth (http://www.naturalearthdata.com/downloads)
		우리나라	도로명주소, 도로 및 건물정보	도로명주소안내시스템(http://www.juso.go.kr)
			도로망, 교통 네트워크 데이터 등	국가교통데이터베이스(http://www.ktdb.go.kr)
			행정 구역 경계(시·군·구, 행정읍·면·동, 집계구) 및 통계데이터	통계지리정보서비스(http://sgis.kostat.go.kr)
			토지피복도, 생태자연도, 국토환경성 평가지도 등	환경부 환경공간정보서비스(http://egis.me.go.kr)
			임상도, 산림입지도, 산사태위험등급도, 임도망도 등	산림청(http://www.fgis.forest.go.kr)
			문화재 정보	문화재청 문화재공간정보서비스 (http://gis-heritage.go.kr)
			기상관측자료 등	기상청(http://www.kma.go.kr)
			학교, 편의점, 공시지가, 인구, 추정소득 분위, 기업 정보 등	국가공간정보유통시스템 (http://www.nsic.go.kr/ndsi/main.do)
	래스터	전 세계	30m 해상도 DEM(GDEM 30m)	NASA Reverb	ECHO(http://reverb.echo.nasa.gov/reverb)
			30/90m 해상도 DEM(SRTM 30m, 90m)	GEOSAGE(http://www.geosage.com)
			SPOT 영상(SPOT–VGT NDVI: VITO Observation)	VEGETATION(http://www.spot-vegetation.com)
			랜드샛 영상	USGS Landsat Mission(http://landsat.usgs.gov)
텍스트 데이터	우리나라와 전 세계		공간데이터, 텍스트데이터	각국의 데이터 제공사이트 우리나라 공공데이터포털(https://www.data.go.kr) 서울 열린데이터 광장(https://data.seoul.go.kr) 정부 부처별 웹사이트 등

공공데이터포털

서울 열린데이터 광장

통계지리정보서비스

문화재청 문화재공간정보서비스

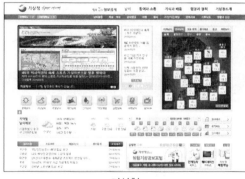

기상청

환경부 환경공간정보서비스

〈그림 1-17〉 우리나라 주요 정보공개 사이트

<표 1-7> 국가공간정보유통시스템에서 제공하는 민간-무료 데이터

	데이터	유형	상세 정보	데이터 형식
1	주거인구	격자중심점(100m 단위)	성/연령별 인구수 정보	GRS80/TM/중부/.shp
2	아파트	격자중심점(100m 단위)	가격/평형 정보	GRS80/TM/중부/.shp
3	빌라	격자중심점(100m 단위)	가격/평형 정보	GRS80/TM/중부/.shp
4	추정 소득분위	격자중심점(100m 단위)	평균 소득분위 정보	GRS80/TM/중부/.shp
5	직장인구	격자중심점(100m 단위)	성/연령별 직장인수 정보	GRS80/TM/중부/.shp
6	벤처기업	격자중심점(100m 단위)	기업 정보 중 벤처기업 개수	GRS80/TM/중부/.shp
7	수출입기업	격자중심점(100m 단위)	기업 정보 중 수출입기업 개수	GRS80/TM/중부/.shp
8	코스닥상장기업	격자중심점(100m 단위)	기업 정보 중 코스닥 상장기업 개수	GRS80/TM/중부/.shp
9	외국인투자기업	격자중심점(100m 단위)	기업 정보 중 외국인 투자기업 개수	GRS80/TM/중부/.shp
10	외부감사기업	격자중심점(100m 단위)	기업 정보 중 외부감사기업 개수	GRS80/TM/중부/.shp
11	1,000대 기업	지적 기반(point 단위)	명칭	GRS80/TM/중부/.shp
12	은행	지적 기반(point 단위)	명칭	GRS80/TM/중부/.shp
13	어린이집	지적 기반(point 단위)	명칭	GRS80/TM/중부/.shp
14	유치원	지적 기반(point 단위)	명칭	GRS80/TM/중부/.shp
15	초등학교	지적 기반(point 단위)	명칭	GRS80/TM/중부/.shp
16	중학교	지적 기반(point 단위)	명칭	GRS80/TM/중부/.shp
17	고등학교	지적 기반(point 단위)	명칭	GRS80/TM/중부/.shp
18	대학교	지적 기반(point 단위)	명칭	GRS80/TM/중부/.shp
19	병원	격자중심점(100m 단위)	병원 개수	GRS80/TM/중부/.shp
20	편의점	격자중심점(100m 단위)	편의점 개수	GRS80/TM/중부/.shp
21	토지	격자중심점(100m 단위)	2009~2010 공시지가	GRS80/TM/중부/.shp

<표 1-8> 서울 열린데이터 광장 공간데이터 제공 목록 예시

	데이터	상세 정보	데이터 형식
1	방재시설 현황(구호소/대피소)	WGS1984, ITRF2000	.shp
2	공중화장실 공간정보	WGS1984, ITRF2000	.shp
3	도서관 공간정보	WGS1984, ITRF2000	.shp
4	가로수 공간정보	WGS1984, ITRF2000	.shp
5	자전거도로 공간정보	WGS1984, ITRF2000	.shp
6	연강수량(1998~2009년 평균) 공간정보	WGS1984, ITRF2000	.shp
7	겨울철 평균 기온(1998~2009년 평균) 공간정보	WGS1984, ITRF2000	.shp
8	가을철 평균 기온(1998~2009년 평균) 공간정보	WGS1984, ITRF2000	.shp
9	여름철 평균 기온(1998~2009년 평균) 공간정보	WGS1984, ITRF2000	.shp
10	봄철 평균 기온(1998~2009년 평균) 공간정보	WGS1984, ITRF2000	.shp
11	행정동별 지역난방 사용량(2005~2008) 공간정보	WGS1984, ITRF2000	.shp
12	행정동별 가스 사용량(2005~2008) 공간정보	WGS1984, ITRF2000	.shp
13	행정동별 전력 사용량(2005~2008) 공간정보	WGS1984, ITRF2000	.shp
14	행정동별 상수도 사용량(2005~2008) 공간정보	WGS1984, ITRF2000	.shp
15	연평균 최저기온/최고기온(2005~2008) 공간정보	WGS1984, ITRF2000	.shp

<표 1-9> 서울 열린데이터 광장 주소(위치)정보 텍스트데이터 예시

	데이터	주소 정보	데이터 형식
1	서울 주차 정보 안내	O	.xls
2	지하철역별 승하차 인원	지하철역 정보	.xls
3	버스 노선별/정류장별 승하차 인원	버스정류장명, ID	.xls
4	문화재 정보	O	.xls
5	장애인도서관 정보	O	.xls
6	공영주차장 주차 가능 대수	O	.xls
7	가로판매대 공간정보	O	.xls
8	장애인시설 정보	O	.xls
9	공공 와이파이 위치정보	O	.xls
10	구두수선소 공간정보	O	.xls
11	시장/마트 정보	O	.xls
12	전통시장 정보	O	.xls
13	공공체육시설 정보	O	.xls
14	노인복지시설 정보	O	.xls
15	공원 정보	O	.xls

제공되는 공공데이터를 GIS 소프트웨어에서 활용하기 위해서는 표 1-10과 같이 데이터 유형별로 가공 작업이 필요하다.

<표 1-10> GIS에 입력되는 자료 유형별 필요한 가공 절차

자료 유형	제공 형태	필요한 가공
공간데이터 (MAP)	2·3차원의 지도 데이터, 공간데이터 원(raw) 파일(shp, dxf, gml)	• 데이터 포맷 확인 및 변환 • 좌표계 확인 및 좌표계 등록
이미지	이미지 데이터(jpeg, img, tiff 등)	• 이미지스캐닝 → 지상기준점 등록(GCP 설정) → 벡터라이징 → 오류 수정
텍스트 (시트)	테이블 형태의 데이터 세트(csv, xls 등)	• 경위도 좌푯값이 있는 경우: 위치정보를 지정하여 레이어로 등록 • 주소정보가 있는 경우: 주소정보를 지오코딩하여 레이어로 등록 • 통계자료: 행정경계 공간데이터와 연계하여 행정구역 속성자료로 활용
Open API	오픈 API형태로 제공(지도 API, 데이터 API)	• API 코드를 분석하여 활용

예제1	맵 형태로 제공되는 데이터를 레이어로 만들기

과제	국가공간정보유통시스템에서 전국 편의점 분포 데이터를 다운로드해 레이어로 만들기
기능	다운로드받아서 QGIS 레이어 생성
데이터	DATA\chap.6\spatial_data • korea_convenience.shp

(1) shp 파일 불러오기

① 먼저 국가공간정보유통시스템(https://www.nsic.go.kr/ndsi)에 접속한다.

> **도움말** 국가공간정보유통시스템은 회원가입 후 이용 가능!

② 메뉴의 [공간정보 구매]-[무료 공간정보]-[민간공간정보]에서 '편의점' 데이터를 선택하여 다운로드한다.

③ 다운로드한 공간정보 데이터를 DATA\chap.6\spatial_data에 "korea_convenience.shp"로 저장하고 QGIS에서 파일을 연다.

(2) 네이버지도를 배경으로 레이어 올리기

① 네이버지도를 배경 지도로 나타내기 위해 메뉴의 [플러그인]에서 [TMS for Korea]를 선택하고 [Add Naver Hybrid]를 클릭한다.

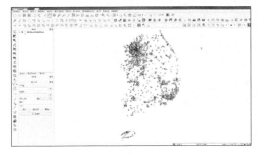 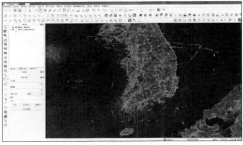

② 아래와 같이 공공 데이터를 활용할 때 데이터가 다양한 소스를 가지므로 레이어에 따라 좌표계가 맞지 않아 중첩이 정확하게 이루어지지 않는 경우가 나타난다.

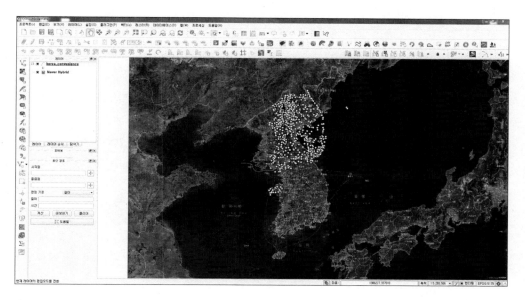

③ korea_convenience 레이어의 좌표계를 변환하기 위해 [레이어 좌표계 설정]을 선택하여 "Korean 1985/Modified Central Belt/(EPSG:5174)"로 설정한 뒤, [다른 이름으로 저장]을 클릭하여 DATA\chap.6\results에 "korea_convenience.shp"로 저장한다.

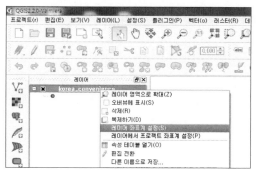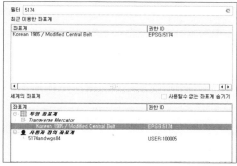

④ [프로젝트]-[새로 만들기] 또는 를 클릭하여 새로운 프로젝트를 열고 [레이어]-[벡터레이어 추가] 또는 를 클릭한 뒤, korea_convenience.shp를 연다.

⑤ 다시 메뉴의 [플러그인]에서 [TMS for Korea]를 선택하고 [Add Naver Hybrid]를 클릭한다.

⑥ 다음과 같이 네이버지도를 배경 지도로 한 전국 편의점 분포 지도를 확인할 수 있다.

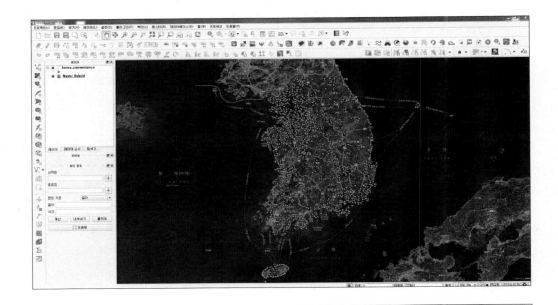

〈과제〉

1. 서울 열린데이터 광장에서 '교량' 데이터를 다운받고, 네이버지도 위에 중첩해 보자.

 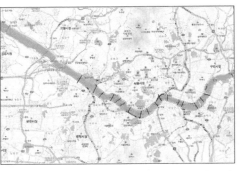

예제2	경위도 좌표가 있는 텍스트 파일을 레이어로 만들기

과제	서울시 와이파이 위치지도를 구글지도에 나타내기
기능	경위도 좌표를 가진 텍스트 파일을 레이어로 생성
데이터	DATA\chap.6\attribute_data • seoul_wifi.csv

(1) 경위도 좌푯값이 있는 텍스트 데이터를 공간데이터 레이어로 만들기

① 먼저 서울 열린데이터 광장(http://data.seoul.go.kr)에 접속한다.

② 검색란에서 "wifi"를 검색한다.

③ '서울시 공공WiFi 위치정보'를 클릭하고 약관에 동의한 뒤, [csv]를 눌러 파일을 다운로드 받아서 DATA\chap.6\attribute_data에 "seoul_wifi.csv"로 저장한다.

	A	B	C	D	E	F
1	구명	유형	지역명	설치위치(X좌표)	설치위치(Y좌표)	설치기관(회사)
2	강남구	주요거리	선릉역주변	204434.122	445019.079	SKT
3	강남구	공공청사	아동복지센터	207778.344	442262.396	서울시

④ 메뉴의 [레이어]-[구분자로 분리된 텍스트 레이어를 추가] 또는 사이드 툴바의 🔖를 클릭하여, seoul_wifi.csv 파일을 불러온다. 데이터에 X, Y 좌푯값이 포함되어 있는 경우에는 Qgis 상에서 별도의 과정 없이 쉽게 지도로 나타낼 수 있다.

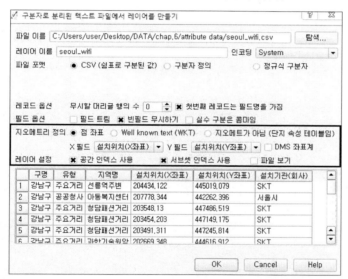

⑤ 불러들여 온 csv 파일을 shp 파일로 변환하여 저장하기 위해 seoul_wifi 레이어의 [레이어 좌표계 설정]에서 "Korean 1985/Modified Central Belt/(EPSG:5174)"로 설정하고 [다른 이름으로 저장]을 클릭하여, DATA\chap.6\spatial_data에 "seoul_wifi.shp"로 저장한다.

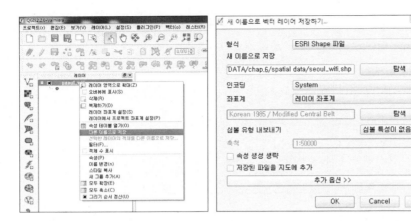

⑥ [새로 만들기] 또는  를 클릭하여 새로운 프로젝트를 열고 [벡터레이어 추가] 또는 를
클릭한 뒤, seoul_wifi.shp를 연다.

(2) 배경 지도로 구글지도 사용하기

① 메뉴의 [웹]에서 [OpenLayers plugin]-[Google
Maps]-[Google Hybrid]를 클릭한다.

② 레이어를 재배열한 뒤, 구글지도 위에 와이파이
레이어를 중첩하여 지도를 확인한다.

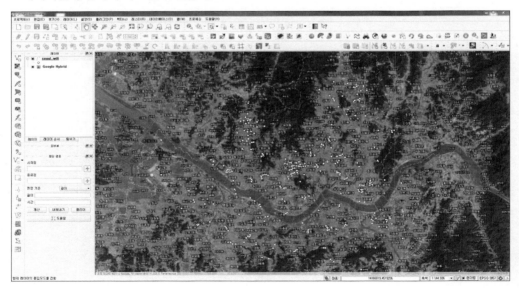

〈과제〉

1. 서울 열린데이터 광장에서 경위도 좌푯값을 가진 서울시 전통시장 데이터를 다운로드받아 구글지도 위에 중첩해 보자.

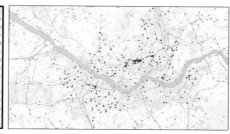

전통시장명	주소명	상인회 연락처명	위도	경도
강남시장	신사동510-11	542-0874	37.496746	126.953466
영동전통시장	논현동140외 44필지	2265-9614	37.509302	127.023649
논현종합시장	논현동227-4	549-9988, 010-74	37.51	127.034741
신사상가	압구정동454	563-4314	37.53227	127.038374
청담애빌시장	청담동122	3448-5999	37.526317	127.049641
청담삼익시장	청담동134-20	547-0225	37.522386	127.057748
역삼종합시장	역삼동796-22	567-3424	37.492868	127.039102
강남역 지하도상가	역삼동821-1	563-1896	37.496595	127.028026
개포2동 중심상가	개포동 186-17	3412-3417	37.48246	127.068791
골무청연꽃매장 ☆ 강남구 일원동 613	445-7844	37.48395	127.074632
신흥분시장	도봉동611	954-0604	37.67025	127.041195
창동골목시장	창동 569	992-6757	37.639919	127.039525
방학신창시장	창동 561	990-8040	37.640902	127.038833
방학동도매비시장 방학동 639번지 45	954-1225	37.66576	127.035292

예제3 주소정보가 있는 텍스트 파일을 레이어로 만들기

과제	OSM(open street map) 위에 서울시 문화재 분포 나타내기
기능	주소정보가 있는 텍스트 파일을 레이어로 생성
데이터	DATA\chap.6\attribute_data · seoul_culture.csv DATA\chap.6\spatial_data · seoul_culture.shp

(1) 문화재청 홈페이지에서 주솟값이 있는 문화재 텍스트 데이터 다운받기

① 먼저 문화재청(http://www.cha.go.kr) 홈페이지에 접속한다.

② 메뉴에서 [문화유산정보]−[문화재검색]−[우리지역문화재]를 선택한다.

③ [우리지역문화재]의 '주소검색'에서 "서울"을 선택하고 검색을 클릭한다.

④ 문화재 목록을 Qgis 상에 나타내기 위해 〔엑셀저장〕을 클릭하여 파일을 다운로드받는다.

⑤ 다운로드받은 xls 파일을 Qgis 상에서 지도로 나타내려면 csv 형태로 저장해야 한다. 제목이나 설명과 같은 불필요한 정보를 삭제한 뒤, DATA\chap.6\attribute_data에 파일명을 "seoul_culture.txt"로 저장한다.

> **도움말** csv 파일
>
> CSV(comma−separated values)는 몇 가지 필드를 쉼표(,)로 구분한 소프트웨어에 종속되지 않은 데이터 표준 포맷이다. QGIS에서도 csv 형태의 파일을 읽어 들이기 때문에 csv로 파일을 저장한다.

(2) 문화재 정보의 인코딩 방식과 언어 표기 맞춰 주기

① notepad++을 실행시킨 후, seoul_culture.txt 파일을 연다.

> **도움말** notepad++ 프로그램
>
> 인코딩과 언어 표기 방식을 수정하기 위해 notepad++ 프로그램에서 저장 방식을 맞춰 준다. 인터넷 검색창에서 'note
> pad++'를 검색하고, 다운로드받아서 한국어로 설치한 뒤, 프로그램을 실행할 것!

② 파일을 열고 메뉴에서 [인코딩]-[UTF-8로 변환]을 선택한 후 메뉴에서 [언어]-[Batch]를 선택하여 저장한다.

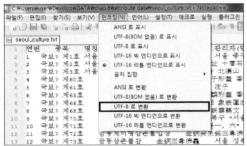 

③ 저장한 seoul_culture.txt 파일을 다시 엑셀 프로그램에서 연다. 텍스트 마법사 창이 뜨면 '구분기호로 분리됨'을 선택하고, [다음]-[다음]-[마침]을 선택한다.

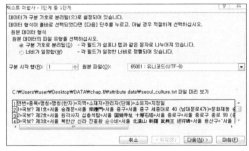 

④ seoul_culture.csv 파일이 생성됨을 확인한다.

⑤ Qgis 상에 주소정보를 가진 문화재 정보 데이터를 나타내기 위해 seoul_culture.csv 파일을 불러온다.

(3) 지오코딩 실행하기

① 사이드 툴바의 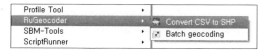를 선택하고 X,Y 좌푯값이 없기 때문에 '지오메트가 아님 (단지 속성 테이블임)'을 선택한다.

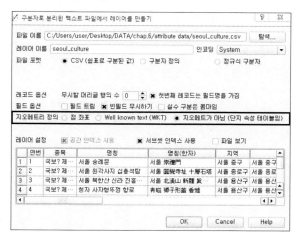

② [플러그인]에서 [RuGeocoder]를 설치한 뒤, [RuGeocoder]–[Convert CSV to SHP]를 선택한다.

Profile Tool	▶	
RuGeocoder	▶	Convert CSV to SHP
SBM-Tools	▶	Batch geocoding
ScriptRunner	▶	

도움말 지오코딩

주소를 좌푯값으로 읽기 위해서는 주소를 좌표로 변환해 주는 지오코딩 기능이 필요하다. QGIS에서는 RuGeocoder로 지오코딩 기능을 수행할 수 있다. 단, 지오코딩을 수행하기 위해 csv 파일의 인코딩 방식은 'UTF–8', 언어는 'Batch'로 저장해야 한다.

③ 'Input CSV file'에 "seoul_culture.csv", 'Output SHP file'에 "seoul_culture.shp"로 지정한다.

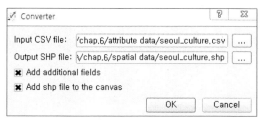

④ 변환이 성공적으로 완료되었다는 창이 뜨고, OK를 누르면 레이어 목록에 seoul_culture.shp 가 새롭게 생성된다.

⑤ 생성된 파일을 열어서 속성 정보를 확인해 보면 서울시의 문화재 정보가 잘 나타남을 확인할 수 있다.

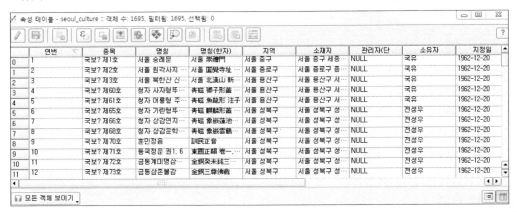

⑥ 문화재의 정확한 위치 정보를 부여해 주기 위해서 [편집 전환] 또는 ✏️를 클릭하여 모드를 전환하고 [웹]-[RuGeocoder]-[Batch geocoding]을 클릭한다. 'Layer'는 "seoul_culture", 'Address'를 "소재지", 'Geocoder'는 "Google"로 설정한다.

⑦ 지오코딩이 성공적으로 끝나면, 서울시의 문화재 정보가 맵 캔버스 상에 나타난다.

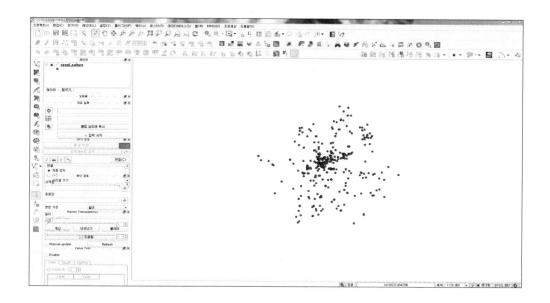

(4) 배경 지도로 오픈스트리트맵 활용하기

① 완성된 seoul_culture 레이어를 오픈스트리트맵(Openstreetmap) 위에 오버레이하기 위해서 [웹]-[Open Layers Plugin]-[Add Openstreetmap Layer]를 선택한다.

② 다음과 같이 서울시의 문화재 정보를 보여 주는 지도를 확인할 수 있다.

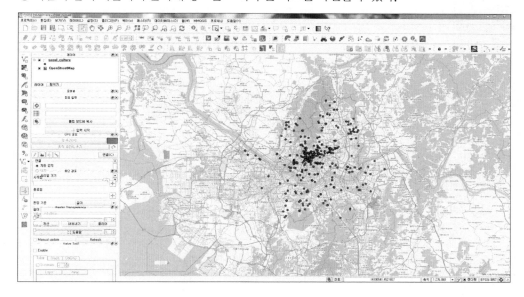

〈과제〉

1. 서울 열린데이터 광장에서 '시장마트 정보'를 다운로드 받고, OSM(Openstreetmap) 위에 올려보자.

예제4	다양한 통계자료를 행정 경계와 결합하여 레이어 만들기

과제	시도별 학교 생활만족도 통계자료를 다운로드받아 시도별 지도에 나타내기 (2010년과 2012년 만족도 자료를 다운로드받아 만족도 변화율 지도 제작하기)
기능	속성을 결합하여 단계구분도 제작
데이터	DATA\chap.6\attribute_data • korea_student_survey.csv DATA\chap.6\spatial_data • korea_sido.shp

(1) 전국 시도별 학생의 학교생활 만족도 지도 만들기

① 통계청 국가통계포털(http://kosis.kr)에 접속하여, 검색창에 "학생의 학교생활 만족도"를 검색한다.

도움말

통계청 국가통계포털에서는 [주제·기간별통계]를 통해 인구, 환경, 복지, 교통 등의 다양한 데이터를 csv, xls 형태로 다운로드받을 수 있다.

② '학생의 학교생활 만족도' 목록 중에서 2012년과 2014년에 해당하는 '전반적인 학교생활' 데이터를 선택한다.

· 사회조사 : **학생의 학교생활 만족도** (전반적인 학교생활, 13세 이상 재학생)
  * 위치 : 보건·사회·복지 > 사회 > 사회조사 > 교육 > 2014　　　　　　　　　　　　　　* 통계청 (2014 ~ 2014)

· 사회조사 : **학생의 학교생활 만족도** (전반적인 학교생활, 13세 이상 재학생)
  * 위치 : 보건·사회·복지 > 사회 > 사회조사 > 교육 > 2012　　　　　　　　　　　　　　* 통계청 (2012 ~ 2012)

③ 데이터는 xls 형태로 QGIS에서 지도로 나타내기 위해 두 개의 데이터를 하나로 통합하여 파일
   명을 "korea_student_survey.csv"로 지정한 뒤, DATA\chap.6\attribute_data 폴더에 저장한다.

④ 전국 시도별 현황을 지도로 나타내기 위해 먼저 korea_sido.shp 레이어를 불러온다.

⑤ 메뉴의 [레이어]−[구분자로 분리된 텍스트 레이어를 추가] 또는 사이드 툴바의 [💬]를 클릭하
   여 DATA\chap.6\attribute_data 폴더의 korea_student_survey.csv를 선택한다.

⑥ 학교생활 만족도 데이터에는 X,Y 좌푯값 또는 주소정보와 같은 위치정보가 없기 때문에 '지오
   메트가 아님 (단지 속성 테이블임)'을 선택한 후, OK를 누른다.

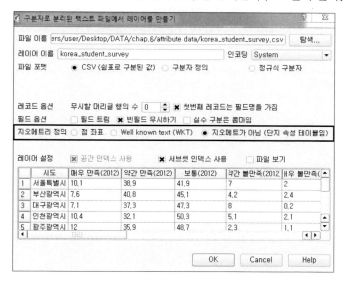

⑦ 위치정보를 포함하고 있지 않은 학생의 생활만족도 레이어에 위치정보가 있는 korea_sido 레
   이어를 결합(join)하여 위치정보를 부여한다. korea_sido 레이어의 [속성]−[결합]을 선택한 후,
   [➕]를 클릭한다.

⑧ '조인 레이어'는 "korea_student_survey"를 선택하고, '조인
   필드'는 "시도", '대상 필드'는 "name"을 선택한 후, OK를 누
   른다.

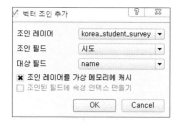

⑨ korea_sido 레이어의 [속성 테이블 열기]를 통해 두 개의 레
   이어가 결합되었음을 확인할 수 있다.

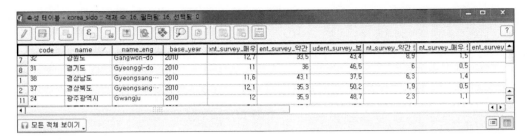

⑩ 2014년 전국의 학생 학교생활 만족도 중 매우 만족 정도를 지도로 나타내기 위해 korea_sido 레이어의 [속성]−[스타일]을 클릭한다.

⑪ [단계로 나누어진 ▼]을 선택하고 '컬럼'에서 "매우 만족(2014)", '클래스'를 "5", '모드'를 "내추럴 브레이크 (Jenks)"로 설정하고 OK를 누른다.

⑫ 전국 시도별 학생의 학교생활 만족도 중 매우 만족을 나타내는 지도를 다음과 같이 나타낼 수 있다. 전국에서 학교생활에 매우 만족한다고 답한 학생이 제주, 인천, 대전, 경남지역에서 높았고 전북, 전남, 광주, 대구, 울산지역은 상대적으로 낮음을 알 수 있다.

(2) 변화율 컬럼을 생성하여 지도로 나타내기

① korea_sido 레이어를 [다른 이름으로 저장하기]를 클릭하여 DATA\chap.6\results 폴더에 korea_student_survey.shp로 저장하여 내보낸 뒤, 다시 불러온다.

② [레이어]−[속성 테이블 열기]−[편집 모드 전환]−[필드 계산기]에서 '새 필드 생성'에 체크하고 '출력 필드 이름'을 "만족(2012)"으로 입력하고 '출력 필드 유형'은 "십진수 (real)"를 선택한다.

그리고 '표현식'에 "매우 만족2"+"약간 만족2"를 입력하고 OK를 누른다.

③ 같은 방법으로 2014년 만족도에 대한 새 필드를 생성한다.

④ 2012년과 2014년의 만족도 변화율을 알아보기 위해 '새 필드 생성'에서 '출력 필드 이름'을 "changerate"로 입력하고 '표현식'에 변화율을 구하는 공식 "("만족(2014)"−"만족(2012)")/"만족(2012)*100"을 입력하고 OK를 누른다

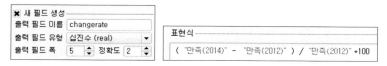

⑤ [속성 테이블]을 열어 보면 새로운 'changerate' 컬럼이 생성되었음을 확인할 수 있다.

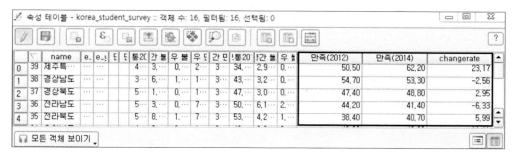

⑥ 변경된 정보를 저장한 뒤, 2012년 대비 2014년의 학교생활 만족도 변화 정도를 단계구분도로 나타낸다.

(3) 배경 지도로 브이월드 지도 활용하기

① 완성된 korea_student_survey 레이어를 브이월드 지도 위에 중첩하기 위해 [웹]−[TMS for Korea]를 선택하고 [Add VWorld Hybrid]를 클릭한다.

② 다음과 같이 전국의 학교생활 만족도를 나타내는 지도를 확인할 수 있다. '만족'의 변화율을 살펴보면 2012년 대비 2014년의 학교생활 만족 정도는 울산, 인천, 제주지역에서 가장 많이 상승한 것으로 나타났고, 전남, 경남, 광주지역 학생들의 만족 정도는 감소하였음을 알 수 있다.

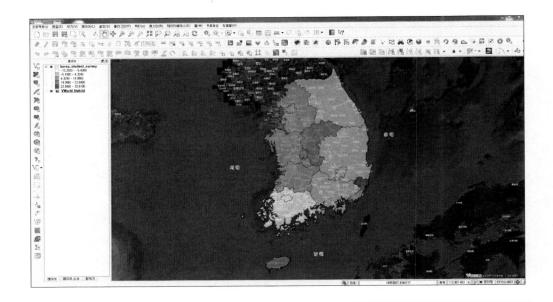

〈과제〉

1. 통계청에서 2010년의 전국 시도별 전체 인구와 외국인 인구 데이터를 다운로드받고, 시도별 행정경계 데이터를 활용하여 전국 시도별 외국인 비율 지도를 제작해 보자.

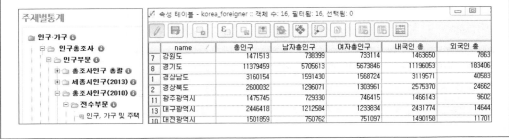

	name	총인구	남자총인구	여자총인구	내국인 총	외국인 총
7	강원도	1471513	738399	733114	1463650	7863
8	경기도	11379459	5705613	5673846	11196053	183406
1	경상남도	3160154	1591430	1568724	3119571	40583
2	경상북도	2600032	1296071	1303961	2575370	24662
11	광주광역시	1475745	729330	746415	1466143	9602
13	대구광역시	2446418	1212584	1233834	2431774	14644
10	대전광역시	1501859	750762	751097	1490158	11701

도움말

불러들인 숫자는 기본적으로 정수 타입으로 인식한다. 연산된 결괏값이 실수로 산출되는 경우, 숫자의 타입을 실수로 변환할 필요가 있다. 이런 경우 테이터의 형변환 기능을 활용하여 정수로 인식하는 숫자를 실수 타입으로 지정한 뒤 연산하도록 한다.

7. 플러그인 활용

QGIS는 기본적인 GIS 기능과 플러그인으로 구성되어 있다. 기본적인 GIS 기능이란 일반적인 GIS 소프트웨어에서 제공하는 데이터 검색, 편집, 분석 기능 등을 말하며, 플러그인이란 다수의 참여자들이 필요한 기능을 개발하여 사용할 수 있도록 해 놓은 것이라 할 수 있다. 즉 QGIS는 플러그인 아키텍처(plugin architecture)로 설계되어 있는데, 이를 통해 응용 프로그램에 새로운 기능을 쉽게 추가할 수 있으며, 필요한 기능들이 수시로 추가되어 QGIS의 기능을 강화하는 핵심 요소이기도 하다. QGIS의 많은 기능은 실제로 핵심 플러그인 또는 외부 플러그인으로 구현되어 있다. 핵심 플러그인(Core Plugins)은 개발 팀에 의해 관리되고, QGIS 배포 시 자동으로 포함되는 플러그인으로, C++ 또는 파이선(Python)으로 개발되고 있다. 외부 플러그인(External Plugins)은 모두 파이선으로 작성되어 있는데, 외부 저장소에 저장되고 각 제작자가 별도로 관리하고 있지만, Python Plugin Installer를 사용하여 QGIS에 쉽게 추가하여 사용할 수 있다.

예제1	다양한 배경 지도 활용하기

과제	'TMS for KOREA' 플러그인에서 제공하는 다양한 배경 지도 위에 여러 유형의 공간데이터 올리기
기능	플러그인
데이터	DATA\chap.7\spatial_data • seoul_census_output_area.shp • seoul_landcover.shp

① 상단 메뉴에서 [플러그인]–[플러그인 관리 및 설치]를 선택한다.

② 검색창에 "TMS for Korea"를 입력하여 검색한다.

③ TMS for Korea가 설치되어 있지 않다면, '플러그인 설치'를 한다.

④ 플러그인이 제대로 설치되었다면, QGIS의 메뉴에 [플러그인]–[TMS for Korea] 항목이 나타나고 다음, 네이버, 구글, 브이월드 지도 중에 원하는 스타일을 선택하여 연다.

아래의 그림은 다음 스트리트 지도이다. 다음 스트리트 지도 위에 서울 집계구 경계 데이터(seoul_census_output_area.shp)를 올려 보자.

⑤ 다음은 "EPSG:5181 – Korea 2000/Central Belt" 좌표계를 사용하므로, 서울 집계구 경계 데이터를 로딩한 뒤, 마찬가지로 "EPSG:5181 – Korea 2000/Central Belt"로 맞춰 준다.

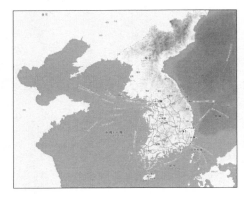
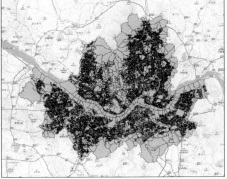

이번에는 다음 위성 지도를 열어 보자. 다음 위성 지도 위에 서울의 토지이용도 데이터(seoul_

landcover.shp)를 오버레이해 보자.

⑥ DATA\chap.7\spatial_data 폴더에서 seoul_landcover.shp를 로딩하고, PCS_ITRF2000_TM 으로 설정되어 있는 좌표계를 EPSG:5181 – Korea 2000/Central Belt로 변경한다.

 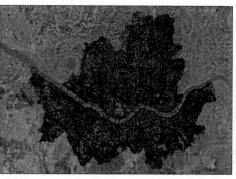

⑦ [속성]–[스타일]에서 토지이용범례(이용범례)를 잘 표현할 수 있는 색상을 선택하고, 투명도 를 조절한다.

예제2	QGIS 분석 결과를 구글어스에 올리기

과제	'GEarthView' 플러그인을 활용하여 다양한 유형의 지도를 구글어스에서 이용하기
기능	플러그인
데이터	DATA\chap.7\spatial_data • seoul_gu_2012.shp • seoul_river_lake_TM.shp DATA\chap.7\spatial_data\river_data • seoul_shadedrelief.tif • seoul_dem.tif

(1) GEarthView 설치 및 실행하기

GEarthView 플러그인은 QGIS에서 만든 결과를 구글어스로 출력하여 활용할 수 있는 기능이다.

① 먼저 GEarthView 플러그인을 설치하기 위해서 [플러그인]-[플러그인 관리 및 설치] 메뉴를 클릭한다.

② 플러그인 관리자 화면의 검색창에서 "GEarthView"를 검색하여 선택하고 플러그인 설치를 클릭한다.

③ 정상적으로 설치된 경우에는 아래의 그림과 같이 나타난다.

(2) 벡터 데이터를 GEarthView로 열어 보기

① [레이어]-[벡터 레이어 추가]를 선택해서 DATA\chap.7\spatial_data 폴더의 "seoul_gu_2012.shp" 파일을 불러온다.

② [레이어 좌표계 설정]에서 좌표계는 "korean 1985/Korea Central Belt (EPSG:2097)"로 맞춰준다.

③ 상단 메뉴에서 [웹]-[GEarthView]-[GEarthView]를 클릭하거나, 메뉴 하단에 구글어스 모양의 아이콘 ( )을 클릭하여 실행한다.

④ 기존에 구글어스에서는 shp 파일을 읽을 수 없었지만, GEarthView 기능을 활용하면 QGIS에서 사용하는 shp 형태의 파일을 구글어스에 쉽게 중첩하여 사용할 수 있다.

 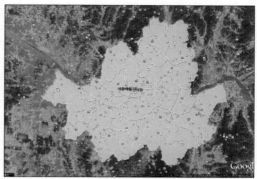

(3) 래스터 데이터를 GEarthView로 열어 보기

이번에는 벡터 데이터가 아닌 래스터 데이터를 구글어스에서 열어 보자.

① DATA\chap.7\spatial_data\raster_data 폴더의 seoul_shadedrelief.tif 파일을 로딩한다.

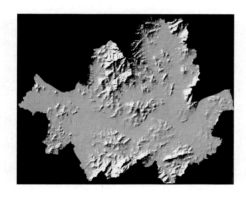

② seoul_shadedrelief.tif의 [속성]에서 서울의 음영기복도 데이터가 구글어스에서 좀 더 시각적으로 표현될 수 있도록 [스타일]과 [투명도]를 설정한다.

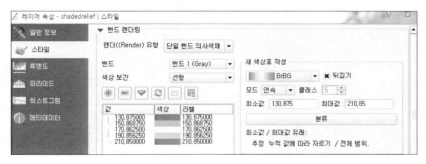

③ 서울의 음영기복도 데이터가 높은 곳은 진한색, 낮은 곳은 옅은색으로 표현된 것을 확인할 수 있다.

④ 메뉴에서 [웹]-[GEarthView]-[GEarthView]를 클릭하여 구글어스를 실행한다. QGIS에서 작성한 래스터 지도가 구글어스에서 중첩되어 나타난 것을 확인할 수 있다.

도움말

중첩할 때 경계선이 맞지 않을 경우 래스터 데이터의 좌표계를 korean 1985/Korea Central Belt (EPSG:2097)로 맞춘다.

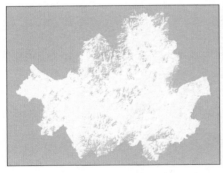 

(4) 벡터와 래스터 데이터가 중첩된 GEarthView로 열어 보기

① DATA\chap.7\spatial_data\raster_data 폴더의 seoul_dem.tif 파일을 로딩한다.

② [속성]–[스타일]에서 데이터를 원하는 스타일로 변형한 뒤, 투명도를 조절하여 고도의 높낮이가 잘 표현될 수 있도록 설정한다.

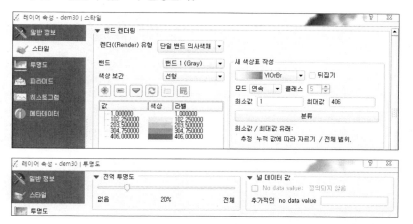

③ 메뉴에서 [래스터]–[추출]–[등고선] 기능을 이용하여 등고선을 추출해 보자.

④ 아래의 그림과 같이 '입력 파일 (래스터)'을 "seoul_dem30"으로 선택하고 '등고선 (벡터) 출력 파일'은 "seoul_dem30_contour.shp", '등고선 간격'은 "10m"로 지정하고 확인을 누른다.

⑤ 아래의 그림과 같이 서울의 등고선이 DEM 데이터로부터 추출된 것을 확인할 수 있다.

⑥ 서울시 구별 행정구역(seoul_gu_2012.shp)과 서울의 하천과 호수 데이터(seoul_river_lake_TM.shp)를 로딩하고 스타일과 투명도를 조정한다.

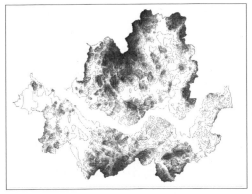 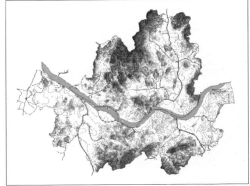

⑦ [웹]−[GEarthView]를 선택하여 지도를 구글어스로 내보낸다. 결과 화면은 다음 그림과 같다.

예제3	속성으로 사진 넣기

과제	이미지를 지오태깅하고, 'Photo2Shape' 플러그인을 통해 지오태깅된 이미지와 공간데이터를 함께 사용하기
기능	플러그인
데이터	DATA\chap.7\spatial_data • gyeongju_cultural_assets.shp • gyeongju_dong_2012.shp

   Photo2Shape 플러그인은 지오태깅된 이미지를 QGIS에서 읽을 수 있게 shp 파일로 만들어 주는 플러그인이다. 산림, 공원, 교통 관리 등의 사진 이미지를 저장하여 시각화할 수 있는 기능이다.

(1) Photo2Shape 설치하기

① 메뉴의 [플러그인]–[플러그인 관리 및 설치]를 클릭한다.

② 플러그인 창이 뜨면 "photo"를 키워드로 검색해서 'Photo2Shape' 플러그인을 설치한다.

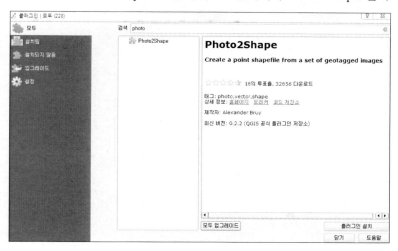

③ 사용하고자 하는 사진을 하나의 폴더에 담기 위해 "gj_cultural_assets" 폴더를 생성하여 불국
사, 분황사, 천마총, 첨성대 사진을 jpg 파일로 저장한다.

(2) GeoSetter 프로그램 설치 및 사진에 지오태깅하기

① www.geosetter.de/en/download에 들어가서 GeoSetter 프로그램 설치 파일(geosetter_setup.exe)을 다운로드하여 설치를 진행한다.

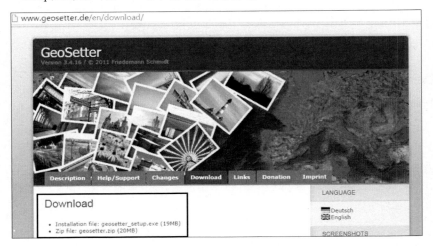

② GeoSetter를 실행하여 사용하고자 하는 사진이 있는 폴더의 경로를 지정해 준다.

③ 4개의 사진에 좌푯값이 설정되어 있지 않은 것을 알 수 있다.

④ 지오태깅할 사진 하나를 더블클릭하여 에디트 창을 활성화한다.

⑤ 좌푯값을 넣고, OK를 누른다.

⑥ 오른쪽 상단의 ![도구] 도구를 누르면, 아래의 그림과 같이 불국사 위에 마커가 표시되는 것을 확인할 수 있다.

⑦ 위치를 정확하게 옮기고 싶다면 마우스로 마커를 이동하고 'Move Image'를 클릭하여 위치를 이동시킬 수 있다.

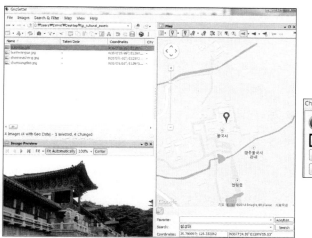

⑧ 첨성대, 천마총, 분황사 사진도 아래와 같이 좌
푯값을 입력한다.

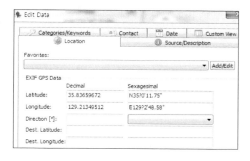

문화재명	위도(Latitude)	경도(Longditude)
첨성대	35.835005	129.218999
불국사	35.790097	129.332092
천마총	35.837081	129.213338
분황사	35.840552	129.233648

(3) Photo2Shpae 플러그인을 사용하여 지오태깅한 이미지를 shp 파일로 불러오기

① 각 사진별로 지오태깅을 완성했다면, 상단 메뉴에서 저장(🖫)을 클릭한다.

② QGIS 프로그램으로 돌아와 [벡터]−[Photo2Shape]를 선택하여 Photo2Shape 플러그인을 실
행한다.

③ 사진들을 담은 폴더의 경로를 지정하고, 벡터 데이터로 출력할 이미지 파일 이름과 확장자명
shp를 지정하고 확인을 클릭한다.

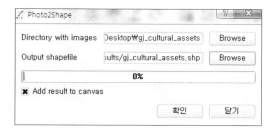

④ 지오태깅된 이미지 파일은 'WGS84(EPGS:4326)' 좌푯값을 가진다. 이미지가 정확하게 위치하

는지 확인하기 위해 경주의 문화재 위치(gyeongju_cultural_assets.shp) 파일을 열어 보자.

⑤ 지오태깅된 이미지 파일 'gj_cultural_assets.shp'와 경주의 문화재 위치 데이터 gyeongju_cultural_assets.shp가 정확하게 일치하는 것을 알 수 있다. 카메라 모양이 있는 곳을 클릭하면, 첨성대, 천마총, 분황사, 불국사 문화재가 위치하고 있는 것을 확인할 수 있다.

⑥ 경주의 동별 데이터 gyeongju_dong_2012.shp도 열어 같이 볼 수 있다.

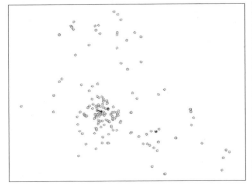
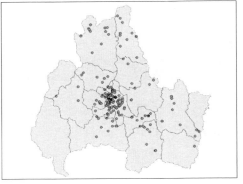

(4) 지오태깅한 이미지를 지도 화면과 함께 열어 보기

① 정확한 위치에 지오태깅된 gj_cultural_assets.shp 파일에서 이미지를 확인하기 위하여 상단 메뉴 바의 [데이터베이스]-[eVis]-[eVis 이벤트 브라우저]를 클릭하여 창을 연다.

② 아래의 그림과 같이 [옵션] 탭에서 '속성이 저장된 파일 경로'를 "filepath"로 지정한다.

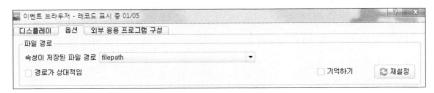

③ QGIS 화면에서는 gj_cultural_assets.shp에서 이미지가 해당하는 위치를 보여 주고, 이벤트 브라우저 화면에서는 각 위치에 해당하는 이미지를 보여 줌으로써 위치별 실제 사진 및 관련되는 시각 정보를 확인할 수 있다.

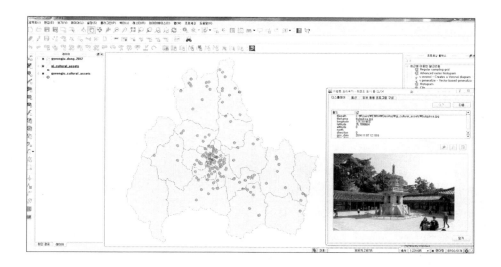

〈과제〉

1. 문화재청 사이트에서 내가 사는 지역의 문화재 정보를 다운로드받고, 관련 사진을 지오태깅한 후 QGIS 레이어로 올려 보자.

예제4	오픈소스 통계 분석 및 시각화 툴 R 활용하기

과제	'R scripts' 플러그인을 통해 통계패키지 R을 QGIS로 불러들여 사용하기
기능	플러그인
데이터	DATA\chap.7\spatial_data • sago2013.shp

　'R scripts' 플러그인은 통계패키지 R을 QGIS 상에서 불러들여 이용할 수 있게 해 주는 플러그인이다. 'R'은 다양한 통계 분석 및 강력한 시각화 기능을 가진 수많은 패키지들을 오픈소스로 제공하여 최근 전 세계적으로 가장 많이 쓰이고 있는 통계프로그램이다. 이 플러그인을 잘 활용하면 QGIS의 기본 기능에서는 제공하지 않는 통계분석 기능 및 시각화 기능을 사용할 수 있어 유용하다. 주의할 점은 컴퓨터의 사용자 이름을 영문으로 해 두어야 한다는 점이다.

도움말 데이터의 변수 및 코드표

변수	설명	범위	코드
time	발생 시간	1~2	1:주간, 2:야간
day	발생 요일	1~7	1:월요일, 2:화요일, 3:수요일, 4:목요일, 5:금요일, 6:토요일, 7:일요일
guname	행정구명	1~25	1:강남구, 2:강동구, 3:강북구, 4:강서구, 5:관악구, 6:광진구, 7:구로구, 8:금천구, 9:노원구, 10:도봉구, 11:동대문구, 12:동작구, 13:마포구, 14:서대문구, 15:서초구, 16:성동구, 17:성북구, 18:송파구, 19:양천구, 20:영등포구, 21:용산구, 22:은평구, 23:종로구, 24:중구, 25:중랑구
Asex	가해자 성별	1~3	1:남자, 2:여자, 3:불명
Bsex	피해자 성별	1~3	1:남자, 2:여자, 3:불명
injury	피해자의 상해 정도	1~5	1:사망, 2:중상, 3:경상, 4:부상신고, 5:상해없음
type	사고 유형	1~3	1:차대차, 2:차대사람, 3:차량단독
violation	법규 위반 유형	1~11	1:교차로통행방법 위반, 2:운전자법규 위반, 3:보행자보호의무 위반, 4:보행자 과실, 5:부당한 회전, 6:서행및일시정지 위반, 7:신호위반, 8:안전거리 미확보, 9:안전운전의무 불이행, 10:중앙선 침범, 11:직진및우회전차의 통행방해

(1) R 설치 및 R 플러그인 이용 가능 환경 설정하기

① R 공식 홈페이지(www.r-project.org)에 접속한다.

② 좌측의 메뉴에서 [Download, Packages]의 [CRAN]을 클릭하고, 국가들 중 Korea의 첫 번째 주소(http://cran.nexr.com)를 선택한다.

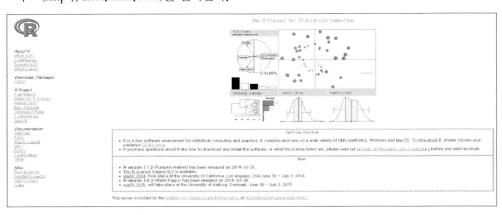

③ [Download and Install R]에서 운영체제에 맞는 다운로드 파일을 선택하고 [Subdirectories] 의 [base] 우측에 있는 [install R for the first time]을 눌러 설치파일을 다운로드 받아 R을 완전히 설치한다. 이때, 설치될 경로를 D드라이브로 하는 것이 좋다.

④ R은 다양한 종류의 데이터 탐색, 시각화, 통계분석 등을 제공하므로 다음과 같은 여러 가지 그래프를 통해 데이터를 탐색하고 숨어 있는 데이터의 의미를 찾아내는 과정을 거칠 수 있다.

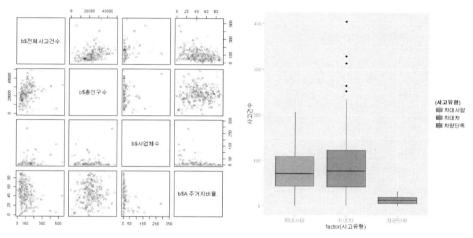

〈그림 1-18〉 R을 이용한 Pairs plot의 예   〈그림 1-19〉 R을 이용한 Box plot의 예

⑤ QGIS에서의 R은 프로세싱 플러그인에서 제공하고 있으며, 이 플러그인은 QGIS에 기본적으로 설치되어 있으나 R을 이용하기 위해서는 활성화 단계를 거쳐야 한다.

⑥ R 플러그인을 활성화시키기 위해 메뉴 중 [프로세싱]을 클릭하고 ✂ 옵션과 설정 을 선택한다.

⑦ 옵션 창이 뜨면 다음과 같이 [프로바이더]−[R scripts]를 선택하고 'Activate'에 체크한다. 그림에서 Activate 아래에 있는 'R Scripts folder'에는 R 스크립트가 저장되어 있는 경로(보통 C:\Program Files\QGIS\apps\qgis\python\plugins\processing\r\scripts)를, 'R folder'에는 R이 설치되어 있는 경로를 지정해 준다. 컴퓨터가 64bit인 경우는 [Use 64 bit version]을 체크하고 OK를 클릭하면 R 플러그인을 사용할 수 있도록 활성화된다. 이때, 경로 상에 한글이 있을 경우 제대로 활성화되지 않으므로 영문명으로 바꾸어야 한다.

(2) R을 이용한 히스토그램 만들기

① R을 활성화하였다면 메뉴의 [프로세싱]-[툴박스]를 클릭하고, 프로세싱 툴박스가 열리면 아래
와 같이 툴박스의 도구들 중 [R scripts]를 클릭하여 제공되고 있는 R 기능을 확인한다. 이를 통
해 R에서 제공하는 데이터 탐색, 분석 등의 기능을 QGIS에서 이용할 수 있다.

② 먼저 데이터 탐색을 위한 히스토그램을 만들어 보자.

③ 실습에 사용할 데이터 sago2013.shp를 불러들인다. 제공되는 데이터는 2013년 서울시에서 발
생한 이면도로에서의 교통사고에 대한 데이터이다. 속성 필드는 앞의 도움말과 같이 시간, 요
일, 행정구명, 가해자 성별, 피해자 성별, 피해자의 상해 정도, 사고 유형, 법규 위반 유형으로 구
성되어 있다.

④ 이면도로 교통사고 데이터에 대한 히스토그램을 만들기 위해 툴박스의 [Vector processing]-
[Histogram]을 클릭한다.

⑤ 새 창이 뜨면 먼저 사고 발생 요일에 대한 히스토그램을 만들기 위해 'Layer'는 "sago2013
[EPSG:4326]"을, 'Field'는 "day"를 선택하고 'R Plots'에 결과물이 저장될 경로를 지정한 뒤 Run
을 클릭한다.

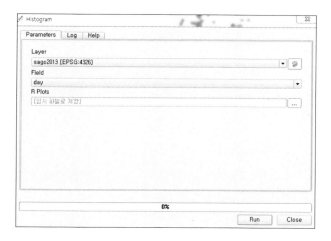

⑥ 그 결과 다음과 같이 히스토그램이 만들어지며, 이를 보면 이면도로 교통사고가 금요일에 가
장 많이 발생한 것을 알 수 있다.

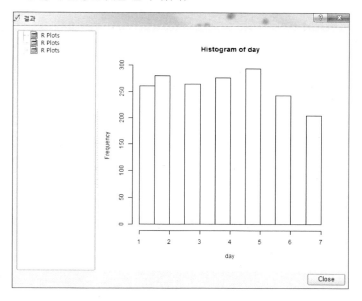

⑦ 다음으로는 이면도로 교통사고 피해자의 상해 정도를 히스토그램으로 나타내 보자.

⑧ [Vector processing]의 [Histogram]을 클릭하고 'Layer'는 "sago2013 [EPSG:4326]"을, 'Field'
는 상해 정도에 해당하는 "injury"를 선택하고 결과물을 저장할 경로를 지정한 뒤 Run을 클릭
한다.

⑨ 그 결과, 코드 3에 해당하는 경상자가 가장 많고, 중상자, 상해없음, 부상신고 순이며 코드 1에
해당하는 사망자도 적지만 존재하고 있음을 확인할 수 있다.

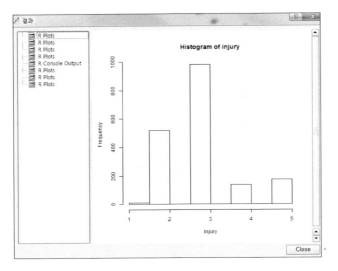

⑩ 같은 방식으로 행정구(guname), 사고의 유형(type), 법규위반의 유형(violation), 피해자 성별 (Bsex)에 대한 히스토그램을 만들어 보자.

(3) R을 이용해 이면도로 교통사고의 집중 지역 분석하기

① 지금까지 히스토그램으로 이면도로 교통사고의 특성을 살펴보았다면 이번에는 이면도로 교통사고의 발생 지점에 대한 밀도분석을 통해 사고가 어느 지역에서 많이 일어났는지 알아보자.

② 여러 가지 밀도분석 방법 중 QGIS에서 제공하고 있는 방안분석(Quadrat analysis)을 이용해 보자. 툴박스를 열어서 [R scripts]-[Point pattern analysis]-[Quadrat analysis]를 선택한다.

③ 창이 열리면 다음 그림과 같이 'Layer'에 "sago2013[EPSG:4326]"을, 'R Plots'과 'R Console Output'에는 저장될 경로를 지정하고 Run을 클릭한다.

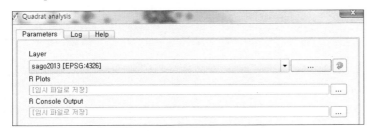

④ 그 결과, 아래와 같은 밀도분석 결과가 나타난다. 이를 보면 이면도로 교통사고는 서울시의 중심부보다는 북서쪽, 북동~남동쪽에 이르는 주변부에 더 집중되어 있음을 알 수 있다.

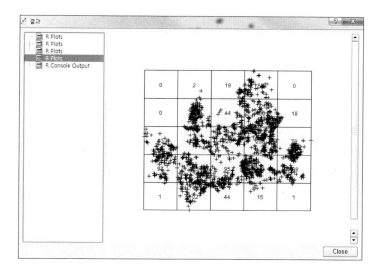

⑤ QGIS의 R scripts에서는 방안분석 외에도 포인트 데이터의 군집 여부를 확인할 수 있는 F function, G function 등의 기능 또한 제공하고 있다. 이면도로 교통사고 데이터로 이 기능들을 실습하고 아래와 같은 결과 화면을 확인해 보자.

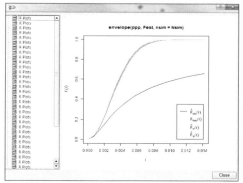
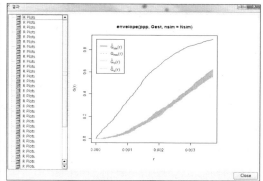

(4) R script 수정하기

① 지금까지 실습해 본 분석 기능들은 현재 R 플러그인에서 기본적으로 제공하는 샘플 스크립트를 이용한 것이다. 더 나아가면 이러한 기본 R 스크립트를 수정하여 결과물을 원하는 대로 편집하거나 플러그인에서 제공하고 있지 않은 새로운 R 스크립트를 입력하여 분석 기능을 추가할 수도 있다.

② 먼저 앞서 실습한 사고 발생 요일에 대한 히스토그램의
　 색깔을 바꾸어 보자.

③ 프로세싱 툴박스의 [Vector processing]-[Histogram]을
　 마우스 오른쪽으로 클릭하여 [Edit script]를 선택한다.

④ 스크립트 편집기 창이 뜨면 아래 그림과 같이 스크립트
　 의 괄호 안에 col=rainbow(10)을 추가해 준다. 이는 히스
　 토그램 막대의 색깔을 컬러로 바꾸는 코드이다.

⑤ 도구 모음의 저장(💾)을 클릭해 저장하고 창을 닫는다.

⑥ 다시 [Histogram] 메뉴를 이용해 앞서 실습한 것과 같이 사고 발생 요일에 대한 히스토그램을
　 만들어 본다. 히스토그램이 바뀐 것을 확인할 수 있다.

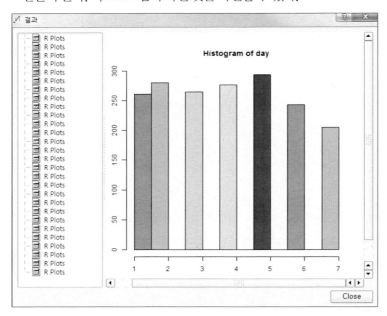

⑦ 다음으로 새로운 R script를 직접 입력하여 플러그인에 분석 기능을 추가해 보자.

⑧ 프로세싱 툴박스의 플러그인 중 [Tools]−[Create new R
script]를 클릭한다.

⑨ 스크립트 편집기 창이 열리면 아래와 같이 스크립트를
입력해 준다. 단, 대소문자를 구분해야 한다.

⑩ 저장 버튼( )을 클릭하여 "barplot"으로 저장한다. 이때, 반드시 R script가 저장되어 있는
경로에 저장해야 한다.

⑪ 저장하고 스크립트 편집기 창을 닫으면 [Vector processing]에 [barplot] 메뉴가 새로 생긴 것
을 볼 수 있다.

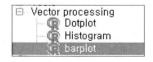

⑫ 이를 실행하여 피해자의 상해 정도에 대한 막대그림(barplot)을 만들어 보자.

⑬ [barplot]을 클릭하여 창이 열리면 'Layer'에는 "sago2013 [EPSG:4326]"을 x에는 "injury"를 선

택하고 'R Plots'의 저장 경로를 지정하고 Run을 클릭한다.

⑭ 다음과 같이 막대그림이 생성된 것을 볼 수 있다.

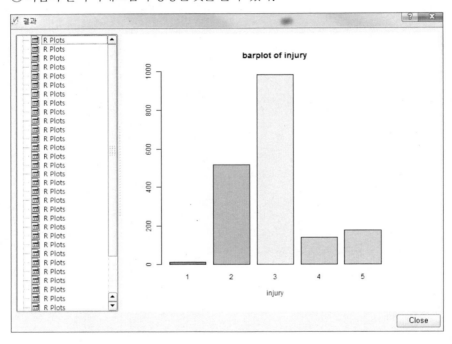

⑮ 이러한 기능을 이용하면 QGIS에서 기본적으로 제공되는 기능 외에 R에서 제공하는 매우 다양한 분석 기능을 이용할 수 있어 매우 유용하다. 하지만 R 스크립트에 대한 이해나 조작 능력이 선행되어야 하기 때문에 관심이 있는 학생은 필히 R을 더 공부해 보기 바란다.

8. 프로젝트 실습

이 단원에서는 주어진 데이터의 범위 내에서 지금까지 익힌 다양한 분석 방법을 종합하여 실세계에서 접할 수 있는 문제의 해답을 찾는 과정을 실습한다. 실제 이러한 해답을 찾는 과정을 도와 주는 것이 GIS 모델이라 할 수 있다. '모델'이란 실세계와 그의 과정을 간략화한 표현이다. 즉 자료를 요약하고, 실세계에서 현상이 존재하고 작동하는 방향으로 명령문을 작성하는 것이다. 공간에서 일어나는 현상을 분석하는 데 모델을 사용하는 이유는 모델을 사용함으로써 복잡한 실세계를 단순화하고 일반화할 수 있기 때문이다.

GIS 모델링에는 두 가지 주요한 목적이 있는데, 하나는 현상의 이해이며 다른 하나는 예측이다. 현상의 이해는 복잡한 실세계를 간략화하여 이해하기 쉽도록 하는 것이고, 예측은 실세계가 지속해서 변화하기 때문에 "만약 그렇다면, 어떻게 되는가?"와 같은 시나리오에서 답을 찾는 과정이다.

모델을 형식화하고 필요한 커버리지와 적용되어야 할 분석 기법들을 명시하는 데 유용한 방법은 흐름도를 구축하는 것이다. 흐름도란 관련된 입력 커버리지를 토대로 적절한 분석 방법을 적용하여 새로운 커버리지를 만들고, 그다음 단계의 작업을 지속해서 결과물을 산출해 가는 과정을 순차적으로 나타낸 것이다. 이러한 과정을 통해 분석을 논리화하고 각 단계를 상세화할 수 있다.

GIS 모델링 과정은 개념적인 것뿐 아니라 GIS 소프트웨어 기능을 통해서도 지원이 되고 있다. 모델빌더는 흐름도에서 명시된 다양한 분석 기능을 한꺼번에 실행시킬 수 있는 기능을 제공하고 있다. 모델빌더 기능을 이용하면 각 프로세스에 나타난 흐름도에 따라 분석 기능을 수행하고 결과물을 산출할 수 있다.

도움말 QGIS에서 모델빌더의 활용

흐름도는 투입데이터(input data), 투입데이
터에 적용하기 위한 지오프로세싱 도구, 결
과물을 산출하여 저장하게 되는 산출데이터
(output data)로 구성하는데, 다이어그램으로
작성하고 화살표로 연계하여 나타낸다.

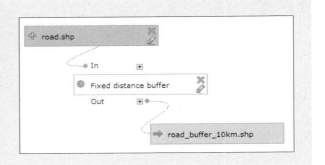

예제1	**2009년에서 2011년 사이 토지가격이 급상승한 지역은?**

과제	전국에서 2009~2011년 사이 토지 가격이 가장 많이 오른 지역 찾기
기능	속성질의/속성값 계산 선택객체 저장 중첩분석(클립, 인터섹트) 온도지도
데이터	DATA\chap.8\spatial_data • korea_landprice.shp • korea_outline.shp

실습흐름도

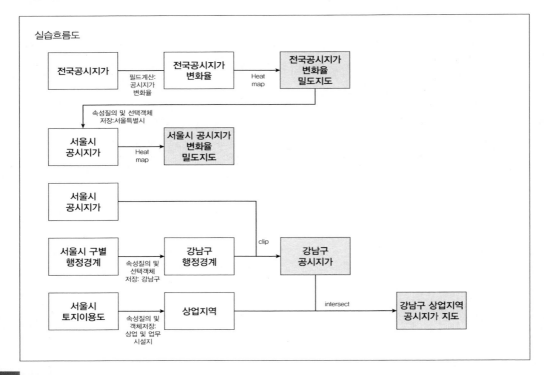

(1) 전국 공시지가 데이터를 이용한 밀도지도 제작

① DATA\chap.8\spatial_data에서 korea_landprice.shp 데이터를 불러온다.

도움말

공시지가 데이터는 국가공간정보유통시스템(www.nsic.go.kr)에서 다운로드받은 자료이다.

---

② 전국적인 지가 상승 비율을 알아보기 위해 [속성 테이블 열기(📋)]-[편집 모드(✏)]-[필드
계산기(🧮)]를 통해 공시지가 변화 비율 컬럼을 생성한다.

③ 'pricerate'라는 새로운 필드를 생성하고 [필드 계산기]의 '표현식'에 "("PR_11"-"PR_09")/"PR_
09"＊100"을 입력하여 2009년 대비 2011년의 지가 상승 비율을 계산한다.

④ [속성 테이블]에서 새로운 컬럼이 생성되었음을 확인한다.

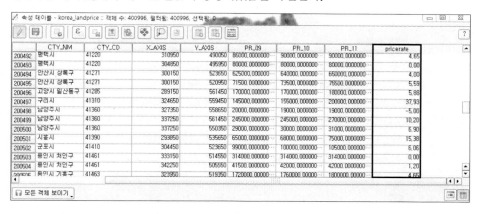

⑤ 속성 테이블에서 [편집 모드 전환(✏)]을 눌러 편집 모드를 해제하고 저장하기를 클릭한 뒤,
속성 테이블을 닫는다.

⑥ 메뉴의 [래스터]에서 [온도지도]를 활용하여 밀도
지도를 제작한다.

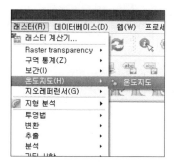

⑦ 온도지도 플러그인 창에서 '입력 점 레이어'는
"korea_landprice", '출력 래스터'는 "korea_lan
dprice_ras"로 저장한다. '고급', '필드값을 가중
치로 사용'에 체크하고 "pricerate"를 선택한 뒤,
OK를 누른다.

⑦ 전국의 공시지가 변화율을 밀도지도로 다음과 같이 나타낼 수 있다. [속성]-[스타일]에서 렌더
유형은 단일 밴드 의사색채 ▼로 변경하고, 새 색상표 작성에서 원하는 색을 선택한 뒤 [속성] 창
에서 OK를 누르면 다음과 같이 전국에서 지가가 오른 지역을 쉽게 알아볼 수 있는 효과적인 온
도지도가 완성된다.

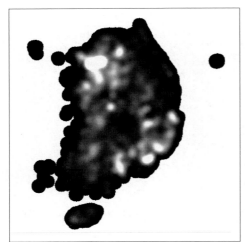 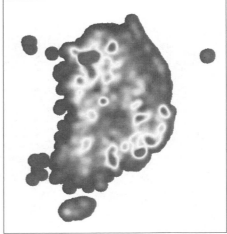

⑧ 지도의 경계를 명확하게 하기 위해 DATA\chap.8\spatial_data에서 korea_outline.shp 파일을
불러온다.

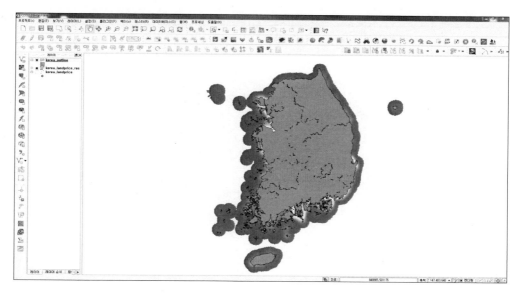

⑨ 메뉴의 [래스터]-[추출]-[잘라내기]를 선택하고 '입력 파일 (래스터)'은 "korea_land price_ ras", '출력 파일'은 "korea_landprice_res"로 저장한다. '클리핑 모드'에서는 '마스크 레이어'를 체크한 뒤 "korea_outline"으로 지정하고 OK를 누른다.

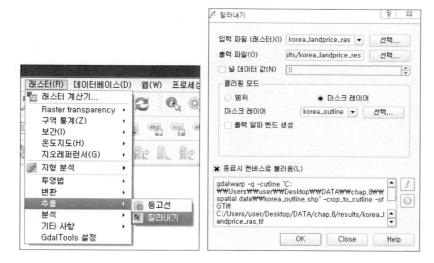

⑩ [속성]-[스타일]에서 렌더 유형을 단일 밴드 의사색채 ▼로 변경하고 '새 색상표 작성'에서 원하는 색을 선택한 뒤, OK를 누른다.

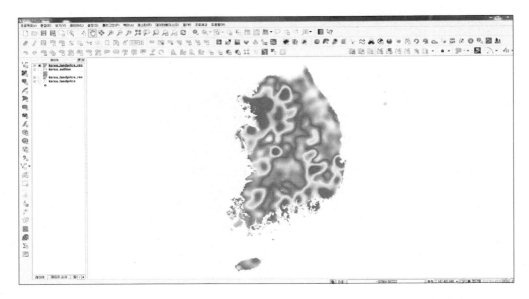

⑪ 공시지가 변화율 밀도지도를 통해 서울, 경기의 수도권 지역과 부산, 울산 중심의 남동쪽 해안 도시, 대구와 광주, 대전의 지방 거점도시 등에서 지가가 많이 상승하였음을 알 수 있다.

(2) 서울시에서 공시지가가 가장 많이 오른 지역 찾기

과제	서울시에서 공시지가가 가장 많이 오른 지역 찾기
기능	속성값으로 선택한 필드 저장 온도지도
데이터	DATA\chap.8\spatial_data • korea_landprice.shp • seoul_gu_2010.shp • seoul_dong_2010.shp

① 전국 공시지가 레이어에서 서울시 지가 정보만 얻기 위해 DATA\chap.8\spatial _data 폴더에서 korea_landprice.shp와 seoul_gu_2010.shp 파일을 연다.

② 공시지가 중 서울시의 데이터만 선택하기 위
   해서 korea_landprice 레이어의 [속성 테이
   블 열기]–[모든 객체 보이기]–[컬럼 필터]–
   [MEGA_NM]을 선택한다.

③ [필터] 창에 "서울특별시"를 검색하여, [적용]
   을 클릭한다.

④ 서울시 전체의 공시지가 정보만 저장하기 위
   해서 [속성 테이블]에서 ctrl+A를 이용하여 전

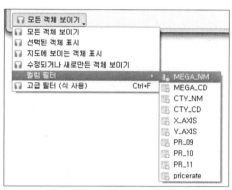

체 선택을 하고, 레이어의 오른쪽 마우스를 클릭하여 [다른 이름으로 저장]을 선택 후, '선택된
객체만 저장'과 '저장된 파일을 지도에 추가'에 체크하고 OK를 누른다.

도움말 QGIS에서 모델 빌더의 활용

메뉴의 [프로세싱]–[툴박스]–[QGIS geoalgorithms]–[Vector
general tools]–[Save selected features]를 이용하여 선택된 객
체를 저장할 수도 있다.

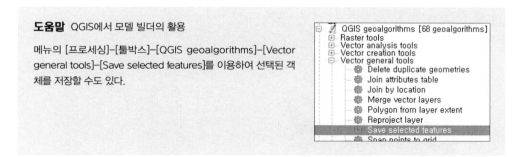

⑤ 선택한 객체를 저장하기 위해 'Output layer with selected features'에서 'Save as to file'을 열
   고, DATA\chap.8\results에 "seoul_landprice"라고 저장한 뒤, Run을 클릭한다.

⑥ 추출된 서울시의 공시지가 데이터를 서울시 구경계 지도 위에 불러온다.

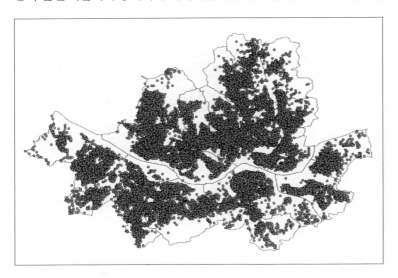

⑦ 서울시의 공시지가를 밀도지도로 표현하기 위해 메뉴의 [래스터]−[온도지도]를 선택한다.

⑧ '입력 점 레이어'는"seoul_landprice", '출력 래스터'는 DATA\chap.8\results에 "seoul_landprice_den"으로 저장하고 '고급'과 '필드값을 가중치로 사용'에 체크한 뒤, "pricerate"로 지정한다.

⑨ 밀도지도를 효과적으로 나타내기 위해서 seoul_landprice_den 레이어의 [속성]−[스타일]에서 렌더의 유형을 단일 밴드 의사색채 ▼ 를 선택하여 스타일을 변경한다.

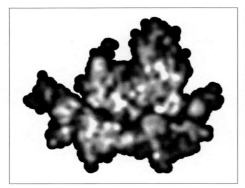

⑩ 서울시 동별 레이어를 중첩하여 서울시의 공시지가 변화율을 지역별로 살펴볼 수 있다.

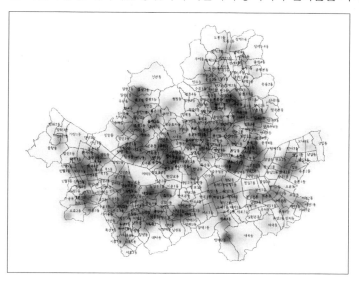

(3) 강남구의 상업지역 평균 지가 알아보기

과제	강남구의 상업지역 평균 지가 알아보기
기능	온도지도 속성질의 중첩분석(클립, 인터섹트)
데이터	DATA\chap.8\spatial_data • seoul_landuse.shp DATA\chap.8\results • seoul_landprice.shp • seoul_gu_2010.shp

① 강남구의 상업지역 분포 현황을 알아보기 위해 DATA\chap.8\spatial_data 폴더에서 seoul_landuse.shp, seoul_landprice.shp 파일과 DATA\chap.8\results 폴더에서 seoul_gu_2010.shp 파일을 불러온다.

② 서울시의 토지이용 현황도에서 상업지역만 추출하기 위해 seoul_landuse 레이어의 속성 중 '이용범례'의 "상업 및 업무시설지"를 검색한 뒤, 선택된 객체만 DATA\chap.8\results 폴더에 "busin ess_landuse"로 저장한다.

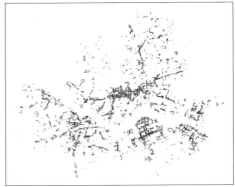

③ seoul_gu_2010 레이어의 [속성 테이블]을 열어 왼쪽 하단의 [모든 객체 보이기]를 클릭한다. 컬럼 필터에서 '강남구'만 선택하여 DATA\chap.8\results 폴더에 "gangnamgu"로 저장한다.

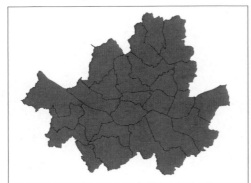

④ gangnamgu 레이어와 seoul_landprice 레이어를 클립하여 강남구의 공시지가 데이터를 추출한다. [클리핑] 창에서 '입력 벡터 레이어'는 "seoul_landprice", '레이어 클리핑'은 "gangnamgu", '출력 shape 파일'은 탐색을 눌러 경로를 지정하고 "gangnamgu_landprice.shp"로 저장한 뒤, OK를 누른다.

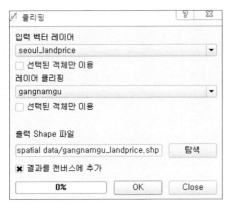
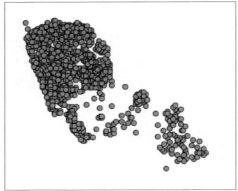

⑤ 메뉴의 [벡터]−[공간 연산 도구]−[인터섹트]를 선택하여 gangnamgu_landprice 레이어와 business_landuse 레이어에 대해 중첩분석을 실시한다. [교차분석] 창에서 '입력 벡터 레이어' 는 "gangnamgu_landprice", '레이어 교차분석'은 "business_landuse"를 선택하고 '출력 shape 파일'은 DATA\chap.8\results에 "gangnamgu_business_landprice.shp"로 저장한다.

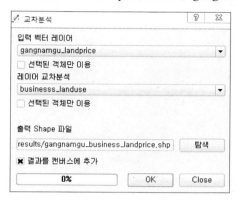

⑥ 강남구의 상업지역만 나타내기 위해 메뉴의 [벡터]−[공간 연산 도구]−[클립]을 클릭한다.

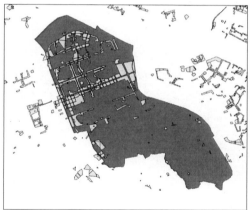

⑦ gangnamgu와 gangnamgu_business, gangnamgu_business_landprice 레이어만 활성화시키고 다른 레이어는 체크를 해제하여 강남구의 상업지구를 확인한다.

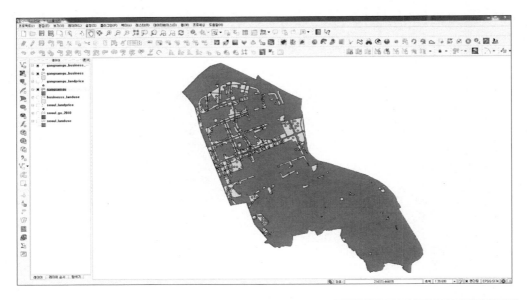

⑧ 마지막으로 강남구 내 상업지역의 2011년 기준 평균 지가를 산출하기 위해 메뉴의 [벡터]-[분석 도구]- [기본 통계]를 선택한다. [기본 통계] 창에서 '입력 벡터 레이어'는 "gangnamgu_business_landprice", '대상 필드'는 "PR_11"을 선택하고 OK를 클릭한다.

⑨ 다음과 같이 [기본 통계] 출력 창에서 해당 레이어의 평균값, 표준편차, 합계, 최솟값, 최댓값 등을 알 수 있다. 강남구 상업지역의 2011년 기준 평균 지가는 약 8,740,000원(m²당)임을 알 수 있다.

예제2	도로 확장 공사에 필요한 토지 보상비 계산하기

과제	종로3가의 도로 및 필지 데이터를 활용하여 도로로부터 반경 5m(총 10m) 범위에 해당하는 필지를 추출하고, 토지 보상비 계산하기
기능	버퍼/클립
데이터	DATA\chap.8\spatial_data • jongno_3ga_jijukdo.shp • jongno_3ga_road.shp

    종로3가역 주변지역은 출퇴근 시간에 혼잡한 지역 중 한 곳이며 주말이나 휴일에 관광객이 많이 찾는 곳이기 때문에 항상 교통이 혼잡하다. 이러한 종로3가역 주변지역의 혼잡도를 완화하기 위하여 정부에서 기존 왕복 8차선 도로를 확장하고자 한다. 양방향 도로 1차선(각 5m 폭)씩 확장하고자 한다고 가정했을 때, 정부는 주변 상가에 대하여 보상비를 얼마나 책정하고 확장 공사를 시공해야 하는지 알아보자.

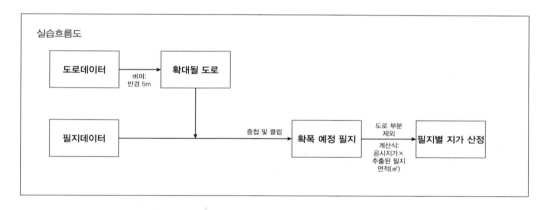

도움말 모델빌더

[프로세싱]-[그래픽컬 모델러]의 모델 빌더를 사용하여 필지별 토지 보상비를 산출할 수 있다.

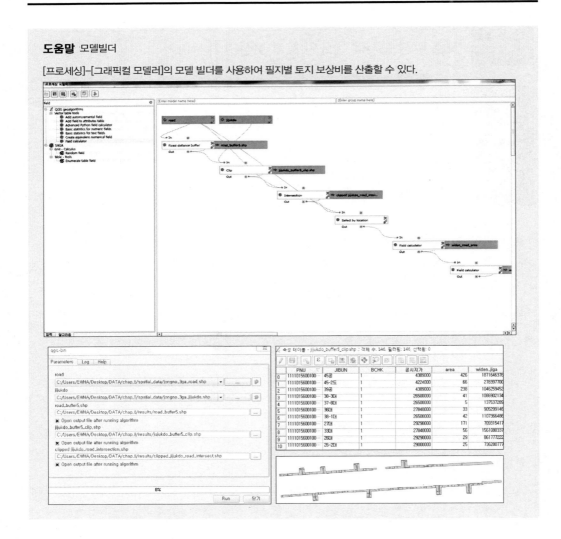

(1) 종로3가 지적도를 열고, 전체 면적과 지가 구하기

① jongno_3ga_jijukdo.shp, jongno_3ga_road.shp 파일을 연다.

② 좌표계는 "EPSG:5174 – Korean 1985/Modified Central Belt"로 설정한다.

③ 종로3가 지적도 레이어의 [속성 테이블]을 열어 데이터를 확인한다.

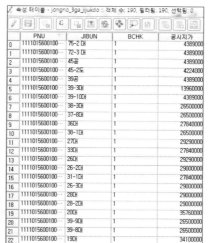

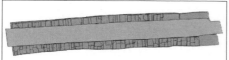

④ [속성 테이블]에서 필지별 행정구역 코드(PNU)를 볼 수 있고, 각각의 공시지가(2014년 기준) 데이터를 확인할 수 있다. 공시지가는 m²당 가격이므로, 전체 면적을 구하면 전체 면적에 대한 지가가 얼마가 되는지 확인할 수 있다.

(2) 종로3가 지적도에서 실폭도로 10m 지역 추출하기

① 추출한 도로로부터 반경 5m(양쪽 합계 총 10m) 지역을 추출하기 위하여 [프로세싱 툴박스]- [QGIS geoalgorithms]-[Vector geometry tools]-[Fixed distance buffer]를 선택한다. 'Input layer'에 "jongno_3ga_road", 'Distance'에 "5", 'Segments'에 "5"를 입력하고 'Dissolve result'에 체크한다. 'Buffer'에서 경로와 파일명을 다음 그림과 같이 지정하고 '알고리즘 실행 후 출력 파일 열기'에 체크하고 Run을 클릭한다.

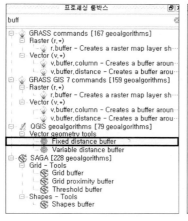

② 다음 그림과 같이 도로로부터 반경 5m인 지역에 대한 레이어가 새로 생성된다.

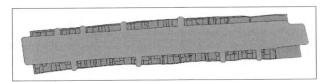

③ 도로로부터 반경 5m에 해당하는 토지 지역을 추출하기 위하여 [프로세싱 툴박스]-[QGIS geoalgorithms]-[Vector overlay tools]-[Clip]을 클릭한다. 입력 레이어는 'jongno_3ga_jijukdo.shp', 클립 레이어는 buffer5_road.shp를 의미하는 'Buffer'를 선택한다. 그리고 출력 파일은 'clip_jijukdo.shp'로 저장하고 Run 버튼을 누른다.

④ 도로가 양쪽 각각 5m씩 확장될 경우, 이에 해당하는 토지 지역이 추출된다.

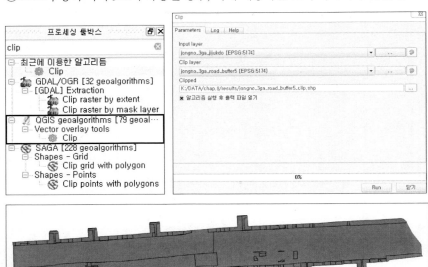

(3) 도로 확장 지역에서 도로를 제외한 필지 정보 구하기

① 도로 확장 지역에서 도로를 제외한 토지 지역을
추출하기 위하여, 먼저 도로로부터 반경 5m에 해
당하는 지역과 종로3가 도로 데이터만 활성화하
여 나타낸다.

② [벡터]-[공간 연산 도구]-[차이] 기능을 사용하
여 도로 확장 지역에 속하는 토지 지역만 추출한
다. '입력 레이어'는 clip_jijukdo.shp를 의미하는
"Clipped", 차이 분석을 하는 레이어는 "jongno_3ga_road.shp"를 선택하고, '출력 Shape 파일'
은 "difference_jijukdo_road.shp"로 저장한다.

③ 도로 확장 지역에 속하는 토지 지역이 추출된 것을 확인할 수 있다.

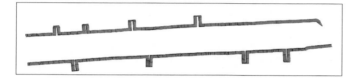

(4) 추출된 도로 확장 지역의 토지 보상비 계산하기

① 먼저 추출된 도로 확장 지역의 면적을 구하기 위해 [속성 테이블]-[필드 계산기]를 선택하여
'출력 필드 이름'에 "area"를 입력하여 컬럼을 새로 생성한다. '출력 필드 유형'은 "십진수 (real)",
'출력 필드 폭'은 "7", 정확도는 "2"로 설정한다. '표현식'은 "$area"로 입력한다.

② 다음으로 추출된 토지 확장 지역의 면적에 따른 공시지가를 구하여 총 토지 보상비를 계산한다.
'표현식'은 ""공시지가" * "area""로 입력한다.

③ 결과 화면은 다음과 같다.

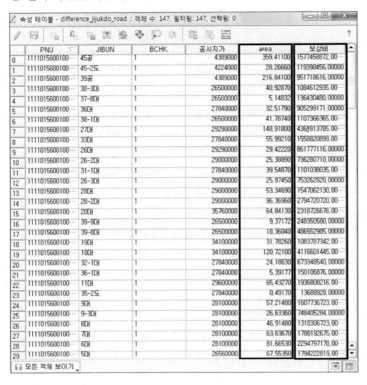

④ 종로3가의 전체 보상비가 얼마 정도 되는지 알아보기 위하여 [벡터]–[분석 도구]–[기본 통계]
기능을 사용한다. '입력 벡터 레이어'는 "difference_jijukdo_road", '대상 필드'는 "보상비"로 설
정하고 확인 버튼을 누른다. '통계 출력' 창에서 평균, 표준편차, 합계, 최소, 최대, 중앙값 등의
정보를 확인할 수 있다. 즉 종로3가의 보상비는 총 1,324억이다.

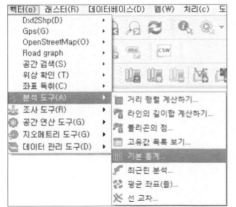

예제3	사람이 거주하고 있는 곳을 대상으로 한 대시메트릭 지도 만들기

과제	사람이 사는 지역만을 대상으로 대시메트릭 지도를 제작하여 동별 인구밀도 지도와 비교하기
기능	버퍼/인터섹트/클립
데이터	DATA\chap.8\spatial_data • seoul_landcover_2010.shp • seoul_landcover_dissolve_2010.shp • seoul_gu_2010.shp

도움말 대시메트릭 지도(Dasymetric Map)

시군구별 인구밀도는 기본 행정구역의 공간 단위를 기본으로 하여 현상이 균등하다고 가정하기 때문에 시군구별 내에서 발생하는 인구밀도의 차이를 반영하지 못한다. 그러나 대시메트릭 지도는 같은 기본 공간 단위(시군구) 내에서의 행정구역 범위와 일치하지 않고, 토지이용 정보(보조 정보)를 활용하여 주거지역 및 비주거지역과 같이 인구밀도를 다르게 할당하여 표현하므로, 더 상세한 정보를 확인할 수 있다.

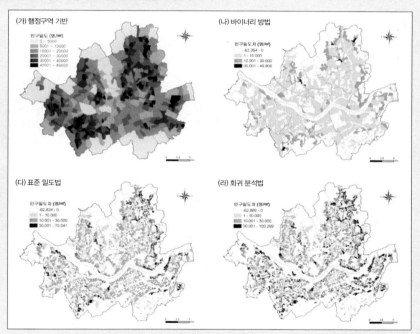

〈그림 1-20〉 행정구역 기반의 단계구분도(가)와 대시메트릭 지도(나, 다, 라) 비교

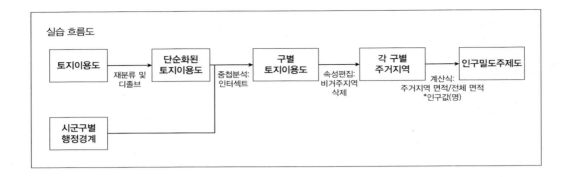

실습 흐름도

(1) 토지이용도 재분류 및 간소화 작업

① seoul_landcover_2010.shp를 연다.

② [속성 테이블]을 확인하면 토지이용 범례는 공공 용도지, 공업지, 교통 시설지, 나지, 녹지 및 오픈 스페이스, 도시 부양 시설지, 상업 및 업무 시설지, 주택지, 특수지역, 하천 및 호소, 혼합지 11개로 구성되어 있다. 이 중 주택지, 도시 부양 시설지를 '주거지역(A)'으로, 나머지를 비주거 지역(B)'으로 재분류한다(5.1 재분류 및 디졸브 참고).

③ 재분류한 속성 데이터를 "seoul_landcover_reclassify.shp"로 저장하고 다시 불러온다.

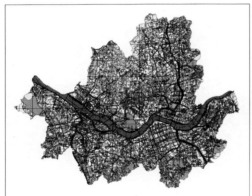 

④ seoul_landcover_reclassify.shp 레이어의 '주거지 구분' 컬럼별로 색상을 다르게 지정하여 주 거지역은 노란색, 비주거지역은 녹색으로 표현하였다. 주거지역은 대부분 북한산, 관악산, 남 산 등의 산으로 이루어진 지역과 한강을 제외한 나머지 지역에 밀집하고 있는 것을 알 수 있다.

(2) 주거지역만 추출하기

다음으로 비주거지역을 제외한다. 대시메트릭 지도는 주거지역에 인구밀도를 할당하고, 비주거 지역에는 인구가 할당되지 않기 때문에 편의상 비주거지역을 제거한다.

① seoul_landcover_reclassify의 [속성 테이블]을 열고, [표현식 이용한 객체 선택(ε)]에서 '표현식'을 다음 그림과 같이 입력한다.

② 선택된 'B' 값을 편집 모드가 전환된 상태(✏)에서 [선택된 객체 삭제(🗑)]를 클릭하여 제거한다.

③ 다음 그림처럼 모든 행에서 주거지구분이 'A'만 남고, 'B'는 삭제된 것을 확인한다.

④ 추출된 주거지역은 'seoul_landcover_resi.shp'로 저장한다.

(3) 주거지역 정보와 행정구역 정보를 인터섹트하기

① 서울시 구별 인구 데이터를 주거지역에 할당해 주기 위하여 구별 행정 경계 데이터 seoul_gu_2010.shp와 재분류하여 주거지역 정보만 추출한 seoul_landcover_resi.shp 데이터를 인터섹트한다.

② seoul_landcover_resi.shp와 seoul_gu_2010.shp 데이터를 불러온다.

③ '입력 벡터 레이어'는 "seoul_landcover_resi", 교차 분석하는 레이어는 "seoul_gu_2010.shp"를 선택하고 "intersect_landcover_gu.shp"로 저장한다.

④ 인터섹트된 intersect_landcover_gu.shp의 마우스 오른쪽을 눌러 [속성 테이블]을 열어 보면, 다음 그림과 같이 두 개의 데이터가 결합되어 나타나는 것을 알 수 있다.

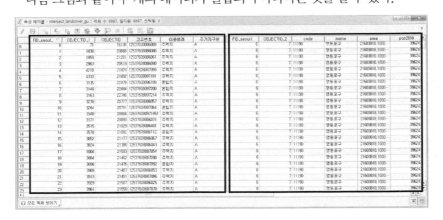

(4) 주거지역의 면적 크기에 비례하여 인구밀도 할당하기

전체 시군구별로 주거지역이 차지하는 면적의 비율과 면적당 시군구별 인구를 할당하고자 한다. 비주거지역(B)은 인구를 할당할 이유가 없기 때문에 제외하고, 주거지역 'A' 중에서 해당 객체가 차지하는 면적당 인구를 배분한다. 즉 용산구의 비주거지역을 제외하고 주거지역을 100이라고 가정하고 주거지역 중에서도 각 토지별 면적에 따라 용산구 전체 인구를 면적 비율에 맞게 할당하는 것이다.

① [속성 테이블]−[필드 계산기]에서 다음과 같이 주거지역의 면적에 대하여 새로운 필드를 생성한다. '출력 필드 이름'은 "resi_area",

> "resi_area" = $area
> [resi_area] = 구 내의 각 주거지역 폴리곤의 면적

'출력 필드 유형'은 "십진수 (real)", 폭과 정확도는 각각 "7", "5"로 입력한다.

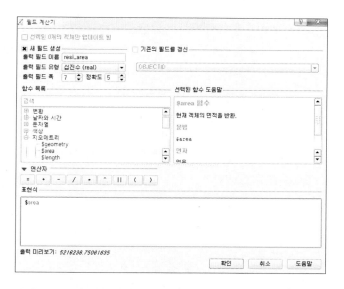

② [속성 테이블]–[필드 계산기]에서 전체 구 면적에서 주거지역이 차지하는 면적의 비율을 계산

한다. [새 컬럼 추가]에서 'resi_rate' 컬럼을 추가
한다. '출력 필드 유형'은 "십진수 (real)"로, 폭은
"7"로, 데이터 길이(정확도)는 "5"로 설정한다. '표
현식'은 다음과 같이 입력한다.

> "resi_rate" = "resi_area"/"area" * 100
> "resi_rate" = 구 내의 각 주거지역의 면적이 차지하는 비율
> "resi_area" = 구 내의 각 주거지역 폴리곤의 면적
> "area" = 전체 구 면적

③ 인구 데이터를 넣기 위해 [속성 테이블]–[필드
계산기]에서 'resi_pop' 컬럼을 하나 더 추가한다.
컬럼 유형은 '십진수'로 선택하고 폭과 정확도는
'7', '0'으로 설정한다. 표현식은 다음과 같다.

> "resi_pop" = "resi_rate" * "pop2010"
> "resi_pop" = 구별 각 주거지역에 해당되는 인구 수
> "resi_rate" = 구 내의 각 주거지역의 면적이 차지하는 비율

④ 수정된 데이터를 저장한 뒤, [편집 모드 전환]을 해제한다.

⑤ 구별로 인구 값이 할당된 후, 구별 주거지역별 인구 값을 5단계로 나누어 표현하면 다음 그림과 같다.

⑥ 우리가 흔히 사용하는 단계구분도(오른쪽)와 비교하였을 때, 왼쪽의 대시메트릭 지도는 어디에 더 많은 인구가 분포하는지 세세하게 알 수 있어서 더 정확하다는 장점이 있다.

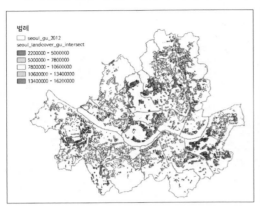 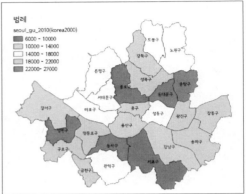

예제4   홍수에 취약한 지역 찾기

과제	홍수 취약 지역 분석에 필요한 주요 요인 5가지(일최대강수량, 고도, 경사도, 불투수 포장률, 인구밀도) 데이터를 이용하여 홍수 취약 지도 만들기
기능	변환(래스터 데이터화) 보간 지형분석(경사도) 클리핑(잘라내기) 래스터 분석
데이터	DATA\chap.8\spatial_data • weather_station.shp • seoul_dong_imp_ratio.shp • seoul_dong_2010.shp DATA\chap.8\spatial_data\raster_data • seoul_dem.tif DATA\chap.8\attribute_data • 2010_2013일최대강수(평균).csv

도움말 산림청 산림정보서비스(http://116.67.44.22/forest/?systype=maslid)

산림청에서는 전국의 산림을 대상으로 집중 강우 등 산사태 유발 요인이 작용할 경우에 대비하여 산사태 발생 가능성이 높은 지역을 위험 순으로 5등급(1등급이 위험률이 가장 높고, 5등급은 위험이 없음)으로 구분하여 산지가 가지고 있는 외적 요인(사면경사, 임상, 토질, 모암 등 9개 인자 활용)을 분석하여 산사태 위험 지도를 구축한다.

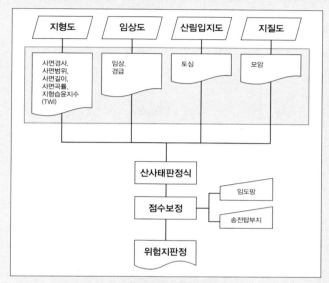

산사태 위험지도 구축 절차도

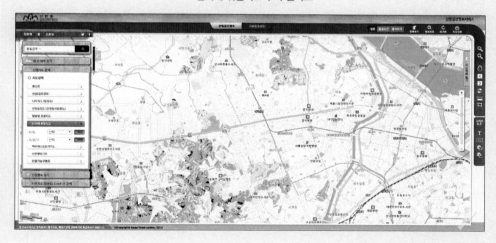

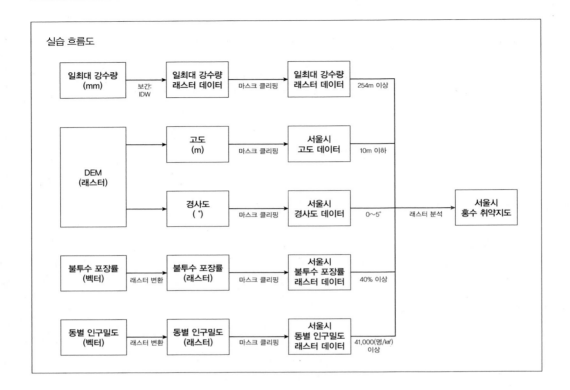

실습 흐름도

도움말 홍수 취약 지도에 사용되는 변수

- 일최대강수량: 하루 동안에 내린 강수량 중 최댓값을 말한다. 일최대강수량, 1시간 최대강수량, 10분간 최대강수량이 있다.
- 고도: 평균 해수면(0)을 기준으로 지표면의 높잇값을 말한다.
- 경사도: 지표면이 기울어진 정도를 의미한다.
- 불투수 포장률: 토양면이 포장이나 건물 등으로 덮여서 빗물이 침투할 수 없는 불투수 지역의 포장 면적 비율을 말한다.
- 인구밀도: 일정한 지역의 단위 면적에 대한 인구수의 비율을 말한다.

(1) 서울시 일최대강수량 데이터 만들기

① DATA\chap.8\spatial_data 폴더에 있는 기상 관측소 위치 데이터 weather_station.shp에 DATA\chap.8\attribute_data 폴더의 2010~2013년 일최대강수 정보 데이터인 2010_2013일최대강수(평균).csv를 결합한다.

② 마우스 오른쪽을 클릭하여 [속성]–[결합]을 선택하고 ⊕를 클릭하여 [벡터 조인 추가] 창을 연다.

③ '조인 레이어'는 "2010_2013일최대강수(평균)"을 선택하고 '조인 필드'와 '대상 필드'는 각각 "AWS_ID"와 "AWS_CDE"를 선택하고 '조인 레이어를 가상 메모리에 캐시'에 체크한다.

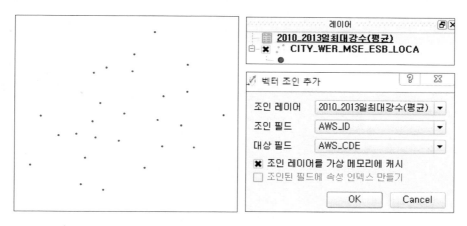

④ [속성 테이블]에 '2010일최대강수' 컬럼부터 'D_MAX_PRE' 컬럼까지 추가된 것을 확인한다.

⑤ 각각 2010년, 2011년, 2012년, 2013년의 일최대강수이며, 마지막 컬럼인 'D_MAX_PRE' 컬럼은 2010~2013년의 일최대강수의 평균값이다. 이 속성값을 래스터 데이터로 변환하여 홍수 취약도를 만드는 데 활용한다.

	AWS_CDE	NAM	ADDRESS	AWS_GBN	대강수(평균)_20	대강수(평균)_20	대강수(평균)_20	대강수(평균)_20	대강수(평균)_일
0	400	강남	강남구 삼성동 ⋯	기상청AWS	359.6	177	322	293	287.9
1	402	강동	강동구 고덕동 ⋯	기상청AWS	360	164	315.5	274.5	278.5
2	407	노원	노원구 공릉동 ⋯	기상청AWS	359.9	174.5	275.5	111.5	230.35
3	509	관악	관악구 신림동 ⋯	기상청AWS	360	184	348.5	159.5	263
4	417	금천	금천구 독산동 ⋯	기상청AWS	359.9	172	249	194	243.725
5	401	서초	서초구 서초동 ⋯	기상청AWS	359.9	178.5	281	261	270.1
6	423	구로	구로구 궁동 21 ⋯	기상청AWS	359.9	155.5	176.5	229.5	230.35
7	410	기상청	동작구 신대방⋯	기상청AWS	359.9	176	266.5	228.5	257.725
8	403	송파	송파구 잠실동 ⋯	기상청AWS	360	164.5	209	275.5	252.25
9	415	용산	용산구 이촌동 ⋯	기상청AWS	360	170	273	263	266.5
10	418	한강	영등포구 여의⋯	기상청AWS	360	157	256.5	267.5	260.25
11	405	양천	양천구 목동 91 ⋯	기상청AWS	359.9	149.5	287	269	266.35
12	510	영등포	영등포구 당산⋯	기상청AWS	360	155	299.5	257.5	268
13	413	광진	광진구 화양동⋯	기상청AWS	360	181.5	282	263.5	271.75
14	411	마포	마포구 망원동 ⋯	기상청AWS	359.9	141	309	280.5	272.6
15	421	성동	성동구 성수동⋯	기상청AWS	360	180	289.5	259.5	272.25
16	404	강서	강서구 화곡동⋯	기상청AWS	359.6	112	252.5	293	254.275
17	419	중구	중구 회현동1⋯	기상청AWS	359.9	172.5	265.5	264	265.475
18	412	서대문	서대문구 신촌⋯	기상청AWS	359.8	116.5	267	275.5	254.7

⑥ 결합된 상태에서는 데이터 분석이 진행되지 않기 때문에 weather_station.shp 데이터에 2010_2013일최대강수(평균).csv의 '일최대강수(평균)' 컬럼을 다음 그림과 같이 재입력한다. 먼저 weather_station.shp를 마우스 오른쪽으로 클릭하여 [속성 테이블]에서 편집 모드(✎)를 선택한다. [필드 계산기(▦)]에서 '출력 필드 이름'은 "D_MAX_PRE", '출력 필드 유형'은 "십진수(real)", '출력 필드 폭'과 '정확도'는 각각 "4", "2"로 입력하고 '표현식'은 다음 그림과 같이 '2010_2013일최대강수(평균).csv'의 '일최대강수(평균)' 컬럼을 더블클릭하여 선택한다.

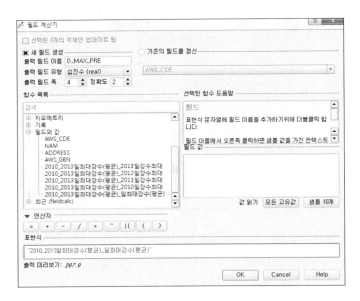

⑦ 결합된 2010_2013일최대강수(평균).csv 레이어를 [속성]−[결합]에서 해제(✏)하여 준다.

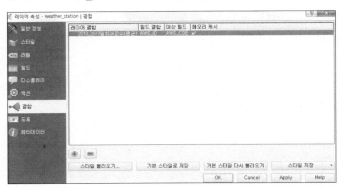

⑧ weather_station.shp의 [속성 테이블]을 다시 열어 보면 새로 생성된 'D_MAX_PRE' 컬럼을 확인할 수 있다. 이 속성값을 래스터 데이터로 변환하여 홍수 취약도를 만드는 데 활용한다.

	AWS_CDE	NAM	ADDRESS	AWS_GBN	D_MAX_PRE
0	400	강남	강남구 삼성동 …	기상청AWS	287.00
1	402	강동	강동구 고덕동 …	기상청AWS	278.00
2	407	노원	노원구 공릉동 …	기상청AWS	230.00
3	509	관악	관악구 신림동 …	기상청AWS	263.00
4	417	금천	금천구 독산동 …	기상청AWS	243.00
5	401	서초	서초구 서초동 …	기상청AWS	270.00
6	423	구로	구로구 궁동 21…	기상청AWS	230.00
7	410	기상청	동작구 신대방…	기상청AWS	257.00

⑨ 일최대강수량의 값은 포인트 데이터이므로 래스터로 표현하기 위해서는 보간 기능을 활용한

다. [래스터]-[분석]-[격자 (보간)]를 선택한다.

⑩ '입력 파일'은 "weather_station"으로, 'Z 필드'는 2010~2013년의 평균 일최대강수량 값인 "D_MAX_PRE"를 선택한다. '출력 파일'은 선택을 눌러 경로 지정 후 "day_max_pre.tif"로 저장하고 '알고리즘'은 거리가 멀어질수록 값이 적어지는 "거리 제곱 반비례"를 선택한다.

⑪ 캔버스를 드래그하여 래스터 데이터가 출력될 범위를 지정한다.

⑫ 다음 그림과 같이 기상 관측소의 위치 데이터(포인트)가 래스터 데이터로 변환된 것을 확인할 수 있다. 강남구, 강동구, 마포구, 성동구 지역의 일최대강수량이 높게 나타나며, 상대적으로 북한산, 도봉구, 강북구, 은평구 지역의 일최대강수량이 낮게 나타나는 것을 알 수 있다.

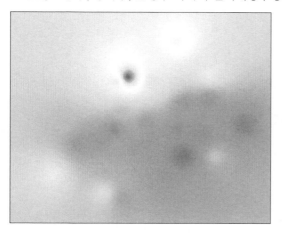

⑬ DATA\chap.8\spatial_data 폴더에서 seoul_dong_2010.shp 데이터를 불러온다.

⑭ 사각형으로 나타나는 day_max_pre.tif 데이터를 서울시 모양으로 나타내기 위하여 [래스터]-[추출]-[잘라내기] 기능을 활용한다.

⑮ 다음 그림과 같이 '입력 파일 (래스터)'을 "day_max_pre.tif"로 설정하고, '출력 파일'은 "day_
max_pre_extract.tif"로 저장한다. '클리핑 모드'의 마스크 레이어는 "seoul_dong_2012.shp"를
선택하고, '출력 알파 밴드 생성', '종료시 캔버스로 불러옴'에 체크한다.

⑯ 추출된 day_max_pre_extract.tif의 [속성]−[스타일]에서 일최대강수량의 지역별 차이를 다양
한 색으로 표현하여 보자. 강남구, 강동구, 마포구, 성동구 지역의 일최대강수량이 높게 나타나
며, 상대적으로 북한산, 도봉구, 강북구, 은평구 지역의 일최대강수량이 낮게 나타나는 것을 알
수 있다.

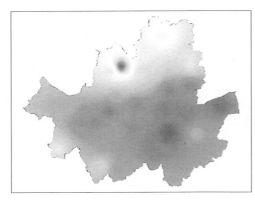
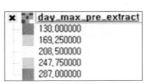

(2) 서울시 DEM 데이터를 활용하여 고도와 경사도 구하기

① 서울시 고도 데이터는 DEM 데이터가 고도를 가지고 있기 때문에 DEM 데이터를 그대로 활용
한다. DATA\chap.8\spatial_data\raster_data 폴더에서 seoul_dem.tif 파일을 연다.

공간정보학 실습

② DATA\chap.8\spatial_data 폴더에서 seoul_dong_2010.shp 파일을 연다. 일최대강수량에서
서울시를 경계로 추출한 것과 같은 방법으로 [래스터]-[추출]-[잘라내기] 기능을 활용한다.

③ 새로 생성된 레이어 'seoul_dem_extract.tif'의 [속성]에서 [스타일]을 변경한다.

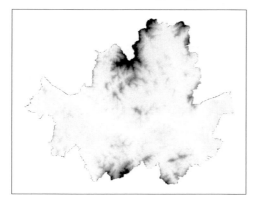

④ 이번에는 DEM 데이터를 활용하여 경사도 데이터를 만들어 보자. 상단 메뉴에서 [래스터]–[분석]–[DEM (지형 모델)]을 선택한다.

⑤ 다음 그림과 같이 '입력 파일 (DEM 래스터)'은 "seoul_dem.tif", '출력 파일'은 "seoul_slope.tif"로 지정하고 창 하단의 '종료시 캔버스로 불러옴'에 체크한다.

⑥ 서울시의 경사 데이터는 다음과 같이 출력된다.

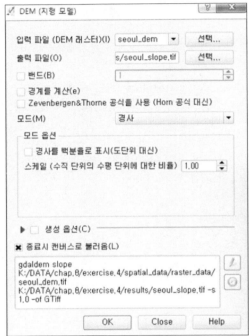

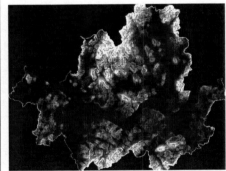

⑦ 경사도 분석 결과를 서울시 경계 모양으로 자르기 위하여 [래스터]–[추출]–[잘라내기] 기능을 활용한다.

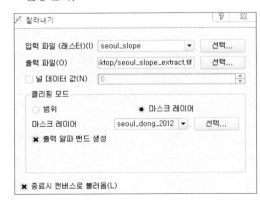

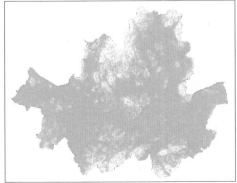

⑧ 서울시 경계로 추출된 경사도 데이터의 [속성]–[스타일]에서, 경사도를 잘 표현할 수 있도록 색상 등을 변경한다.

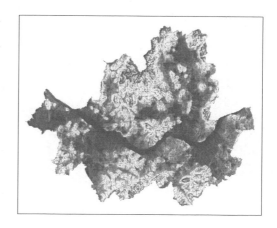

(3) 불투수 포장 비율 데이터를 래스터 데이터로 변환하기

① seoul_dong_imp_ratio.shp를 열어 불투수 포장 비율 데이터의 [속성 테이블]에서 '불투수 포장 비율' 컬럼을 찾아보자. 동 전체 면적 'ful_area', 불투수 포장 면적인 'imp_area'에 대한 정보를 알 수 있다.

② [속성 테이블]–[필드 계산기]를 선택하여 '출력 필드 이름'에 "ratio(%)"를 입력하고 전체 동 면적에 불투수 포장 면적을 나누어 불투수 포장 비율을 구하기 위해 '표현식'에 ("imp_area"/ "ful_area")*100"을 입력한다.

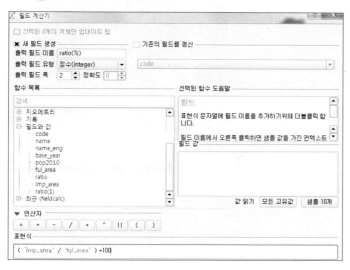

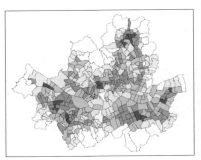

	code	name	name_eng	base_year	pop2010	ful_area	imp_area	ratio(%)
0	1125074	길동	Gil-dong	2010	49837	1596095,717853	540612,303142	34
1	1125073	천호2동	Cheonho 2-d	2010	36771	1829986,478797	454273,681036	25
2	1125072	암사1동	Amsa 1-dong	2010	37288	735125,871015	239619,333077	33
3	1125071	둔촌2동	Dunchon 2-do	2010	28322	1587999,072908	386154,098074	24
4	1125070	둔촌1동	Dunchon 1-do	2010	19447	895293,978702	237799,581636	27
5	1125067	성내3동	Seongnae 3-d	2010	24339	643536,475707	303897,010513	47
6	1125066	성내2동	Seongnae 2-d	2010	26223	623764,432805	244603,948592	39
7	1125065	성내1동	Seongnae 1-d	2010	20102	657535,357819	321860,466718	49
8	1125063	천호3동	Cheonho 3-d	2010	25935	567094,850108	206774,603123	36
9	1125061	천호1동	Cheonho 1-d	2010	30208	669445,760810	219974,129800	33
10	1125059	암사3동	Amsa 3-dong	2010	18452	1847107,822705	256060,944880	14
11	1125058	암사2동	Amsa 2-dong	2010	15733	2432590,108541	285609,229776	12
12	1125056	고덕2동	Godeok 2-dong	2010	17857	2407868,865161	399790,256460	17
13	1125053	고덕1동	Godeok 1-dong	2010	22457	1906772,608019	296290,941939	16
14	1125054	명일2동	Myeongil 2-d	2010	18057	920599,984299	254738,134587	28
15	1125053	명일1동	Myeongil 1-d	2010	27323	629949,608241	274465,620947	44
16	1125052	상일동	Sangil-dong	2010	26965	1800460,557486	447284,753669	25
17	1125051	강일동	Gangil-dong	2010	20642	3735117,642562	344515,634284	9
18	1124080	잠실3동	Jamsil 3-dong	2010	35983	1510535,653639	509611,522105	34
19	1124079	잠실2동	Jamsil 2-dong	2010	34853	2888010,427124	817623,413156	28
20	1124078	잠실1동	Jamsil 1-dong	2010	10193	675968,862000	252837,975636	37

③ 모든 데이터의 형태를 맞추어 분석하기 위하여 불투수 포장 비율 데이터도 래스터 데이터로 변환한다. [래스터]–[변환]–[래스터화 (벡터를 래스터로)]를 선택한다.

④ 다음 그림과 같이 '입력 파일 (Shape 파일)'에는 불투수 포장 비율을 나타내는 벡터 데이터인 "seoul_dong_imp_ratio.shp"를 선택하고 '속성 필드'는 "ratio"로 설정한다. '픽셀 단위 래스터 크기'에 체크하여 폭과 높이를 "3,000"으로 설정하고, '종료시 캔버스로 불러옴'에 체크한다.

⑤ 다음 그림과 같이 벡터 데이터가 래스터 데이터로 표현된다.

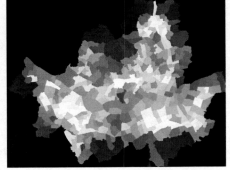

⑥ 래스터 데이터로 변환하는 과정에서 사각형의 데이터로 생성된 것을 [래스터]–[추출]–[잘라내기] 기능을 사용하여 서울시 모양으로 추출하여 보자.

⑦ 서울시 모양으로 추출한 래스터 데이터의 [속성]–[스타일]에서 색상 등을 변경하면 다음과 같이 나타난다.

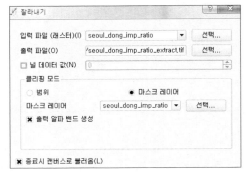

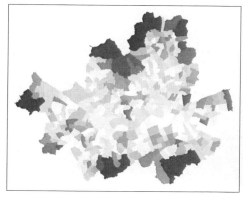

(4) 인구밀도 데이터를 래스터 데이터로 변환하기

① seoul_dong_2010.shp를 연다. [속성 테이블]을 열면, 2010년 기준의 동별 인구 'pop2010'과 면적 'ful_area'에 대한 인구밀도 'pop_den' 컬럼이 있다.

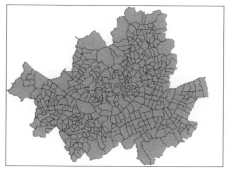

② [속성]-[스타일]에서 인구밀도에 따른 단 계구분도를 만든다.

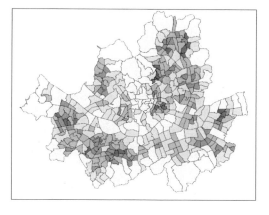

③ 인구밀도 데이터를 래스터 데이터로 변환하여 보자. '입력 파일 (Shape 파일)'은 "seoul_dong_2010"로, '속성 필드'는 인구 밀도를 나타내는 "pop_den"으로, '래스터

화된 벡터의 출력 파일(래스터)'은 "pop_den_raster.tif"로 저장한다. 픽셀 단위 래스터 크기에서 폭과 높이는 각각 "3,000"으로 설정하고 '종료시 캔버스로 불러옴'에 체크한다.

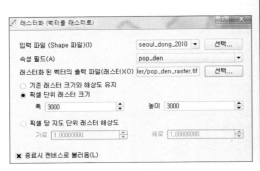
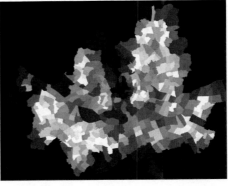

④ 래스터 데이터로 변환되면서 만들어진 사각형의 모양을 서울시 모양으로 잘라내는 작업을 수행한다. [래스터]–[추출]–[잘라내기]를 선택하여 다음 그림과 같이 입력한다.

⑤ 다음 그림과 같이 인구밀도 래스터 데이터가 최종적으로 만들어진 것을 확인할 수 있다.

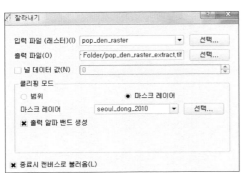
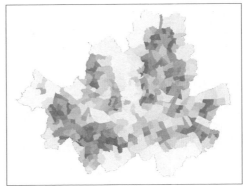

홍수 취약 지역 선별을 위해 일최대강수량, 고도 및 경사도, 불투수 포장 비율, 인구밀도 래스터 데이터가 다음과 같이 완성되었다.

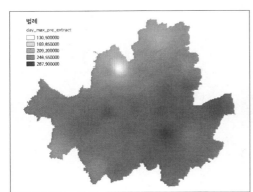
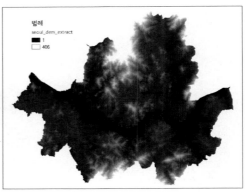

| 일최대강수량 | 고도 |

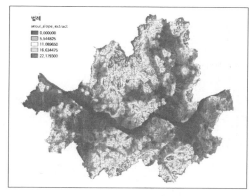

경사도

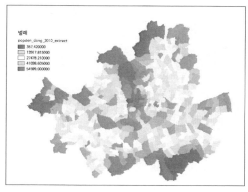

불투수 포장률

인구밀도

(5) 래스터 계산기를 사용하여 홍수 취약 지역 선별하기

① 홍수 취약 지역 분석을 수행하고자 다음 표와 같이 변수에 대한 조건과 근거를 정하였다.

변수	조건	근거
일최대강수량(day_max_pre_extract)	254mm 이상	강정은·이명진(2012)
고도(seoul_dem)	10m 이하	황유정(2006)
경사(seoul_slope)	0~5˚	황유정(2006), 강정은·이명진(2012)
불투수 포장률(seoul_dong_imp_ratio_extract)	40% 이상	5등급 등간격 중 상위 2그룹
인구밀도(pop_den_raster_extract)	41,000명/km² 이상	5등급 등간격 중 상위 2그룹

② [래스터]-[래스터 계산기]를 열고, 앞의 표에서 제시한 조건을 토대로 다음과 같이 '래스터 연산 표현식'에 표현식을 작성하고 '출력 레이어'는 "flood_disaster_map.tif"로 저장한다.

> ("일 최대 강수량 레이어")= 254) + ("서울 고도 레이어"(= 10) + ("서울 경사도 레이어"(=5) + ("서울 불투수 포장 비율 레이어")= 40) + ("서울시 인구 밀도 레이어")= 41000)
>
> ("day_max_pre_extract@1")= 254)+("seoul_dem_extract@1" (=10) + ("seoul_slope_extract@1" (=5) + ("seoul_dong_imp_ratio_extract@1")=40) + ("popden_dong_2010_extract@1")=41000)

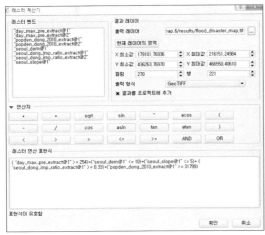
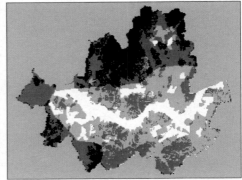

③ 레이어별로 래스터 계산을 하면,

- 일최대강수량이 254mm 이상인 지역(0.99: 흰색), 미만인 지역(0: 검정)

- 서울시 고돗값이 10m 이하인 지역(0.99: 흰색), 초과인 지역(0: 검정)

- 서울시 경사도가 5° 이하인 지역(0.99: 흰색), 초과인 지역(0: 검정)

- 불투수 포장 비율이 33% 이상인 지역(0.99: 흰색), 미만인 지역(0: 검정)

- 서울시 인구밀도가 41,000명/km^2 이상인 지역(0.99: 흰색) 아닌 지역(0: 검정)에 대해 각각 0 또는 0.99(약 1)의 값으로 표현되는 것을 알 수 있다.

   따라서 위의 5개 조건을 함께 계산한 식으로 홍수 취약 지역을 분석한다면 0, 0.99, 1.99, 2.99, 3.99의 값으로 출력된다. 0은 5개의 조건을 모두 충족시키지 못하는 지역, 0.99는 5개의 조건 중 1개를 만족하는 지역이며, 1.99는 2개 조건을 만족, 2.99는 3개의 조건을 만족, 3.99는 4개의 조건을 만족하는 지역이다. 5개의 조건 모두를 충족하는 지역은 없으므로 4개의 조건을 만족하는 지역이 가장 위험한 지역인 것을 알 수 있다.

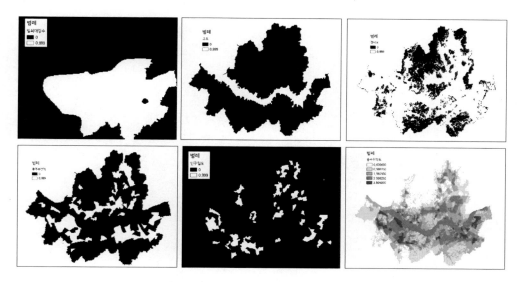

④ 사각형 모양으로 출력된 래스터 데이터를 서울시 경계로 자르기 위하여 [래스터]-[추출]-[잘라내기] 기능을 활용한다.

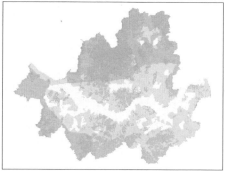

⑤ 추출된 홍수 취약 지도 레이어의 [속성]-[스타일]에서 가장 취약한 지역을 잘 표현할 수 있는 색상으로 스타일을 변경한다.

⑥ 최종 결과물을 보면, 한강 주변을 따라 고도가 낮기 때문에 그 주변이 홍수에 가장 취약한 지역으로 나타나며, 강서보다는 강동 지역에 더 넓게 분포하는 것을 알 수 있다. 또한 도봉구, 노원구 지역도 인구밀도가 높기 때문에 홍수에 따른 피해가 큰 지역으로 나타나는 것을 알 수 있다.

⑦ 동별 행정구역 레이어에서 투명도 값을 주어 중첩하여 나타내면 다음 그림과 같이 표현할 수 있다.

 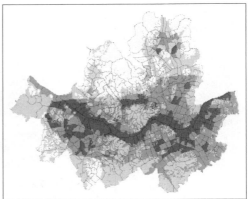

⑧ GEarthView 플러그인 기능을 사용하여 구글어스에 중첩하여 보자. 홍수 취약 지도를 좀 더 현실감 있게 표현할 수 있다.

도움말

분석한 결과 파일(shp)을 구글어스에 중첩할 때, 좌표계가 정확하지 않으면 중첩이 적절히 이루어지지 않기 때문에 좌표계를 Korean 1985/Modified Central Belt로 모두 맞춰 준다.

예제5	서울시에서 노인복지시설을 추가로 짓는다면 우선순위가 높은 지역은?

과제	서울시의 노인복지시설에 대한 향유도와 수요예측지도 만들기
기능	공간결합 폴리곤 센트로이드 온도지도
데이터	DATA\chap.8\spatial_data • seoul_sisul.shp • seoul_zip_65.shp • grid_100.shp • seoul_gu_2010.shp • seoul_river.shp

도움말 서울시 정책지도(http://gis.seoul.go.kr)

서울시에서는 GIS를 활용하여 공공분야와 관련된 다양한 정책지도를 제작하고 있다.

국공립어린이집 향유도

공원수요예측도

공공체육시설 향유도

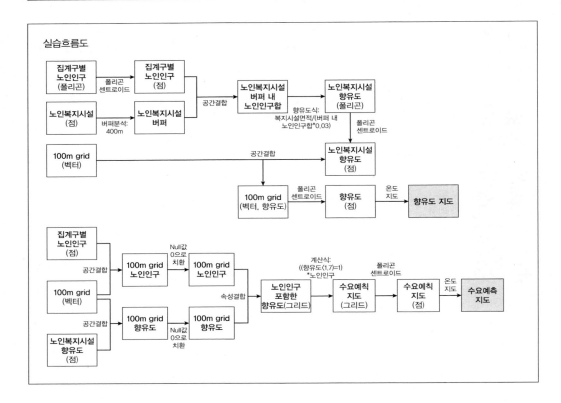

실습흐름도

(1) 서울시의 노인복지시설 향유도 알아보기

> **도움말** 서울 정책지도 서비스 구축사업 "10분 동네 프로젝트"의 분석 기준을 이용하면 향유도를 구하는 식은 다음과 같다.
>
> $$향유도 = \frac{시설의 \ 공급 \ 면적}{접근권역 \ 내 \ 인구 \times 시설의 \ 1인당 \ 기준 \ 면적(0.03)}$$

① DATA\chap.8\spatial_data 폴더에서 seoul_zip_65.shp, seoul_sisul.shp, grid_100.shp 파일을 불러온다.

② 메뉴의 [벡터]−[지오메트리 도구]−[폴리곤 센트로이드] 기능을 활용하여 폴리곤 형태인 seoul_zip_65 레이어를 포인트 형태 레이어로 변환하고 seoul_zip_point.shp로 저장한다.

③ 노인복지시설을 중심으로 버퍼 400m 이내의 지역을 지도로 나타내기 위해 메뉴의 [벡터]-[공간 연산 도구]-[버퍼]를 클릭한다. '입력 벡터 레이어'를 "seoul_sisul", '버퍼 거리'는 "400"을 입력한다. 탐색을 클릭해서 경로를 DATA\chap.8\results로 지정하고 "sisul_buffer.shp"로 저장한 뒤, '결과를 캔버스에 추가'에 체크하고 OK를 클릭한다.

④ 집계구별 노인인구와 버퍼의 공간결합을 통해 접근권역 내 노인인구의 합을 도출하고자 한다. [벡터]-[데이터 관리 도구]-[위치에 따라 속성을 결합]을 선택한다. '대상 벡터 레이어'는 "sisul_buffer", '벡터 레이어 조인'은 "seoul_zip_point"를 선택하고, '속성 요약'에서 '교차하는 모든 객체 속성 요약 이용'의 "총계"를 체크한다. '출력 shape 파일'에서 탐색을 눌러 "buf_65_join"으로 저장하고 출력 테이블에서 '일치 레코드만 남기기'를 체크하고 OK를 클릭한다.

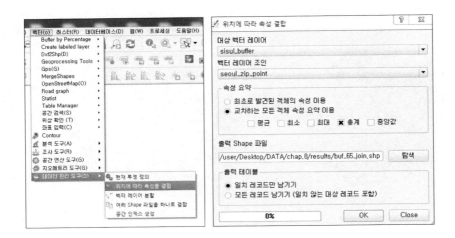

도움말

집계구역별 노인인구 컬럼에 'NULL'이 포함되어 있으면 연산 시 오류가 발생하므로 'NULL'값을 '0'으로 변경한다.

⑤ 노인복지시설 향유도를 계산하기 위해 공간결합한 레이어의 [속성 테이블]을 열고 [편집 모드 전환]-[필드 계산기]를 열어서 '새 필드 생성'에 체크하고 '출력 필드 이름'을 "enjoy", '출력 필드 유형'은 "십진수 (real)"로 설정한 후, 아래와 같이 '표현식'에 ""시설면적"/("노인인구합" *0.03)"을 입력한다.

⑥ [속성 테이블]에 'enjoy' 컬럼이 새롭게 생성되었음을 확인하고 저장한다.

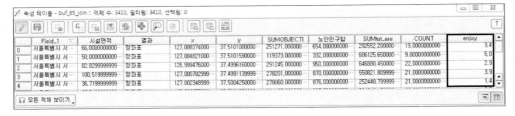

⑦ 폴리곤 형태의 향유도 레이어를 벡터 그리드와의 공간결합을 위해 메뉴의 [벡터]-[지오메트리 도구]-[폴리곤 센트로이드] 메뉴를 이용하여 "enjoy_cent.shp"로 저장한다.

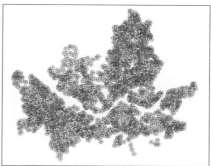

⑧ enjoy_cent 레이어와 grid_100 레이어의 공간결합
   을 통해 grid_enjoy 레이어를 생성한다. [벡터]-[데이
   터 관리 도구]-[위치에 따라 속성 결합]을 선택한다.
   대상 벡터 레이어는 'grid_100', 벡터 레이어 조인은
   'enjoy_cent', 속성 요약의 교차하는 모든 객체 속성
   요약 이용에서 총계를 체크하고 '출력 Shape 파일'을
   "grid_enjoy"로 저장하고 출력 테이블의 일치 레코드
   만 남기기"에 체크한다.

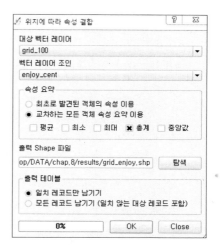

⑨ 폴리곤 형태의 grid_enjoy 레이어를 메뉴의 [벡터]-
   [지오메트리 도구]-[폴리곤 센트로이드]를 선택하여
   포인트 형태의 "grid_enjoy_ cent"로 저장한다.

⑩ 메뉴의 [래스터]-[온도지도]를 선택한다. '입력 점 레이어'는 "grid_enjoy_cent"를 선택하
   고 '출력 래스터'에 "enjoy_ras"로 저장한다. '고급'에 체크하고 '필드값을 가중치로 사용'에서
   "SUMenjoy"를 선택한다.

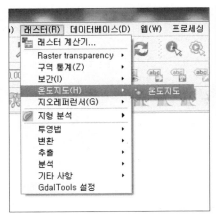
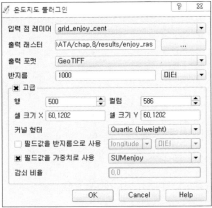

⑪ enjoy_ras 레이어의 [속성]-[스타일]에서 렌
더 유형을 [단일 밴드 의사색채 ▼]로 변경하고,
새 색상표 작성에서 원하는 색을 선택하고
OK를 누르면 다음과 같이 서울시의 노인복
지시설 향유도 지도가 완성된다.

⑫ 서울시 구 경계 레이어와 한강 레이어를 중
첩하여 서울시 지역별 복지시설의 향유 지도
를 살펴본 결과, 중구나 강남구, 송파구 지역

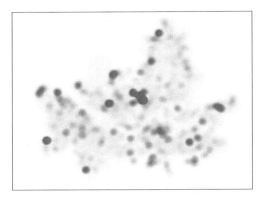

의 향유도가 다른 지역에 비해 상대적으로 높게 나타남을 알 수 있고, 용산구, 노원구, 성북구,
동대문구, 동작구 지역의 향유도가 낮게 나타남을 확인할 수 있다.

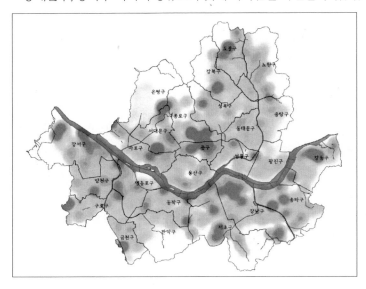

(2) 서울시 노인복지시설 수요예측도 제작하기

① DATA\chap.8\results 폴더에서 seoul_zip_point.shp, enjoy_cent.shp, DATA\chap.8\spatial_
data 폴더에서 grid_100.shp를 불러온다.

② 먼저 메뉴의 [벡터]–[데이터 관리 도구]–[위치에 따
라 속성 결합]을 통해 벡터 그리드와 노인인구를 공간
결합하고자 한다. '대상 벡터 레이어'는 "grid_100", '벡
터 레이어 조인'은 "seoul_zip_point", '속성 요약'의
'교차하는 모든 객체 속성 요약 이용'에서 "총계"에 체
크한다. '출력 Shape 파일'은 "grid_zip_join"으로 저
장한다. '출력 테이블'에서 "모든 레코드 남기기 (일치
않는 대상 레코드 포함)"에 체크한다.

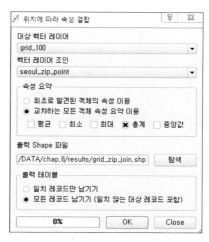

③ grid_zip_join 레이어의 [속성 테이블]을 열어서 노인
인구의 합이 잘 들어갔는지 확인한다.

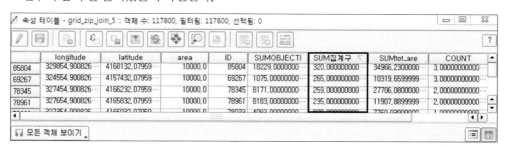

④ 노인인구의 합(SUM집계구) 컬럼에 NULL이 포함되어 있으면 연산 시 오류가 발생하므로
NULL값을 0으로 변경한다. 컬럼 필터에서 "NULL"을 검색하여 적용한다.

⑤ NULL값을 가진 객체를 전체 선택(ctrl+A)하고 [편집 모드 전환]–[필드 계산기]를 클릭한
다. 그리고 '선택되어 있는 객체만 갱신'을 반드시 체크하고 '기존의 필드를 갱신'에 체크한 뒤,
SUM집계구를 지정하고 '표현식'에 "0"을 입력한다.

⑥ 같은 방법으로 enjoy_cent 레이어와 grid_100 레이어를 공간결합하여 "grid_enj_join"으로 저

장한다.

⑦ grid_enj_join 레이어의 각 그리드별 향유도 합을 나타내는 'SUMenjoy'에도 NULL값이 포함되어 있으므로 '0'으로 변경한다.

⑧ grid_enj_join 레이어와 grid_zip_join 레이어를 속성결합으로 하나의 레이어로 만든다. grid_enj_join 레이어의 [속성]–[결합]을 클릭하고 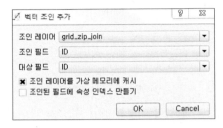 를 누른다. '조인 레이어'는 "grid_zip_join", '조인 필드'는 "ID", '대상 필드'도 "ID"를 선택하고 OK를 누른다.

⑨ grid_enj_join 레이어의 [속성 테이블]에서 두 레이어가 결합되었음을 확인한다.

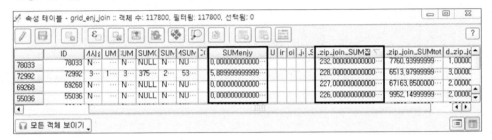

⑩ [속성 테이블]을 열어서 [편집 모드 전환]–[필드 계산기]를 활용하여 노인복지시설 수요예측도를 알아본다. '새 필드 생성'에 체크하고 '출력 필드 이름'을 "demand", '출력 필드 유형'은 "십진수 (real)"로 설정한 후, '표현식'에 수요예측도를 구하는 식인 "(("SUMenjoy"<1.7)=1)*"grid_zip _join_SUM집계구""를 입력한다.

표현식
(("SUMenjoy"<1.7)=1)*"grid_zip_join_SUM집계구"

도움말

수요예측도는 향유도의 하위 20% 이하 지역을 추출하여 노인인구 수만큼 곱하여 계산한다. 향유도 값의 하위 20% 지역을 찾기 위해 grid_enj_join 레이어를 분위수(동일 개수) 기준으로 5개의 급간으로 분류한 뒤, 하위 1단계의 값을 추출하였다.

⑪ [속성 테이블]에서 새로운 'demand' 컬럼을 확인한 뒤 변경된 사항을 저장한다.

⑫ 수요예측도를 밀도지도로 나타내기 위해 [벡터]–[지오메트리 도구]–[폴리곤 센트로이드] 기능을 활용하여 폴리곤 형태의 grid_enj_join 레이어를 포인트로 변경하여 "demand_point.shp"로 저장한다.

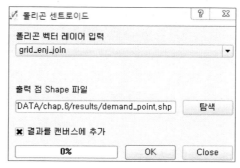

⑬ [래스터]–[온도지도]를 이용하여 밀도지도를 제작한다. '입력 점 레이어'는 "demand_point", '출력 래스터'는 DATA\chap.8\results 폴더에 "demand_ras"로 저장하고 '고급', '필드값을 가중치로 사용'에 체크하고 "demand"를 선택한다.

⑭ demand_ras 레이어의 [속성]–[스타일]에서 렌더 유형을 단일 밴드 의사색채 로 변경하고, '새 색상표 작성'에서 원하는 색을 선택하고 OK를 누르면 다음과 같이 서울시의 노인복지시설 수요예측지도가 완성된다.

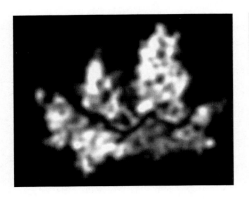 

⑮ 서울시 구경계 레이어와 한강 레이어를 중첩하여 지역별 수요예측도를 확인한다.

위 지도를 통해 은평구, 강북구, 성북구, 동대문구, 중랑구 등의 지역이 노인복지시설 우선 수요예
측지역으로 나타남을 알 수 있다.

PostGIS, 지오서버,
모바일 GIS

2편

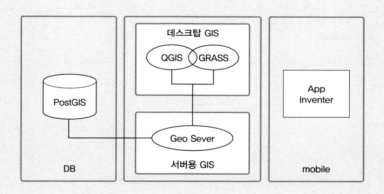

데스크탑 GIS

QGIS GRASS

PostGIS

Geo Sever

App
Inventer

DB

서버용 GIS

mobile

1. 공간데이터의 자료 관리

1.1 PostGIS의 이해

PostGIS는 공간데이터베이스의 세 가지 핵심 요소인 공간 타입, 공간인덱스, 공간함수를 Postgre SQL에 추가한 것이다. PostGIS는 PostgreSQL에 기반을 두고 개발되었기 때문에 공간데이터베이스의 역할을 할 수 있도록 해 주며, PostgreSQL의 데이터베이스 관리 기능(백업, 충돌 복구, 복제, 트랜잭션 보장 등)을 자동적으로 상속받고 있다. 또한 PostGIS는 OGC "Simple Features Specification for SQL과 Types and Functions을 구현 및 인증한 제품이기도 하다. PostGIS는 상용 GIS 제품이나 Open Source GIS 프로그램 등 거의 모든 GIS 프로그램에서 지원하는 공간데이터베이스 관리시스템(DBMS)이다. Open Source GIS 프로그램으로는 MapServer, Geo Server, uDIG, QGIS, GRASS, gvSIG 등의 프로그램이 있고, 상용 제품은 ESRI ArcGIS, MapInfo, AutoCAD Map 3D 등이 있다.

PostGIS, Oracle Spatial, SQL Server 2008 등은 공간데이터베이스이며 일반적인 데이터베이스와 구별되는 특징은 공간과 관련된 객체를 저장하고 관리한다는 것이다. 공간데이터베이스는 공간 객체를 관리하기 위해서 공간데이터 타입, 공간인덱싱, 공간함수를 지원한다. 공간데이터 타입은 포인트, 라인, 폴리곤과 같은 기하 데이터(geometry)를 말한다. 공간인덱싱은 검색 등의 공간 객체에 대한 조작을 효율적으로 처리하기 위해 사용된다. 공간함수는 공간 객체의 속성이나 관계를 이용한 쿼리나 처리에 사용되는 확장된 SQL이다.

대표적인 공간데이터베이스인 PostGIS의 개념 및 특징을 이해하고 PostgreSQL을 편리하게 이용할 수 있게 해 주는 도구인 pgAdmin을 통해 데이터베이스의 생성 및 공간데이터베이스로의 확장기능을 실습해 보자. 구축된 공간데이터베이스를 이용하여 저장된 공간데이터를 확인하는 질의를 이해할 수 있다.

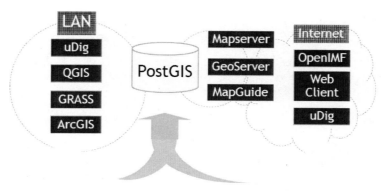

〈그림 2-1〉 PostGIS를 이용한 웹맵 애플리케이션 구성

PostGIS를 지원하는 애플리케이션은 다음과 같다.

〈표 2-1〉 PostGIS를 지원하는 애플리케이션

구분	오픈소스(Open/Free)	독점적(Closed/Proprietary)
로딩/추출 애플리케이션(Loading/Extracting)	• Shp2Pgsql • ogr2ogr • Dxf2PostGIS	• Safe FME Desktop Translator/Converter
웹 기반 (Web-Based)	• Mapserver • GeoServer (Java-based WFS/WMS 　-server) • SharpMap SDK - for ASP.NET 2.0 • MapGuide Open Source (using FDO)	• Ionic Red Spider (now ERDAS) • CadcorpGeognoSIS • IwanMapserver • MapDotNet Server • MapGuide Enterprise (using FDO) • ESRI ArcGIS Server 9.3+
데스크톱(Desktop) 애플리케이션	• uDig • QGIS • mezoGIS • OpenJUMP • OpenEV • SharpMap SDK for Microsoft.NET 2.0 • ZigGIS for ArcGIS/ArcObjects.NET • GvSIG • GRASS	• Cadcorp SIS • MicroimagesTNTmips GIS • ESRI ArcGIS 9.3+ • Manifold • GeoConcept • MapInfo (v10) • AutoCAD Map 3D (using FDO)

1.2 PostGIS 설치 및 관리 도구

예제1	**PostGIS 설치하기**

(1) PostgreSQL 단독 설치

① PostgreSQL 홈페이지(http://www.postgresql.org/download)에서 설치 파일을 다운로드하여 PostgreSQL을 설치한다.

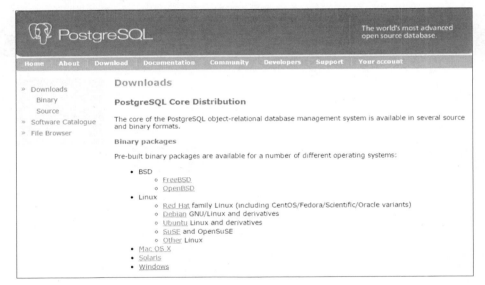

(2) OpenGeo Suite 통합 설치

① OpenGeo Suite는 GeoServer, PostGIS/PostgreSQL의 통합 설치 환경을 제공하는 패키지로 구성되어 있다. 우선 OpenGeo Suite를 다운로드할 수 있는 Boundless 홈페이지(http://boundlessgeo.com/solutions/opengeo-suite/download)로 이동하여 해당되는 운영체제를 선택한다.

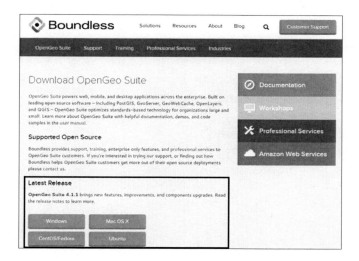

② 메일 주소를 포함한 간단한 인적 사항을 적고 하단의 Submit를 클릭하면 OpenGeo GeoSuit
의 다운로드 링크가 메일로 발송된다.

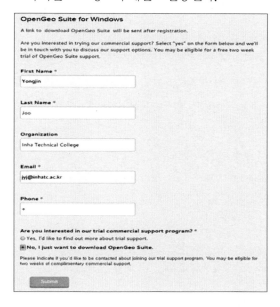

③ Boundless에서 발송된 메일을 확인하여 'Download'를 클릭하면 페이지 이동 후 설치 파일 다
운로드가 가능하다(http://suite.opengeo.org/docs/latest/installation/windows/install.html).

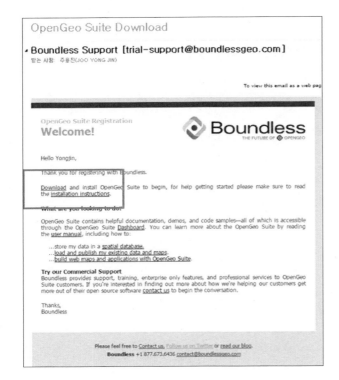

④ 다운로드한 OpenGeoSuite-4.1.1.exe (버전은 다를 수 있음) 파일을 더블클릭하여 설치를 시
작한다. 사용자의 컴퓨터 이름 또는 사용자 이름이 한글일 경우 오류가 발생할 수 있으므로 등
록정보를 확인하여 영문으로 변경한 후 설치를 권장한다.

⑤ OpenGeo Suite의 설치 마법사 창이 나타나면 Next를 누른다.

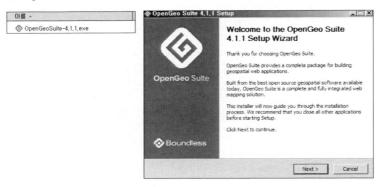

⑥ 라이선스를 확인하고 I Agree를 눌러 다음으로 이동하고 윈도우 시작 메뉴에 등록될 메뉴 정보를 확인한 후 Next를 누른다.

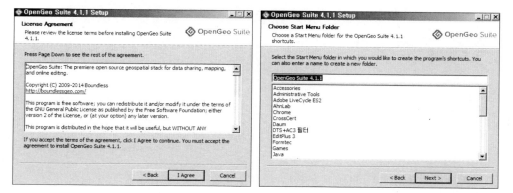

⑦ 컴포넌트를 선택하는 창에서 모든 컴포넌트를 선택하고 Next를 누른다. 설치 준비가 완료되면 Install을 클릭하여 설치한다.

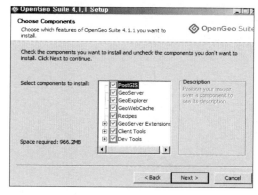
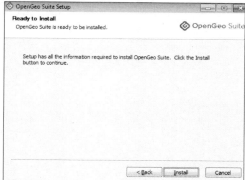

⑧ 설치가 완료되면 Finish를 눌러 설치를 마친다.

⑨ 설치 후 윈도우의 시작 메뉴에 등록된 OpenGeo Suite 폴더는 다음과 같다.

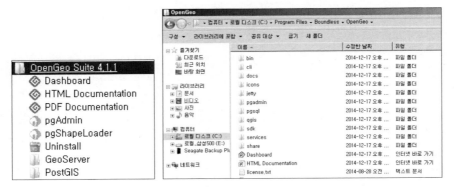

OpenGeo Suite의 Dashboard는 일반적인 작업에 대한 링크, 구성, 관리 및 응용 프로그램 로
그를 포함하여 OpenGeo 제품군의 모든 구성 요소에 액세스할 수 있는 단일 인터페이스를 제
공한다. 이는 브라우저 안에서 실행되는 독립 실행형 응용 프로그램이라 할 수 있다.

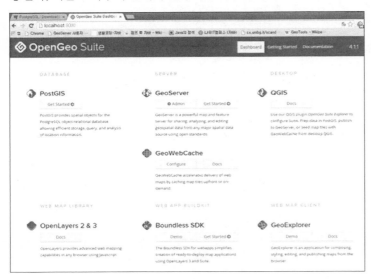

<table>
<tr><td>예제2</td><td>pgAdmin을 이용한 데이터베이스 관리하기</td></tr>
</table>

(1) pgAdmin III 실행

① 윈도우 시작 메뉴의 OpenGeo Suite 프로그램 그룹에 등록된 pgAdmin을 선택하여 pgAdmin
III을 실행한다. 아래 그림은 PostgreSQL(+PostGIS) 관리 도구인 pgAdmin을 처음 실행한 화면
이다.

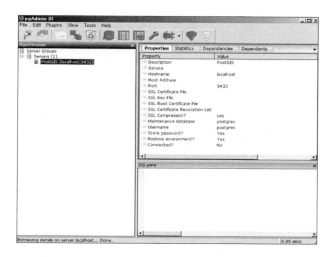

② OpenGeo Suite를 설치하면 기본값으로 PostGIS (localhost:5432) 서버가 등록되고 서버를 더블클릭하면 연결된다. pgAdmin은 메뉴바, 툴바, 왼쪽의 객체 브라우저, 오른쪽의 객체 속성정보를 볼 수 있는 뷰로 구성된다.

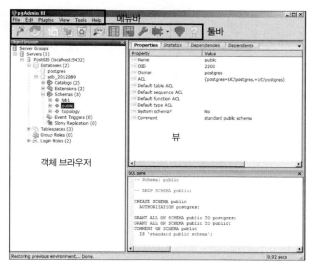

③ pgAdmin 각 도구는 선택된 객체의 유형에 따라 활성화되거나 비활성화되며 다음의 기능을 수행한다.

도구	주요 기능	도구	주요 기능
	pgAdmin 도구에 새로운 서버 추가		SQL을 실행할 수 있는 쿼리 도구 열기
	객체의 정보를 생성, 수정, 갱신, 삭제 후 새로고침		선택된 테이블을 편집할 수 있는 테이블 편집기 열기

	테이블 등 객체의 등록정보를 확인하거나 수정		필터를 적용해서 테이블을 편집할 수 있는 테이블 편집기 열기
	선택된 객체와 같은 형태의 새로운 객체를 생성		Vacuum, Analyze 등 테이블 유지에 필요한 도구 열기
	선택된 객체를 삭제		

(2) 공간데이터베이스 생성

사용자와 데이터베이스 생성을 위해 서버에서 관리자로 접속하여 우선 사용자 생성을 위해 로그인 롤을 추가하고 저장 공간 생성을 위해 테이블스페이스를 생성한 후 마지막으로 데이터베이스를 생성한다.

① 새로운 사용자(접속자) 생성을 위해 [Login Roles]−[New Login Role]을 선택하여 [Properties]에서 'Role name'을 설정하고(예: 2012089) [Definition]에서 'Password'를 설정한다.

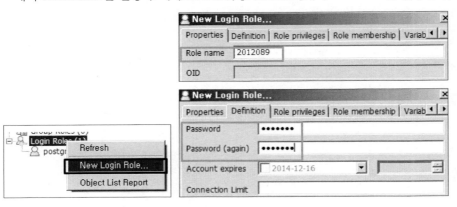

② 데이터베이스가 저장될 공간인 테이블스페이스의 위치를 설정하기 위해 [Tablespace]−[New Tablespace]를 선택하여 [Properties]의 'Name'을 설정하고 [Definition]의 'Location'에 소유자 정보(테이블스페이스의 소유 롤) 및 생성될 위치를 설정한다.

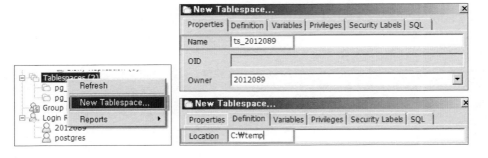

③ 데이터베이스 생성을 위해 왼쪽 [Databases]를 마우스 오른쪽으로 클릭하고 [New Database]를 선택한 후, 이름, 소유자 정보와 테이블스페이스를 입력하기 위해 [Properties]의 'Name'과 'Owner'에 다음 그림과 같이 입력한다.

지금 생성한 데이터베이스는 일반 데이터베이스이다. 여기에 공간데이터베이스의 항목을 이용하기 위해서는 먼저 설치한 PostGIS의 기능을 추가해 주어야 한다.

④ 왼쪽 객체 브라우저에서 데이터베이스를 확장한 후, [Extensions]을 마우스 오른쪽으로 클릭하고 [New Extension]을 선택한다. [New Extension] 창이 활성화되면 'Name' 항목에 "postgis"를 선택하고 OK를 클릭한다.

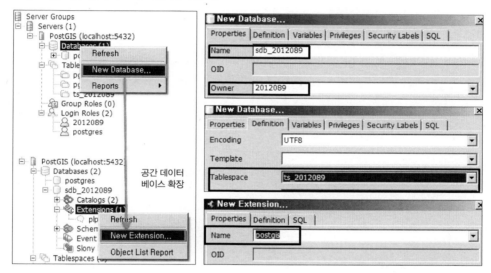

⑤ 쿼리 브라우저를 열기 위해서 데이터베이스를 선택하고 상단 도구 모음에 있는 SQL 쿼리 도구(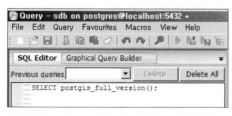)를 선택하거나 메뉴에서 [Tools]−[Query tool]을 선택한다.

⑥ 쿼리 SELECT postgis_full_version( );을 [SQL Editor](쿼리 입력창)에 넣는다. 상단 툴바에서 [Play]를 선택하거나 F5키를 눌러 쿼리가 실행되면 [Data Output]에 다음 그림과 같은 결과가 나타난다. PostGIS의 버전과 여러 속성을 확인할 수 있다.

(3) 공간데이터 로딩 및 함수 테스트

① 스키마 생성을 위해 [Schemas]-[New Schema]를 클릭한다. [Properties]의 'Name'과 'Owner'에 각각 내용을 입력한다.

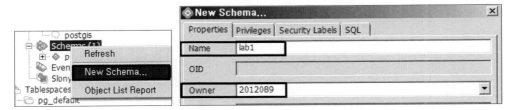

② 기본 위치는 public schema이지만, 원하는 스키마에 테이블을 생성하기 위해서는 [Schema name.Table name]으로 오른쪽과 같이 SQL을 작성한다.

③ AddGeometryColumn( )을 이용하여 지오메트리 컬럼을 추가한다. 이때 함수의 형식은 다음과 같다. 지오메트리의 파라미터는 대문자로 입력한다(예: POINT).

lab1 스키마에 테이블 생성

```
create table lab1.mygeo (
        id serial not null primary key,
        name varchar(20)
);
```

AddGeometryColumn (table name, column name, SRID, geometry, dimension) AddGeometryColumn (Schema name, table name, column name, SRID, geometry, dimension)

지오메트리 컬럼 생성

select AddGeometryColumn('lab1','mygeo', 'mypoints',−1, 'POINT', 2)

	addgeometrycolumn text
1	lab1.mygeo.mypoints SRID:0 TYPE:POINT DIMS:2

〈표 2-2〉 AddGeometryColumn 파라미터 구성

파라미터	타입	설명
Schema name	VARCHAR	테이블이 생성될 스키마
table name	VARCHAR	테이블 이름
column name	VARCHAR	지오메트리 컬럼 이름
SRID	INTEGER	공간 참조 시스템 식별자
geometry	VARCHAR	POINT, LINE STRING, POLYGON
dimension	INTEGER	포인트의 차원 (2 또는 3)

④ insert into( )를 이용하여 포인트 객체를 추가한다.

```
insert into lab1.mygeo (name, mypoints) values ('Home', ST_geomfromtext('point(0 0)'));
insert into lab1.mygeo (name, mypoints) values ('Piazz1', ST_geomfromtext('point(1 1)'));
insert into lab1.mygeo (name, mypoints) values ('Piazz2', ST_geomfromtext('point(1 – 1)'));
```

⑤ ST_AsText( ) from geometry to WKT, ST_Distance( )를 이용하여 최단거리를 계산한다.

```
select name, st_astext(mypoints), st_distance(mypoints, 'point(2 0)')
from lab1.mygeo
```

	name character varying(20)	st_astext text	st_distance double precision
1	Home	POINT(0 0)	2
2	Piazz1	POINT(1 1)	1.4142135623731
3	Piazz2	POINT(1 -1)	1.4142135623731

PostGIS는 공간 객체를 표기하는 방법으로 미리 정의된 형식의 문자열로 나타내는 WKT(Well-Known Text)와 바이너리(16진수)로 나타내는 WKB(Well-Known Binary) 두 가지 표준 방법을 이용하고 있다. WKB는 공간 객체를 미리 정의된 형식의 16진수로 표기되어 있기 때문에 사람이 눈으로 읽고 식별하기는 어렵지만 컴퓨터가 이해하고 처리하기에 용이하다. 일반적으로 WKT 형태로 입력하고, WKB 형태로 출력된다. 두 가지 형식 모두 객체의 타입과 객체를 구성하는 좌표에 대한 정보를 포함하고 있다.

〈표 2-3〉 공간 객체의 WKT 표현법

공간 객체	WKT 표현법	비고
Point	POINT(15 20)	표가 콤마로 구분되지 않음
LineString	LINESTRING(0 0, 10 10, 20 25, 50 60)	포인트 좌표 쌍이 콤마로 구분
Polygon	POLYGON((0 0,10 0,10 10,0 10,0 0),(5 5,7 5,7 7,5 7, 5 5))	
MultiPoint	MULTIPOINT(0 0, 20 20, 60 60)	
MultiLineString	MULTILINESTRING((10 10, 20 20), (15 15, 30 15))	
MultiPolygon	MULTIPOLYGON(((0 0,10 0,10 10,0 10,0 0)),((5 5,7 5,7 7,5 7, 5 5)))	
Geometry Collection	GEOMETRYCOLLECTION(POINT(10 10), POINT(30 30), LINESTRING(15 15, 20 20))	

〈표 2-4〉 공간 객체의 WKB 표현법

구성	바이트	코드
Byte Order	1	– Little-Endian, Big-Endian – 0 또는 1
WKB Type	4	– Geometry Type 표시 (1~7) – Point: 1 – LineString: 2 – Polygon: 3 – MultiPoint: 4 – MultiLineString: 5 – MultiPolygon: 6 – GeometryCollection: 7
X, Y	8	2개의16진수 숫자로 표시됨

(예) POINT(1 1) WKB 값: 21 바이트
0101000000000000000000F03F000000000000F03F
Byte order: 01
WKB type: 01000000
X   : 000000000000F03F
Y   : 000000000000F03F

〈표 2-5〉 공간 객체 변환함수 종류

변환함수	내용
ST_AsBinary(g)	내부 Geometry 포맷의 값을 WKB 표현식으로 변환해서 바이너리 결과 값을 리턴
ST_AsText(g)	내부 Geometry 포맷의 값을 WKT 표현식으로 변환해서 바이너리 결과 값을 리턴
ST_GeomFromText (wkt[,srid])	– WKT 표현식의스트링 값을 내부 Geometry 포맷의 값으로 변환하고 그 결과를 리턴 – PointFromText(), LineFromText()와 같은 여러 가지 타입 및 관련 함수들도 지원
ST_GeomFromWKB (wkb[,srid])	– WKB 표현식에 있는 바이너리 값을 내부 Geometry 포맷으로 변환 시킨 후에 그 값을 리턴 – PointFromWKB(), LineFromWKB()와 같은 여러 가지 타입 및 관련 함수들도 지원

⑥ ST_X(p), ST_Y(p)를 이용하여 포인트 p의 X 좌표 값과 포인트 p의 Y 좌표 값을 리턴한다.

select name, ST_X(mypoints) AS X, ST_Y(mypoints) AS Y
from lab1.mygeo
where mypoints IS NOT NULL;

	name character varying(20)	x double precision	y double precision
1	Home	0	0
2	Piazz1	1	1
3	Piazz2	1	-1

⑦ 라인스트링을 생성한다.

select AddGeometryColumn('lab1','mygeo', 'mylines',−1, 'LINESTRING', 2)

	addgeometrycolumn text
1	`lab1.mygeo.mylines SRID:0 TYPE:LINESTRING DIMS:2`

⑧ 오픈 및 클로즈 라인스트링을 생성한다.

insert into lab1.mygeo (name, mylines)
values ('LineStringOpen', ST_geomfromtext('LINESTRING(0 0, 1 1, 1 −1)'));
insert into lab1.mygeo (name, mylines)
values ('LineStringClosed', ST_geomfromtext('LINESTRING(0 0, 1 1, 1 −1, 0 0)'));

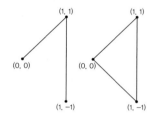

	id [PK] serial	name character varying(20)	mypoints geometry(Point)	mylines geometry(LineStrin
1	1	Home	0101000000000000000	
2	2	Piazz1	0101000000000000000	
3	3	Piazz2	0101000000000000000	
4	4	LineStringOpen		0102000000300000
5	5	LineStringClosed		0102000000400000

Linestring Open Linestring Closed

⑨ 라인스트링의 단순성을 체크한다(False의 경우).

Test for simplicity

select ST_IsSimple(st_geomfromtext('linestring(2 0, 0 0, 1 1, 1 −1)'))

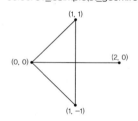

	st_issimple boolean
1	f

⑩ 라인스트링의 단순성을 체크한다(True의 경우).

Test for simplicity

select ST_IsSimple(st_geomfromtext('linestring(−1 0, 0 0, 1 1, 1 − 1)'))

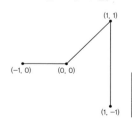

	st_issimple boolean
1	t

⑪ ST_Length( )를 이용하여 길이를 계산한다.

```
select ST_Length(mylines) AS length
from lab1.mygeo
where mylines IS NOT NULL;
```

	length double precision
1	3.41421356237309
2	4.82842712474619

⑫ ST_Area( )를 이용하여 면적을 계산한다.

길이 계산

```
select name,
ST_StartPoint(mylines) AS SP_WKB,
ST_asText(ST_StartPoint(mylines)) AS SP_WKT,
ST_EndPoint(mylines) AS EP_WKB,
ST_asText(ST_EndPoint(mylines)) AS EP_WKT,
ST_Npoints(mylines) AS Npoints,
ST_PointN(mylines,2) AS Nth_Point
from lab1.mygeo
where mylines IS NOT NULL;
```

	name character varying(20)	sp_wkb geometry	sp_wkt text	ep_wkb geometry	ep_wkt text	npoints integer	nth_point geometry
1	LineStringOpen	010100000C	POINT(0 0)	010100000C	POINT(1 -1)	3	010100000(
2	LineStringClosed	010100000C	POINT(0 0)	010100000C	POINT(0 0)	4	010100000(

〈표 2-6〉 라인스트링의 지오메트리 반환 함수

함수	설명
ST_StartPoint(ls)	LineString 값 ls의 시작 포인트인 Point를 리턴
ST_EndPoint(ls)	LineString 값 ls의 EndPoint를 리턴
ST_Npoints(ls)	LineString 값 ls에 있는 Point 오브젝트의 숫자를 리턴
ST_PointN(ls, N)	Linestring 값 ls에 있는 N번째 Point를 리턴 포인트는 1부터 시작해서 순서 할당

⑬ 폴리곤 지오메트리 컬럼을 생성한다.

```
select AddGeometryColumn('lab1','mygeo', 'mypolygon',-1, 'POLYGON', 2)
```

	addgeometrycolumn text
1	lab1.mygeo.mypolygon SRID:0 TYPE:POLYGON DIMS:2

⑭ 폴리곤을 생성한다.

```
insert into lab1.mygeo (name, myPOLYGON)
values ('Triangle', st_geomfromtext('polygon((0 0, 1 1, 1 −1, 0 0))'));
```

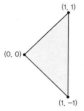

	id [PK] serial	name character va	mypoints geometry(P(	mylines geometry(Li	mypolygon geometry(P(
1	1	Home	01010000000		
2	2	Piazz1	01010000000		
3	3	Piazz2	01010000000		
4	4	LineStringC		01020000000	
5	5	LineStringC		01020000000	
6	6	Triangle			01030000000

⑮ ST_Area( )를 이용하여 면적을 계산한다.

```
select name,
ST_Area(mypolygon) as Area
From lab1.mygeo
where mypolygon IS NOT NULL;
```

	name character varying(20)	area double precision
1	Triangle	1

〈표 2-7〉 폴리곤 지오메트리 반환함수

함수	설명
ST_Nrings(poly)	Polygon 값 poly에 있는 링의 개수를 리턴
ST_ExteriorRing(poly)	Polygon 값 poly의 외부 링을 LineString 형태로 리턴
ST_InteriorRingN(poly,N)	Polygon 값 poly의 N-번째 인테리어 링을 LineString 형태로 리턴하며 링의 번호는 1부터 시작

⑯ 폴리곤 외부 링을 나타내는 라인스트링을 반환한다.

```
select name,
st_nrings(mypolygon) as Nrings,
st_astext(st_exteriorring(mypolygon)) as Ex_Ring
From lab1.mygeo
where mypolygon IS NOT NULL;
```

	name character varying(20)	nrings integer	ex_ring text
1	Triangle	1	LINESTRING(0 0,1 1,1 −1,0 0)

1.3 공간데이터베이스 구축 실습

PostGIS는 다양한 라이브러리와 애플리케이션을 이용하여 공간데이터를 불러오는 기능을 지원하고 있다. 다만 공간데이터를 직접 구축하여 데이터베이스에 저장하기 위해서는 공간데이터의 구축에 대한 학습과 구축된 공간데이터를 공간데이터베이스에 삽입하는 실습이 필요하다.

예제3 포인트 데이터 로딩 및 SQL 함수 확인하기

(1) shp 파일을 SQL로 변환

① 시작 메뉴에서 [보조 프로그램]–[명령 프롬프트]를 선택하여 창을 연다. 이번 실습에서 데이터는 E:\tmp\sdb\Data 폴더에 저장되어 있다고 가정한다. 대상 폴더로 이동한 후 shp 파일을 SQL로 변환해 주는 shp2pgsql 도구를 이용한다.

```
E:\tmp\sdb\Data〉 shp2pgsql –s 2097 –W EUCKR poi.shp poi 〉 poi.sql
Shapefile type: Point
Postgis type: POINT[2]
```

shp2pgsql에 적용된 파라미터 –s 2097
은 입력할 데이터의 좌표계 번호이다. –W
EUCKR은 입력할 데이터의 언어 타입을
정의하는 것으로 한글 언어 타입 중 하나
이다. 이 부분을 입력하지 않으면 기본 언
어 타입인 UTF–8로 지정된다.

② shp 파일 이름인 "poi.shp"와 테이블
의 이름인 "poi"를 지정하고 실행 결과
"poi.sql" 파일이 생성되도록 한다. [SQL
Editor]에 poi.sql 스크립트 파일을 열

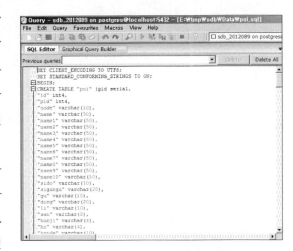

어 보면 테이블 생성을 위한 CREATE TABLE과 INSERT 구문으로 구성되어 있음을 알 수 있다. F5(Execute query)를 눌러 쿼리문을 실행한다. pgAdmin으로 이동하여 데이터베이스의 public 스키마에 생성된 테이블 poi를 확인할 수 있다.

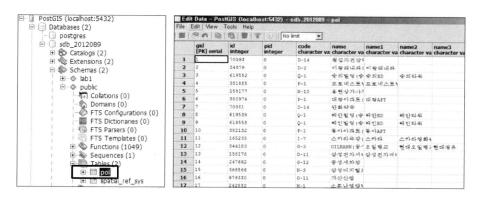

poi 데이터는 인천광역시 남구 숭의동 일대 포인트 데이터로 POI Code, 이름, 주소, 전화번호, Point 좌표 등을 저장하고 있다.

	gid [PK] serial	id integer	pi d	code character va	name character varying(50)	name1 character varying(50)	n; d	n; d	n; d	n; d	n; d	n; d	sido character va	sigungu character va	g; d	dong character va	li d	s d	bu cha	ho cha	h d	t d	mesh character va	the_geom geometry
1	1	70393	0	D-14	청십자건강약국								인천광역시	남구		숭의2동			293	19	2(03		10562615100	010190002003
2	2	34879	0	D-2	이황래내과의원	이황래내과							인천광역시	남구		숭의2동					2(03		10562615100	010190002003
3	3	619552	0	Q-1	숭의빌딩(숭의2동)	숭의BD	숭						인천광역시	남구		숭의2동			293	19	2(		10562615100	010190002003
4	4	381685	0	P-1	프로네스트빌아파트	프로네스트빌APT							인천광역시	남구		숭의2동					2(		10562615100	010190002003
5	5	158177	0	N-10	용현상가저뮬								인천광역시	남구		숭의2동			459	B1	2(03		10562615100	010190002003
6	6	380974	0	P-1	대광아파트(숭의2동)	대광APT							인천광역시	남구		숭의2동					2(		10562615100	010190002003
7	7	70381	0	D-14	만화약국								인천광역시	남구		숭의2동					2(		10562615100	010190002003
8	8	619539	0	Q-1	해안빌딩(숭의2동)	해안BD	해						인천광역시	남구		숭의2동					2(		10562615100	010190002003
9	9	619553	0	Q-1	해인빌딩(숭의2동)	해인BD	해						인천광역시	남구		숭의2동			296	12	2(		10562615100	010190002003
10	10	382132	0	P-1	동아아파트(숭의2동)	동아APT							인천광역시	남구		숭의2동					2(		10562615100	010190002003

(2) 조건문과 연산자 활용

① 조건문을 활용하여 지오메트리 타입을 확인하거나 Like, and, or 등의 연산자를 활용하여 특정 단어를 검색할 수 있다.

ST_GeometryType(g): 지오메트리 타입 확인

select distinct st_geometrytype(geom) as type
from poi;

	type text
1	ST Point

Like 연산자와 %를 이용하여 단어 '약국'이 포함된 poi를 검색

select name, sido, sigungu, dong, bunji, ho, tel, st_astext(geom) as xy
from poi
where name like '%약국%';

	name character va	sido character va	sigungu character va	dong character va	bunji character va	ho character va	tel character varying	xy text
1	청십자건강약	인천광역시	남구	숭의2동	293	19	032-881-6263	POINT(280708.177064067 540423.723242509)
2	만화약국	인천광역시	남구	숭의1동				POINT(280151.016464067 540459.260342509)
3	중화약국	인천광역시	남구	숭의2동	170		032-882-2845	POINT(280546.570664067 540687.241542509)
4	녹십자약국(숭	인천광역시	남구	숭의2동	340	28	032-887-7575	POINT(280095.421364067 540721.705642509)
5	지성약국(숭의	인천광역시	남구	숭의2동			032-883-0913	POINT(280301.765064067 540800.879542509)
6	대흥당약국(숭	인천광역시	남구	숭의2동				POINT(280913.135064067 540826.406242509)
7	숭의약국(숭의	인천광역시	남구	숭의1동	162	59	032-886-9444	POINT(280305.026364067 540978.333242509)
8	운현산약국(숭	인천광역시	남구	숭의2동	190	9	032-883-2038	POINT(280438.375364067 541003.057242509)
9	새동산약국(숭	인천광역시	남구	숭의3동				POINT(280322.848964067 541466.730942509)
10	동인당약국(숭	인천광역시	남구	숭의3동	105	16	032-763-7022	POINT(280729.184764067 541561.688442509)
11	혜진약국	인천광역시	남구	숭의3동	104	30	032-766-2883	POINT(280607.114564067 541662.458442509)

② 여러 개의 조건을 복합적으로 사용 가능하며, 숭의1동에 위치한 약국을 검색해 본다.

and 연산자 활용

```
select name, sido, sigungu, dong, bunji, ho, tel, st_astext(geom) as xy
from poi
where name like '%약국%' and dong='숭의1동';
```

	name character va	sido character va	sigungu character va	dong character va	bunji character va	ho character va	tel character varying	xy text
1	만화약국	인천광역시	남구	숭의1동				POINT(280151.016464067 540459.260342509)
2	숭의약국	인천광역시	남구	숭의1동	162	59	032-886-9444	POINT(280305.026364067 540978.333242509)

③ 이전 단계에서의 결과물을 r 변수로 지칭하여 테이블로 활용 가능하다. 특정 위치(2820200, 540500)에서 다른 위치까지의 직선거리를 계산한다.

특정 위치에서의 거리 구하기

```
select *, st_distance(r.xy, 'point(2820200 540500)') as dist
from
(select name, sido, sigungu, dong, bunji, ho, tel, st_astext(geom) as xy
from poi
where name like '%약국%' and dong='숭의1동') as r
```

	name character va	sido character va	sigungu character va	dong character va	bunji character va	ho character va	tel character va	xy text	dist double precision
1	만화약국	인천광역시	남구	숭의1동				POINT(280151.016464067 540459.260342509)	63.7111174363121
2	숭의약국	인천광역시	남구	숭의1동	162	59	032-886-9444	POINT(280305.026364067 540978.333242509)	489.727708056581

특정 위치에서의 버퍼 폴리곤 구하기

```
select name, st_astext(geom) as xy, st_astext(st_buffer(geom,200)) as buffer
from poi
```

	name character varying(50)	xy text	buffer text
1	청십자건강약국	POINT(280708.177064067 540423.723242	POLYGON((280908.177064067 540423.723
2	이광래내과의원	POINT(280708.091764067 540423.946442	POLYGON((280908.091764067 540423.946
3	숭의빌딩(숭의2동)	POINT(280709.860164067 540426.094142	POLYGON((280909.860164067 540426.094
4	프로네스트빌아파트	POINT(280427.670864067 540427.262142	POLYGON((280627.670864067 540427.262
5	용현상가사무실	POINT(280728.464064067 540437.641242	POLYGON((280928.464064067 540437.641
6	대광아파트(숭의2동)	POINT(280614.831464067 540444.002542	POLYGON((280814.831464067 540444.002
7	만화약국	POINT(280151.016464067 540459.260342	POLYGON((280351.016464067 540459.260
8	해안빌딩(숭의2동)	POINT(280425.379764067 540495.741442	POLYGON((280625.379764067 540495.741
9	해인빌딩(숭의2동)	POINT(280425.379764067 540495.741442	POLYGON((280625.379764067 540495.741
10	동아아파트(숭의2동)	POINT(280611.964364067 540497.293642	POLYGON((280811.964364067 540497.293

④ 앞서 실습한 내용을 바탕으로 다음과 같은 상황에서 조건에 맞는 주유소를 검색해 보자.

운전을 하던 중 기름이 떨어져 직선거리가 가장 가까운 주유소에서 연료를 보충하고자 한다. 다음 조건에 맞는 주유소를 검색해 보자.
조건 1 현재 위치(280300.780139015 540700.874625549)
조건 2 주유소 단어를 포함하는 poi

조건 3   현재 위치와 각 poi 간의 직선거리 계산
조건 4   order by를 이용하여 거리순으로 출력
조건 5   Name, code, dong, tel, 좌표(WKT), 거리 정보 포함(컬럼명은 자유)

```
select *, st_distance(r.xy, 'point(280300.780139015 540700.874625549)') as dist
from
(select name, code, dong, tel, st_astext(geom) as xy
from poi
where name like '%주유소%') as r
order by dist asc;
```

	poi_name character varying(50)	cod cha	dong character va	te cl	xy text	dist double precision
1	OILBANK(공성주유소)	G-3	숭의2동		POINT(280276.211464067 540508.9828425	193.458202687126
2	SK(남강주유소-숭의2동)	G-1	숭의2동		POINT(280142.181464067 540571.9566425	204.385386088025
3	S-OIL(장안주유소)	G-4	숭의2동		POINT(280394.654664067 540978.0825425	292.671583313188
4	GS(팔팔주유소)	G-2	숭의3동		POINT(280928.811064067 541285.8392425	858.257796886737
5	GS(코끼리주유소)	G-2	숭의3동		POINT(281004.738264067 541336.5515425	948.494694019177
6	GS(박문주유소)	G-2	숭의3동		POINT(280903.685764067 541539.6350425	1032.96380855199

예제4   라인 데이터 로딩 및 SQL 함수 확인하기

road.shp 데이터는 인천광역시 남구 숭의동 일대 도로망 데이터로 시·종점 노드, 도로코드, 길이, 폭, 차선 수, 제한속도 등의 속성을 포함한다. 아래 예제들을 통해 라인스트링의 지오메트리 사이에 공간 관계 및 측정 함수를 확인할 수 있다.

① shp2pgsql 데이터 로더를 이용하여 도로 중심선 라인 데이터(road.shp)를 SQL로 전환하여 데이터베이스에 삽입 가능하도록 변환할 수 있다.

```
E:\tmp\sdb\Data)shp2pgsql −s 2097 −W EUCKR road.shp road 〉road.sql
Shapefile type: Arc
Postgis type: MULTILINESTRING[2]
```

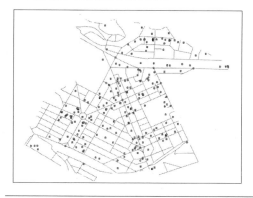

② 지오메트리 타입을 확인할 수 있다.

```
select distinct ST_GeometryType(geom) as geotype
from road
```

	geotype text
1	ST_MultiLineString

③ 길이를 계산할 수 있다.

```
select ST_Length(geom) as m_roads
from road;
```

	m_roads double precision
1	86.049074141701
2	6.18669000517694
3	56.1005320420568
4	0.641809636837184
5	6.21279778603014
6	66.2868797281854
7	23.6027894567852
8	45.0139916638438
9	168.257640042383
10	47.8370079291095

④ 다른 SQL 연산자와 조합할 수 있다.

```
select sum(ST_Length(geom))/1000 as km_roads
from road;
```

	km_roads double precision
1	32.5494601574527

⑤ 교차하는 라인을 확인할 수 있다.

```
select gid, geom
from road
where ST_Crosses(
geom,
ST_GeomFromText('linestring(280335 540723, 280186 540485)', 2097)
);
```

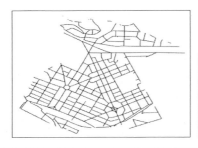

	gid integer	geom geometry(MultiLineString,2097)
1	172	0105000020310800000100000010
2	197	0105000020310800000100000010
3	399	0105000020310800000100000010
4	415	0105000020310800000100000010

⑥ 지오메트리 간 최단거리를 계산할 수 있다.

```
select gid, ST_Distance(geom,ST_GeomFromText('linestring(280335 540723, 280186 540485)', 2097))
from road;
```

	gid integer	st_distance double preci
1	1	105.4042029:
2	2	191.2739724(
3	3	162.1427516
4	4	1060.171743(
5	5	1070.411357.
6	6	935.3671916(
7	7	1007.757049-
8	8	993.6242483-
9	9	873.9112846:
10	10	970.1895443-

⑦ 지오메트리 간 최장거리를 계산할 수 있다.

```
select gid, ST_MaxDistance(geom,ST_GeomFromText('linestring(280335 540723, 280186 540485)', 2097))
from road;
```

	gid integer	max_distanc double preci
1	1	254.0153822-
2	2	259.9465163(
3	3	254.0153822-
4	4	1340.152824!
5	5	1288.075964:
6	6	1274.448625
7	7	1279.776036(
8	8	1279.160598!
9	9	1212.169026(
10	10	1259.121928!

⑧ 앞서 실습한 내용을 바탕으로 하여 두 점(280344 541134, 280059 541295)을 시·종점으로 연결하는 신규 도로가 건설되었을 때 이 도로와 교차하는 링크의 최단거리와 최장거리를 조회해 보자.

교차라인

```
select gid, geom
from road
where ST_Crosses(
geom,
ST_GeomFromText('linestring(280344 541134,
280059 541295)', 2097)
);
```

	gid integer	geom geometry(MultiLineString,2097)
1	69	010500002031080000010000000010
2	323	010500002031080000010000000010

select gid, ST_Distance(r.geom,ST_GeomFromText('linestring(280344 541134, 280059 541295)', 2097))

from

(select gid, geom

from road

where ST_Crosses(

geom,

ST_GeomFromText('linestring(280344 541134, 280059 541295)', 2097)

)) as r

	gid integer	st_distance double precision
1	69	0
2	323	0

select gid, ST_MaxDistance(r.geom,ST_GeomFromText('linestring(280344 541134, 280059 541295)', 2097))

from

(select gid, geom

from road

where ST_Crosses(

geom,

ST_GeomFromText('linestring(280344 541134, 280059 541295)', 2097)

)) as r

	gid integer	st_maxdistance double precision
1	69	283.85787200597
2	323	343.21496075489

예제5　폴리곤 데이터 로딩하기

① shp2pgsql 데이터 로더를 이용하여 행정동 폴리곤 데이터(dong.shp)를 SQL로 전환하여 데이터베이스에 삽입 가능하도록 변환할 수 있다.

E:\tmp\sdb\Data>shp2pgsql −s 2097 −W EUCKR dong.shp dong 〉 dong.sql

Shapefile type: Polygon

Postgis type: MULTIPOLYGON[2]

	gid [PK] serial	district_i character va	district_n character va	area double preci	district_t smallint	x_coordina double preci	y_coordina double preci	taz_id character va	updistrict character va	the_geom geometry
1	1	2303053	숭의3동	337144.057	4	280688.3	541474.72	2303053	23030	01060000203
2	2	2303052	숭의2동	531505.002	4	280542.84	540776.04	2303052	23030	01060000203
3	3	2303051	숭의1동	478893.868	4	279983.71	540905.74	2303051	23030	01060000203
*										

② 지오메트리 타입을 확인할 수 있다.

select distinct ST_GeometryType(geom) as geotype
from dong

	geotype text
1	ST MultiPolygon

③ 면적을 계산할 수 있다.

select district_n, area, ST_Area(geom)
from dong
order by district_n asc;

	district_n character varying(30)	area double precision	st_area double precision
1	숭의1동	478893.868	478893.86772242
2	숭의2동	531505.002	531505.00166258
3	숭의3동	337144.057	337144.05725943

④ Centroid Point를 구할 수 있다.

select district_n, ST_Centroid(geom) as WKB_c,
ST_AsText(ST_Centroid(geom)) as WKT_c
from dong

	district_n character varying(30)	wkb_c geometry	wkt_c text
1	숭의3동	010100002	POINT (280649.819185189 541485.710140192)
2	숭의2동	010100002	POINT (280564.769369397 540717.319681627)
3	숭의1동	010100002	POINT (280149.780139015 540943.874625549)

⑤ 지오메트리 간 관계를 확인할 수 있다.

```
select *
from dong
where ST_Contains(geom, ST_GeomFromText('point(280577 540792)', 2097))
```

gid integer	district_i character va	district_n character va	area double	district_t smallint	x_coordina double prec	y_coordina double preci	taz_id character	updistrict character v	geom geometry(MultiPolygon,2097)
2	2303052	숭의2동	05.002	4	280542.84	540776.04	2303052	23030	0106000020310800000010000000

⑥ 여러 지오메트리에 걸쳐 있을 경우, ST_Contains 함수의 결과를 확인해 보자.

```
select *
from dong
where ST_Crosses(geom, ST_GeomFromText('linestring(280186 540485, 280335 540723)',2097));
```

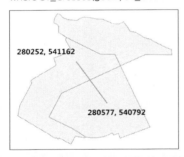

	gid integer	district_i character v	district_n character v	area double prec	district_t smallint	x_coordina double prec	y_coordina double preci	taz_id character	updistrict character v	geom geometry(MultiPolygon,2097)
1	2	2303052	숭의2동	531505.002	4	280542.84	540776.04	2303052	23030	0106000020310800000010000000
2	3	2303051	숭의1동	478893.868	4	279983.71	540905.74	2303051	23030	0106000020310800000010000000

예제6 **SRID 좌표계 설정하기**

공간질의를 사용하기 위해서 공간데이터는 동일한 SRID(spatial reference system) 값을 가져야 한다. 예를 들어 SRID 값이 2097인 지오메트리와 4236인 데이터 간에 질의 처리가 불가능하다. 공간데이터를 활용하기 위해서는 좌표계에 맞는 SRID값이 필요하다. [spatial_ref_sys] 메타 테이블을 열어 정의하고자 하는 좌표체계 정보를 확인할 수 있다. 가령 2097코드는 TM(Bessel 타원체, Tokyo Datum) 중부원점이다.

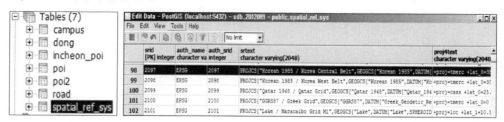

우리나라에서 사용되는 대표적인 SRID는 다음과 같다.

〈표 2-8〉 우리나라에서 사용되는 대표적인 SRID

SRID	좌표계
2096~2098	Korean Datum 1985(Bessel 1841)
4162	Korean 1985(Bessel 1841)
4166	Korean 1985(WGS 84)
4737	Korean 2000(GRS 1980)
4326	WGS

(1) SRID 입력 방법

① SRID 값을 먼저 설정한 후, 공간데이터를 입력하는 방법으로 SRID 값은 반드시 지오메트리 컬럼 생성 시 설정했던 값으로 입력해야 한다.

```
select AddGeometryColumn('lab1','mygeo', 'mylines',2097, 'LINESTRING', 2)
INSERT INTO ~ Value ST_GeomFromText(WKT, 423)
```

② SRID 값을 −1(좌표계 없음)로 설정한 후 나중에 변경하는 방법은 좌표계가 없으므로 SRID 값을 생략하여 데이터를 입력할 수 있다. SRID 변경함수를 통해 추후에 변경 가능하다.

```
select AddGeometryColumn('lab1', 'mygeo', 'mylines',-1, 'LINESTRING', 2)
INSERT INTO ~ Value ST_GeomFromText(WKT)
```

③ 현재 지오메트리의 SRID 값 확인 및 ST_SRID(g), 좌표 변환, 수정 등을 할 수 있다.

현재 Geometry의 SRID 값 확인

---

select distinct ST_srid(geom)

from poi

	st_srid integer
1	2097

SRID 찾기: Find_SRID(schema, table, column)

---

select Find_SRID('public','poi', 'geom');

	find_srid integer
1	2097

좌표변환: ST_Transform(g, SRID) 좌표변환할 지오메트리, 변환할 좌표계 SRID 값

---

select ST_AsText(geom) as katec,

ST_AsText(ST_Transform(geom,4326)) As wgs_geom

from poi

	katec text	wgs_geom text
1	POINT (280708.177064067 540423.723242509)	POINT (127.923528981806 38.360579847625)
2	POINT (280708.091764067 540423.946442509)	POINT (127.923528031399 38.3605818660175)
3	POINT (280709.860164067 540426.094142509)	POINT (127.923548510284 38.3606010542721)
4	POINT (280427.670864067 540427.262142509)	POINT (127.920319987814 38.3606369642197)

SRID 수정: 좌표변환이 아닌 단순히 SRID 값만 변경하고자 할 때 사용

UpdateGeometrySRID(table, column, srid)

UpdateGeometrySRID(schema, table, column, srid)

UpdateGeometrySRID(catalog. schema, table, column, srid)

---

select UpdateGeometrySRID('lab1', 'mygeo', 'mypoints', 4326);

	updategeometrysrid text
1	lab1.mygeo.mypoints SRID changed to 4326

④ 구글어스를 이용하여 인하대학교의 주요 건물 위치를 WGS 84 좌표계(SRID=4326)로 저장하고, serial number, name, geometry의 3개 컬럼을 가지는 poi 데이터를 만들어 보자.

	위도	경도		위도	경도
본관	37.44927222	126.654211	후문	37.45115556	126.656308
2북	37.45106944	126.655414	하이테크	37.45075278	126.656861
2남	37.45020278	126.654661	통일광장	37.44928056	126.655967
2동	37.45059444	126.655694	정문	37.44768056	126.653117
4호관	37.45046667	126.655128			

테이블 생성

```
create table campus(id serial not null primary key,
poi_name varchar(20),
poi_type varchar(20));
```

지오메트리 컬럼 생성

```
select addgeometrycolumn('campus', 'geom', -1, 'POINT', 2)
```

	addgeometrycolumn text
1	public.campus.geom SRID:0 TYPE:POINT DIMS:2

공간데이터 입력

```
Insert into campus (poi_name, poi_type, geom)
values
('본관','Building', ST_GeomFromText('point(126.654211111111 37.4492722222222)')),
('2북','Building', ST_GeomFromText('point(126.655413888889 37.4510694444444)')),
('2남','Building', ST_GeomFromText('point(126.654661111111 37.4502027777778)')),
('2동','Building', ST_GeomFromText('point(126.655694444444 37.4505944444444)')),
('4호관','Building', ST_GeomFromText('point(126.6551277777778 37.4504666666667)')),
('후문','Building', ST_GeomFromText('point(126.656308333333 37.4511555555556)')),
('하이테크','Building', ST_GeomFromText('point(126.6568611111111 37.4507527777778)')),
('통일광장','Building', ST_GeomFromText('point(126.655966666667 37.4492805555556)')),
('정문','Building', ST_GeomFromText('point(126.653116666667 37.4476805555556)')));
```

SRID 수정

```
select UpdateGeometrySRID('campus', 'geom', 4326);
```

	updategeometrysrid text
1	public.campus.geom SRID changed to 4326

공간인덱스

인덱스는 데이터베이스에서 테이블에 대한 검색 속도를 높여 주기 위한 자료구조이다. 데이터베이스의 크기가 클수록 사용 효과가 높으며 크기가 작은 데이터베이스에서 인덱스 유무에 의한 검색 속도 차이는 미미하다. 공간인덱스는 공간 DBMS 상에서 공간데이터를 효과적으로 핸들링하기 위한 인덱스 구조로, 대표적인 방식으로는 Grid, R-Tree 등이 있다. PostGIS에서의 공간인덱스는 R-tree 기반의 GiST를 지원한다.

① 인덱스는 아래와 같이 생성할 수 있다.

```
CREATE INDEX [indexname] on [tablename] USING GIST ([geometrycolumn]);
```

Indexname: 생성할 인덱스 이름 명명
Tablename: 인덱스를 생성할 테이블
GiST: Generalized Search Tree, 공간인덱스
Geometrycolumn: 공간인덱스에 사용할 지오메트리 컬럼명

서브쿼리 이용 테이블 생성

```
create table poi2
as
select *
from poi

create index inx_poi2 on poi2 using gist(geom);
```

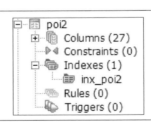

인덱스 사용 쿼리 실행

```
select st_astext(geom), name
from poi2
where st_dwithin(
        st_geomfromtext('point(280887 540941)', 2097),
        geom,
        1000);
```

```
Total query runtime: 11 ms.
234 rows retrieved.
```

2. 지오서버를 이용한 웹GIS 서비스

2.1 지오서버 개념과 특징

지오서버(GeoServer)는 공간데이터 게이트웨이(geospatial gateway)로서 벡터, 격자 데이터 등 다양한 공간데이터를 웹 GIS 인터페이스(WMS, WFS, WCS)로 공급하는 서버 프로그램이라 할 수 있다. 지오서버의 가장 중요한 역할은 로컬 컴퓨터에 있는 공간데이터를 인터넷에 서비스하는 것이다.

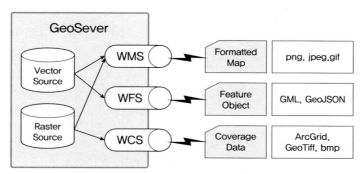

〈그림 2-2〉 지오서버의 구성과 웹서비스 기능

지오서버의 주요 기능 및 특징으로 우선 OGC 웹서비스인 WMS, WFS, WCS 표준을 구현하고 인증받은 제품이며 WPS를 확장·지원하고 있다. 둘째, 웹 기반의 손쉬운 설정 도구를 지원한다. 셋째, PostGIS, Shapefile, ArcSDE, DB2, Oracle, MySQL 등 오프소스에서부터 상용 RDBMS에 이르기까지 다양한 데이터 소스를 지원한다. 넷째, GeoTIFF, GTOPO30, ArcGrid, World Images, Image Mosiacs, Image Pyramids 등 래스터 포맷을 네이티브 자바(Native Java)로 지원하며, GDAL ImageIO 익스텐션 사용 시 GDAL이 지원하는 모든 래스터 포맷(MrSID, ECW, JPEG2000, DTED, Erdas Imagine, NITF 등)을 사용할 수 있다. 다섯째, 실시간 좌표변환을 지원한다. 여섯째, JPEG, GIF, PNG, PDF, SVG, KML, GeoRSS 등 다양한 출력 형태의 웹페이지를 지원한다. 일곱째, 지도 이미지 캐시 엔진인 지오웹캐시(GeoWebCache)와 통합되어 있다. 마지막으로 WMS를 이용하면 구글어스(Google Earth)를 사용하여 벡터, 래스터 등을 동적으로 시각화할 수 있다.

〈표 2-10〉 상호운용을 위한 공간정보 웹 기반 인터페이스(국제표준)

구분	WMS(web map service)	WFS(web feature service)	WCS(web coverage service)
개념	OGC가 정의한 지도 이미지 인터페이스 표준	OGC가 정의한 지리적 피처 인터페이스 표준	OGC가 정의한 커버리지 인터페이스 표준
기능	– 요청 방법과 응답 형식을 정의 – 지도 요청, 카탈로그 조회, 속성 조회 가능 – Http로 요청하고 이미지로 받음	– 요청 방법과 응답 형식을 정의 – 피처 요청, 카탈로그 조회, 속성 조회 가능 – http로 요청하고 XML, GeoJSON 등을 받음	– 요청 방법과 응답 형식을 정의 – 커버리지 요청, 카탈로그 조회 가능 – http로 요청하고 래스터 데이터로 받음
필수	GetCapabilities, GetMap	GetCapabilities, DescribeFeatureType, GetFeature ※ Feature=Geometry+attiribute	GetCapabilities, DescribeCoverage, GetCoverage ※ Coverage=좌표가 있는 래스터 데이터
옵션	GetFeatureInfo, DescribeLayer, GetLegendGraphic		

예제1 지오서버 시작하기

① [시작]–[OpenGeo Suite]에서 [Dashboard]를 선택한다. 지오서버의 'Admin'을 선택한다.

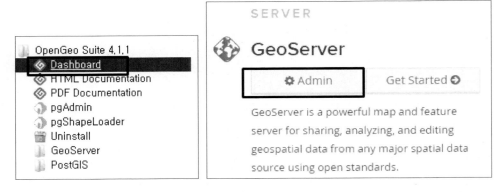

② 또 다른 방법은 웹 브라우저(크롬 권장)에서 http://localhost:8080/geoserver/web 페이지를 열고 로그인을 위해 사용자에 "admin", 비밀번호 "geoserver"를 입력하고 로그인 버튼을 클릭한다.

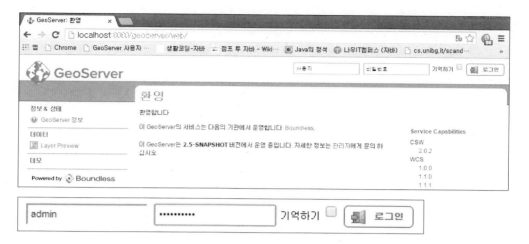

③ 로그인하면 현재 서비스 중인 WMS, WFS, WCS 지원 버전이 오른쪽에 표시되고, 화면 중앙에는 현재 서비스 중인 워크스페이스(workspace) 및 스토어(store), 레이어(Layer) 정보가 표시된다. 왼쪽 링크 메뉴 구성은 아래와 같다.

메뉴	설명
정보와 상태	지오서버의 진단과 환경을 설정할 수 있으며 특히 디버깅에 유용
데이터	워크스페이스, 스토어, 레이어, 레이어 그룹, 스타일 등 설정
서비스	지오서버에서 서비스 가능한 WMS, WFS, WCS 서비스 환경 및 상태(시작/멈춤 등)나 고급 서비스 옵션을 설정
환경설정	GeoWebCache 등의 지오서버 고급 환경을 설정
보안	사용자나 서비스에 대한 보안 정책 설정
데모	지오서버에서 제공하는 SRS(spatial reference system) 정보 및 폼 기반 OGC WMS, WFS, WCS 연산에 대한 요청 결과 확인

예제2 레이어 미리보기

이미 등록된 샘플데이터를 지오서버에 내장된 'OpenLayers'를 이용해서 미리보기가 가능하다. [Layer Preview] 페이지에서는 'OpenLayers'를 이용하여 웹 브라우저에서 직접 지도를 확인하거나 KML 파일로 내보내 구글어스를 실행하여 레이어를 확인할 수 있다. OpenGeo Suite를 사용하는 경우에는 'Styler'를 웹 브라우저에 구동시켜 심볼을 변경할 수도 있다.

① [Layer Preview] 메뉴를 클릭한 후 usa:states 레이어의 'OpenLayers' 링크를 클릭해 보자. 그림과 같이 미리 정의된 심볼 스타일로 나타난 지도 레이어를 확인할 수 있다. 이 지도는 지오서

버의 WMS를 통해 서비스된다. 지도 상에 마우스를 클릭하면 속성정보도 확인할 수 있으며 지도의 크기나 이미지 포맷 등의 옵션을 변경하는 것이 가능하다.

② 이번에는 'opengeo:countries OpenLayers'를 이용하여 아래 그림과 같이 CQL을 이용한 필터링을 적용해 보고 결과를 확인하자.

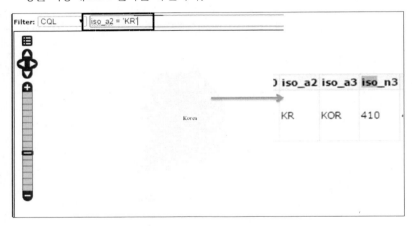

예제3 | 데이터 발행하기

지오서버의 핵심 기능인 데이터를 로딩하고 발행하는 과정을 알아본다. Shapefile, GeoTiff, PostGIS로부터 공간데이터를 불러와서 서비스를 발행하는 과정과 여러 레이어를 하나의 레이어처럼 서비스할 수 있는 레이어 그룹을 만드는 과정을 실습한다.

〈표 2-11〉데이터 발행 절차

	과정	설명
1	워크스페이스 생성	업무 프로젝트 단위로 자료 관리를 위한 그룹 생성
2	스토어 생성	폴더, DBMS, 파일 등 자료의 물리적 위치를 등록
3	스타일 생성(옵션)	자료를 표현하는 방법을 상세히 정의
4	레이어 생성	'Data'와 'Publishing' 섹션으로 구성하여 실제 개별 자료 등록
5	레이어 그룹 생성(옵션)	관련 자료를 묶어서 제공
6	캐시 설정(옵션)	서비스 효율화

데이터 로딩을 위해서 먼저 작업공간을 생성해야 한다. 작업공간은 가상의 컨테이너 역할을 하며 다양한 데이터 소스들로부터 여러 레이어를 담을 수 있게 한다. 작업공간 내에서 레이어 이름은 유일해야 하며 지오서버에서는 여러 작업공간을 생성할 수 있다.

① 아래 그림과 같이 데이터 메뉴 아래 [작업 공간]-[새로운 작업공간 추가하기]를 클릭한다. 생성할 작업공간의 'Name'에는 "lab", '네임스페이스 URI'에는 "http://inhatc.ac.kr"을 입력하고 '기본 작업공간으로 설정하기'에 체크한다.

② 설정이 다 되었다면 Submit(제출)를 눌러 저장공간을 생성한다. 아래 그림은 작업 공간 'lab'이 생성된 화면이며, 이제 샘플 데이터를 이 저장공간에 로딩할 준비가 완료되었다.

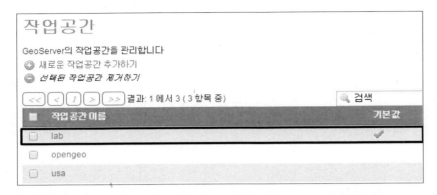

③ shp 파일을 지오서버에 로딩하여 단일 shp 파일 또는 shp 파일 폴더를 데이터 저장소로 사용할 수 있다. 이때 반드시 저장소를 이용하여 데이터 소스로 shp 파일을 등록한다(새로운 레이어 추가가 아님에 주의).

④ 우선 shp 파일 데이터 저장소를 생성하기 위해 그림과 같이 [데이터] 메뉴 아래 [저장소]를 클릭한 후 [새로운 저장소 생성하기]를 클릭한다. 'Directory of spatial files (shapefiles)'을 클릭하여 shp 폴더를 등록한다.

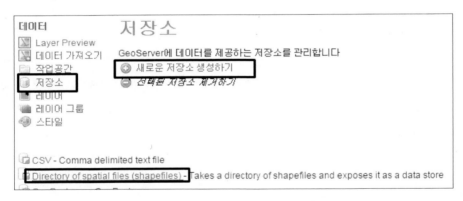

⑤ 새로운 데이터 원본 추가 페이지의 '연결 파라미터'에 그림과 같이 탐색을 눌러 로컬 디스크의 shp 파일 폴더를 선택한다. 한글이 포함된 속성 정보를 표현하기 위해 'DBF 문자셋'은 반드시 "EUC-KR"을 선택해야 한다.

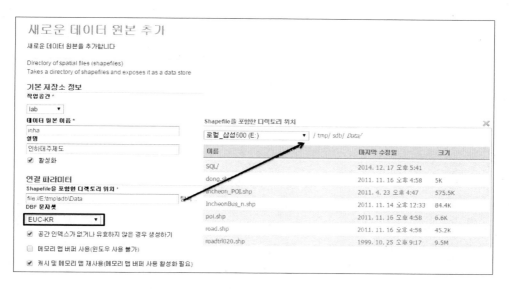

⑥ 이번에는 PostGIS 데이터베이스를 이용하여 지오서버에서 발행하는 과정으로 [저장소]-[Add new Store]를 선택한다. 벡터 데이터 원본 탭의 'PostGIS'를 클릭한다.

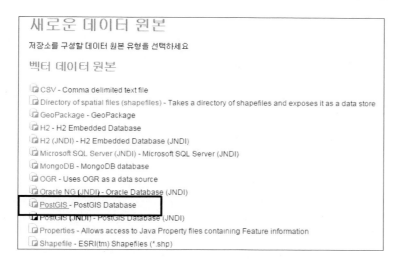

⑦ 기본 저장소 정보와 연결 파라미터를 입력한다. 설정이 완료되면 Save를 눌러 PostGIS Data Store를 생성한다. 이후 PostGIS 레이어에 대한 서비스 발행은 'Shapefile Publishing' 과정과 동일하다.

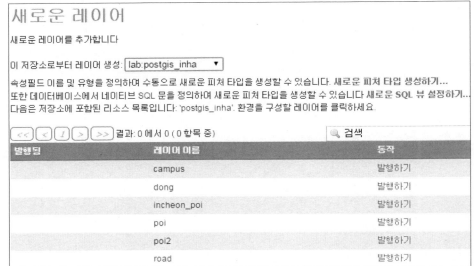

⑧ 정보 입력을 마치고 저장을 눌러 등록하면 lab 폴더에 포함된 모든 shp 파일 목록이 표시된다 (아래 결과는 [데이터 메뉴]-[레이어]-[새로운 리소스 추가하기]-[새로운 레이어]에서 저장소의 장소를 'lab:inha' 선택해도 동일함). inha 데이터 저장소(store)에 포함된 모든 레이어 목록이 표시된 것은 데이터가 로딩만 되었고 서비스 상태는 아니라는 뜻이다. 레이어가 서비스 상태이면 Publish again이라는 상태로 변경된다. 행정동 레이어(dong)에서 발행하기를 클릭한다.

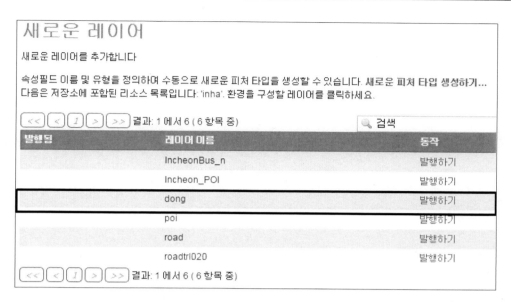

⑨ 레이어 편집 화면에서 정의한 좌표체계의 검색 버튼을 눌러 "2097"을 검색하여 Koran 1985/
Central Belt 링크를 선택하면 EPSG:2097로 입력된다. '좌표체계 처리 방식'은 "정의한 좌표체
계를 사용"으로 설정한다. '레이어 최소경계 영역'은 '데이터로부터 계산하기'로 설정하고 아래
'위/경도 영역'은 '원본 영역으로부터 계산하기'를 차례로 클릭한다. 마지막으로 저장을 눌러 레
이어를 발행한다.

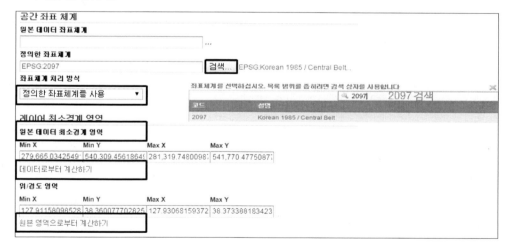

⑩ 이제 레이어 미리보기를 선택하여 이동하면 방금 발행한 lab:dong 레이어의 미리보기를 실행
할 수 있다.

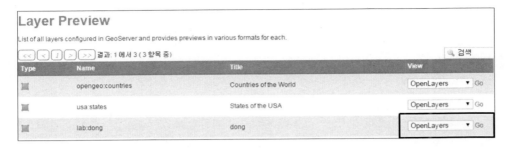

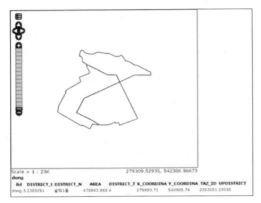

⑪ 레이어 페이지로 다시 이동하여 새로운 리소스 추가하기를 선택하여 poi와 road 레이어에 대해서도 모두 발행하기를 적용한다.

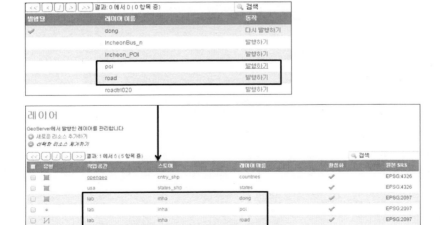

⑫ OpenGeo Suite를 사용하면 여러 레이어를 한번에 발행할 수 있는 도구를 사용할 수 있다. 이 기능은 shp 파일 폴더나 PostGIS를 데이터 원본으로 사용하며 발행 과정에서 각 레이어에 대한 SLD까지 생성할 수 있다. [레이어 그룹]-[새로운 레이어 그룹 생성하기]를 클릭한다.

⑬ 이제 레이어 미리보기 메뉴를 선택하여 방금 발행한 group_lab 레이어에 대한 미리보기가 가
능하다.

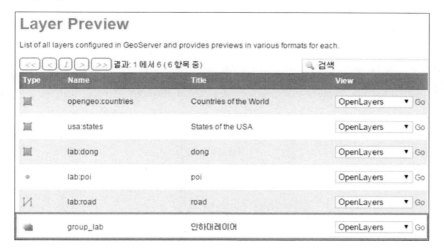

지도 스타일링하기

(1) SLD의 개념

지오서버는 공간데이터를 이미지로 렌더링할 수 있으며 생성된 이미지는 브라우저에서 볼 수 있다. 이 과정이 바로 WMS의 핵심이지만 공간데이터 자체에는 시각화를 위한 정보가 포함되어 있지 않다. 따라서 시각화를 위해서는 스타일의 형태로 추가적인 정보가 제공되어야 한다. 지오서버는 지리데이터를 표현하기 위해 Styled Layer Descriptor(SLD) 마크업 언어를 사용한다. SLD는 심볼, 필터, 라벨, 최소/최대 축척 등을 정의할 수 있으며 XML 기반의 OGC 표준 스펙이다. OGC SLD 표준 스펙은 OGC 홈페이지(http://www.opengeospatial.org/standards/sld)에서 확인할 수 있다.

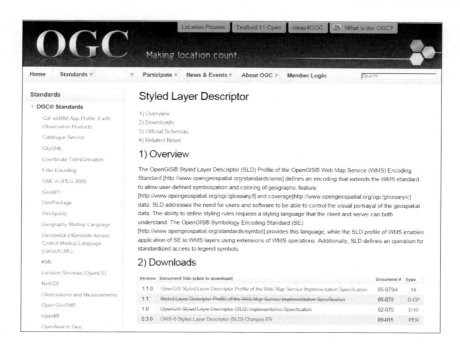

〈표 2-12〉 OGC SLD 기능

구분	SLD 기능
점	도형/색/크기/아이콘 설정
선	색/두께/점선/연결방법 설정
면	색/패턴 채움/이미지 채움
텍스트	참조컬럼/색/강조/위치/회전
기타	투명도 조절, 축척에 따른 자료 보이기, 조건에 따른 자료 표현(가시/크기/색/회전/아이콘 등) 변경

① 지오서버 문서(http://docs.geoserver.org)는 SLD Cookbook을 통해서 다양한 SLD 활용법을 익힐 수 있게 하고 있다.

SLD Cookbook

The SLD Cookbook is a collection of SLD "recipes" for creating various types of map styles. Wherever possible, each example is designed to show off a single SLD feature so that code can be copied from the examples and adapted when creating SLDs of your own. While not an exhaustive reference like the _SLD Reference_ or the _OGC SLD 1.0 specification_ the SLD Cookbook is designed to be a practical reference, showing common style templates that are easy to understand.

The SLD Cookbook is divided into four sections: the first three for each of the vector types (points, lines, and polygons) and the fourth section for rasters. Each example in every section contains a screenshot showing actual GeoServer WMS output, a snippet of the SLD code for reference, and a link to download the full SLD.

Each section uses data created especially for the SLD Cookbook, with shapefiles for vector data and GeoTIFFs for raster data. The projection for data is EPSG:4326. All files can be easily loaded into GeoServer in order to recreate the examples.

Data Type	Shapefile
Point	sld_cookbook_point.zip
Line	sld_cookbook_line.zip
Polygon	sld_cookbook_polygon.zip
Raster	sld_cookbook_raster.zip

② 목록 중에 시각화를 위해 데이터 타입별로 유사한 그림을 찾고 스타일을 복사해서 사용할 수 있다.

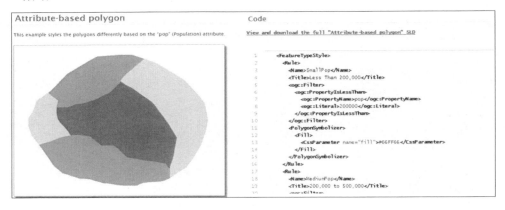

(2) 적용된 SLD 확인

① 지오서버에서 발행된 모든 레이어는 레이어와 연결된 스타일을 가진다. shp 파일이나 GeoTiff 를 하나씩 로딩하는 경우에 지오서버는 그 데이터의 지오메트리 유형 등의 특성을 판단하여 기본 스타일을 지정하여 발행한다.

② 만약 OpenGeo Suite에서 제공하는 데이터 가져오기 기능을 이용할 경우에는 각각의 레이어와 같은 이름의 스타일을 따로 생성하여 발행한다. 레이어 하나당 하나의 스타일 만들고, 레이어명과 스타일명을 같게 하는 것을 권장한다.

③ 현재 등록된 레이어의 스타일을 확인하기 위해서는 [Layer Preview]를 클릭한 후 레이어를 선택하고 'OpenLayers'를 클릭하면 기본값으로 적용된 스타일을 시각적으로 확인할 수 있다.

④ 현재 등록된 레이어의 스타일을 확인하거나 편집하기 위해서 레이어 메뉴를 클릭한 후 레이어 페이지에서 변경하고자 하는 레이어(lab:dong)의 이름을 클릭한다.

⑤ 레이어 편집 페이지에서 [Publishing] 탭을 클릭하면 기본 스타일 항목에 설정된 "polygon"이 기본값임을 알 수 있다.

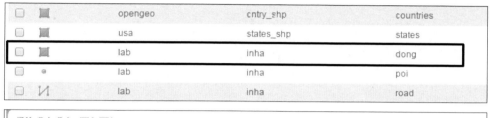

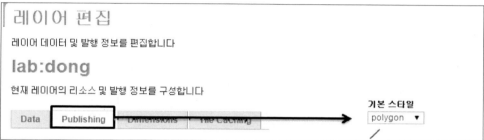

(3) 기존 SLD 코드 수정

① [데이터]-[스타일]을 클릭하여 스타일 페이지로 이동한다. 앞에서 확인한 'polygon' 스타일을 클릭하면 웹 기반의 텍스트 편집기가 열리고 이 스타일에서 정의된 SLD 코드를 확인할 수 있다.

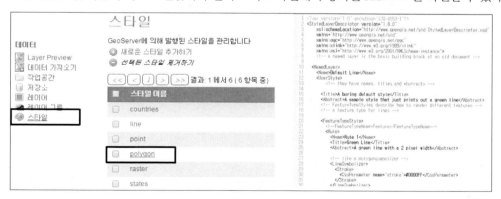

② 아래의 표와 같이 SLD 코드를 수정하고 하단의 유효성 검증하기를 눌러 수정된 스타일에 오류가 없는지 확인한다. 오류가 없을 경우 제출을 눌러 스타일을 갱신한 후 [Layer Preview]로 이

동하여 'OpenLayers'를 통해 레이어(lab:dong)를 확인한다.

구분	SLD 코드
수정 전	〈CssParameter name="stroke"〉#0000FF〈/CssParameter〉
수정 후	〈CssParameter name="stroke"〉#FF0000〈/CssParameter〉

폴리곤 스타일에서 폴리곤의 색상을 빨간색으로 바꾸기 위해 RGB (255, 0, 0)값을 Hex Color 코드로 변환한 값이다.

③ 하단의 Preview legend를 눌러 적용될 스타일을 미리보기로 확인한다.

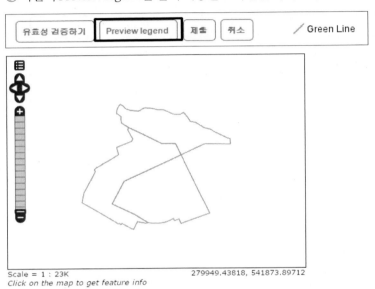

④ 변경한 폴리곤의 스타일은 이와 연결된 모든 레이어에 적용되므로 실제 서비스에 적용하기 위해서는 각 레이어별로 스타일을 생성해서 적용해야 한다.

(4) 새로운 SLD 적용

① 새 스타일을 생성하기 위해 [SLD Cookbook] 예제 중 [Polygon with default label]을 선택한다(http://docs. geoserver.org/stable/en/user/styling/sld-cookbook/ polygons.html#polygon-with-default-label).

② 'Code' 아래의 'View and download the full "Polygon with default label" SLD'를 클릭하여 코드 페이지로 이동하면 마우스 오른쪽을 클릭하여 [다른 이름으로 저장]을 선택

SLD Cookbook

- Polygons
  - Example polygons layer
  - Simple polygon
  - Simple polygon with stroke
  - Transparent polygon
  - Graphic fill
  - Hatching fill
  - Polygon with default label
  - Label halo
  - Polygon with styled label
  - Attribute-based polygon
  - Zoom-based polygon

하고 xml 형식으로 파일을 저장한다.

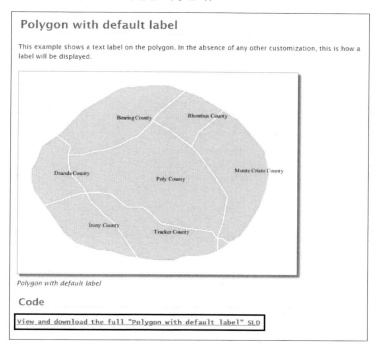

Polygon with default label

This example shows a text label on the polygon. In the absence of any other customization, this is how a label will be displayed.

Polygon with default label

Code

View and download the full "Polygon with default label" SLD

```
▼<StyledLayerDescriptor xmlns="http://www.opengis.net/sld" xmlns:ogc="http://www.opengis.net/ogc"
  xmlns:xlink="http://www.w3.org/1999/xlink" xmlns:xsi="http://www.w3.org/2001/XMLSchema-instance" version="1.0.0"
  xsi:schemaLocation="http://www.opengis.net/sld StyledLayerDescriptor.xsd">
  ▼<NamedLayer>
    <Name>Polygon with default label</Name>
    ▼<UserStyle>
      <Title>SLD Cook Book: Polygon with default label</Title>
      ▼<FeatureTypeStyle>
        ▼<Rule>
          ▼<PolygonSymbolizer>
            ▼<Fill>
              <CssParameter name="fill">#40FF40</CssParameter>
            </Fill>
            ▼<Stroke>
              <CssParameter name="stroke">#FFFFFF</CssParameter>
              <CssParameter name="stroke-width">2</CssParameter>
            </Stroke>
          </PolygonSymbolizer>
          ▼<TextSymbolizer>
            ▼<Label>
              <ogc:PropertyName>name</ogc:PropertyName>
            </Label>
          </TextSymbolizer>
        </Rule>
      </FeatureTypeStyle>
    </UserStyle>
  </NamedLayer>
</StyledLayerDescriptor>
```

③ [스타일]-[새로운 스타일 추가하기]를 클릭한다. 다음 그림과 같이 하단의 파일 선택을 눌러 이전에 저장했던 스타일 xml 파일을 선택하고 올리기를 눌러 서버에 스타일을 불러온다. 텍스트 편집기에 SLD가 표시되고 SLD 이름이 스타일 이름으로 자동 등록된다.

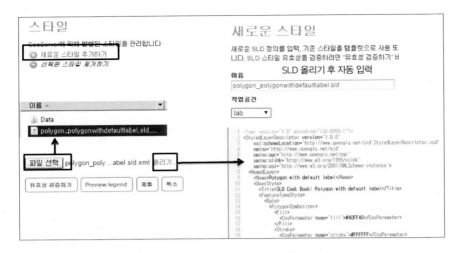

④ 아래 SLD는 행정동 레이어에 기본 레이블이 표출된 폴리곤을 정의한 스타일이다. 〈Polygon-Symbolizer〉 설정 시 폴리곤의 면 색상을 밝은 초록(#40FF40)으로, 8~9행에서 획의 색상을 흰색(#FFFFFF), 굵기를 2픽셀로 설정한다.

Polygon with default label SLD

〈FeatureTypeStyle〉
〈Rule〉
〈PolygonSymbolizer〉
〈Fill〉
〈CssParameter name= "fill" 〉 #40FF40 〈/CssParameter〉
〈/Fill〉
〈Stroke〉
〈CssParameter name= "stroke" 〉 #FFFFFF 〈/CssParameter〉
〈CssParameter name= "stroke−width" 〉 2 〈/CssParameter〉
〈/Stroke〉
〈/PolygonSymbolizer〉
〈TextSymbolizer〉
〈Label〉
〈ogc:PropertyName〉 DISTRICT_N 〈/ogc:PropertyName〉
〈/Label〉
〈/TextSymbolizer〉
〈/Rule〉
〈/FeatureTypeStyle〉

dong

fid	DISTRICT_I	DISTRICT_N	AREA	DISTRICT_T	X_COORDINA	Y_COORDINA	TAZ_ID	UPDISTRICT
dong.1	2303053	숭의3동	337144.057	4	280688.3	541474.72	2303053	23030

⑤ 12행의 〈TextSymbolizer〉에서 레이블을 설정하며 DISTRICT_N 속성값(행정동 명칭)을 표출할 텍스트로 설정한다. 레이블에 대한 다른 세부 사항은 렌더러의 기본값(폰트는 Times New

Roman, 폰트 색상은 검정, 폰트 크기는 10픽셀)으로 설정된다.

구분	SLD 코드
수정 전	〈ogc:PropertyName〉 name 〈/ogc:PropertyName〉
수정 후	〈ogc:PropertyName〉 DISTRICT_N 〈/ogc:PropertyName〉

⑥ 유효성 검증하기를 눌러 오류를 확인한 후 제출 버튼을 클릭하여 지오서버에 새로운 스타일을
등록한다.

⑦ 스타일 등록을 모두 완료했다면 이제 각 레이어별로 스타일을 할당해 준다. [레이어] 메뉴
를 클릭한 후 레이어 페이지에서 'dong' 레이어를 선택하고 [레이어 편집] 페이지로 이동한 후
[Publishing]의 기본 스타일을 변경한다.

⑧ lab:dong 레이어에 "Polygon with default label" 스타일을 적용하여 미리보기 하면 아래 그림
과 같은 결과가 나타난다.

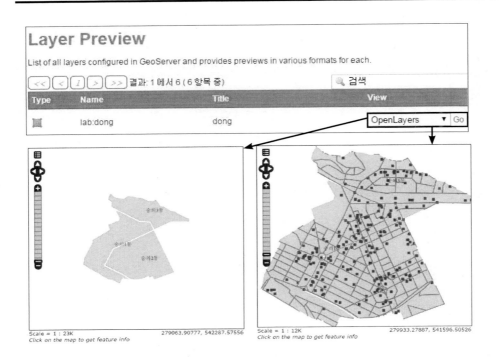

예제5　GeoExplorer 도구를 이용한 지도 스타일링하기

　수작업으로 SLD를 지오서버 환경에서 편집하여 적용하는 과정은 시간이 많이 소요된다. 그러나 OpenGeo Suite에서는 UI 환경에서 스타일을 편집할 수 있는 GeoExplorer 도구를 제공하고 있다.

　① DashBoard에서 GeoExplorer를 실행하거나 웹 브라우저에서 직접 URL(http://localhost:80 80/geoexplorer)을 입력하여 실행하면 된다.

　② GeoExplorer는 OpenStreetMap 레이어를 기본 레이어로 사용한다. 좌상단의 [Add layers]를 눌러 "Local GeoServer", "dong-road-poi" 레이어 순으로 불러온다.

③ 로그인 후에는 스타일 편집 도구들이 활성화된다. 우선 TOC(Table of Content)에서 편집할 레이어를 선택 후 Manage layer Styles(레이어스타일 관리) 버튼을 누른다. 윈도우가 열리면 편집할 스타일을 선택하고 스타일의 이름이나 설명을 수정할 수 있다. [Edit Styles] 창의 [Rules] 탭에서 편집할 Rule(윈도우의 규칙)을 선택한 후 Edit 버튼을 누르면 Rule의 상세 정보를 편집할 수 있다. [Rules]에서 수정 후 Save를 누르면 지도에는 동적으로 스타일이 변경 적용된다.

④ 각각의 Rule에는 지오메트리 유형에 따라 점, 선, 폴리곤 등 심볼라이저를 설정하거나 라벨을 적용하기 위한 텍스트 심볼라이저를 적용할 수도 있다. 또한 Rule과 각 Rule에 필터를 적용하면 주제도를 생성할 수 있다.

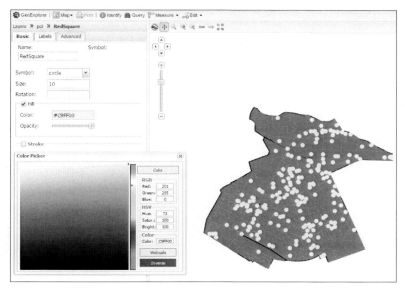

〈표 2-13〉 심볼라이저의 기능

심볼라이저	주요 내용
Point	일반적으로 포인트 유형의 레이어에 적용하며 이미 정의된 포인트의 유형(circle, square, triangle, star, cross, x 등)을 선택하거나 외부 그래픽(External Graphic) URL을 지정하여 정의하고 크기, 회전값, Fill Color, Outline Color 등을 설정
Line	라인 유형의 레이어에 적용하며 패턴, 두께, 라인 색 등을 설정
Polygon	폴리곤 심볼 패턴을 정의하거나 색 채움, 윤곽선 색 등을 설정
Text	포인트/라인/폴리곤 유형의 레이어 모두에 사용할 수 있으며 레이어가 가진 속성정보를 이용하여 라벨 정의

⑤ 스타일 편집기에서는 색상 변경을 위한 컬러 피커를 제공하여 RGB 값을 몰라도 쉽게 색상 선택이 가능하다. 또한 각 Rule에는 Filter Encoding 표준을 이용한 조건식을 적용할 수 있으며 최소/최대 축척을 정의하여 특정 축척에서만 지도를 표시할 수도 있다.

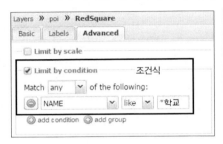 

레이어 그룹을 통해 여러 레이어를 조합해 사용 지도로 활용할 수 있다. 리스트에서 가장 위의 레이어가 가장 먼저 그려져 다른 레이어에 의해 덮어지므로 여러 레이어를 조합할 시 순서가 매우 중요하며 호출 시에는 한 레이어처럼 호출이 가능하다.

3. 모바일 GIS

3.1 실습 개요

구글지도에서 명칭 검색 결과를 앱으로 표출할 수 있는 컴포넌트 사용법과 기상청 공공 DB 서버에서 동네예보 RSS 서비스의 XML 파싱을 통해 모바일 예보 앱을 제작해 본다. 안드로이드 앱은 자바 기반의 개발을 하지만 이러한 방법은 앱을 만드는 과정과 복잡한 사전 지식을 요구한다. 따라서 구글은 손쉬운 개발을 위해 컴퓨터 프로그래밍 전문 지식이 없더라도 스마트폰 애플리케이션을 제작할 수 있는 앱 인벤터(App Invertor)를 제공하고 있다.

앱 인벤터 프로그래밍은 어려운 명령어를 사용하는 코딩 과정 없이 블록 쌓기 방식으로 진행되기 때문에 쉽게 앱을 제작할 수 있으며, 스마트폰에서 실시간으로 테스트 결과를 구동해 볼 수 있다. 프로그램에서 가능한 정보 저장, 실행 반복, 조건문 사용뿐만 아니라 안드로이드 휴대폰의 기능을 거의 모두 사용할 수 있도록 설계되었다.

위치 기반 앱 개발을 위해 GPS 센서에 접근할 수 있어 현재 위치를 알려 주는 앱을 만들 수 있다. 또한 자동차를 어디에 주차해 뒀는지 기억하는 앱, 함께 콘서트에 간 친구를 찾는 앱, 박물관에 쓸 개인용 길 찾기 앱 등도 응용이 가능하다.

개발 환경 준비하기

앱 인벤터는 Mac OS, GNU/Linus, 그리고 Windows OS와 안드로이드 기반 기기들에서 사용할 수 있으며 앱 인벤터에서 만들어진 앱은 안드로이드 스마트폰에 설치할 수 있다. 앱 인벤터는 크롬 브라우저에서만 작동하기 때문에 PC에 구글 크롬 브라우저가 설치되어 있어야 하며 구글 계정에 사용자 등록이 되어 있어야 한다.

(1) 구글 크롬 브라우저 설치

① 구글 크롬 브라우저 다운로드 페이지(http://google.com/chrome)에서 다운로드하여 설치한다.

(2) 구글 계정 설정

① 앱 인벤터는 구글 계정 연동으로 동작하는 웹 기반 애플리케이션 제작 툴이다. 이를 사용하기 위해서는 구글 메일 페이지(http://gmaile.com)에서 계정을 등록하고 로그인해야 한다. 이미 구글 계정이 있는 사람은 기존 계정으로 로그인해도 무방하다.

② 구글 크롬 브라우저가 설치되고 구글 계정을 생성하면 앱 인벤터 실행 준비가 완료된다.

(3) 앱 인벤터 실행

① 앱 인벤터는 홈페이지(http://appinventor.mit.edu/explore)에 접속하는 것으로 수행이 가능하다.

② 홈페이지에서 오른쪽 끝에 있는 Create를 눌러 시작한다.

③ 앱 인벤터를 이용한 애플리케이션은 다음과 같은 단계로 수행된다.

1단계	새 프로젝트 만들기
2단계	[디자이너]에서 컴포넌트 추가하기
3단계	[블록] 에디터로 컴포넌트가 할 일 지정
4단계	스마트폰 설치 및 테스트

도움말 앱 인벤터의 구조

앱 인벤터는 각 컴포넌트들을 정의하고 화면에 배치하기 위한 디자이너, 각 컴포넌트들의 기능을 정의하고 실제로 구현하기 위한 블록에디터의 두 개 화면으로 구성되어 있다. 이 두 가지 기능을 활용하는 것으로 애플리케이션의 제작이 가능하다.

■ 디자이너[Designer]

팔레트는 컴포넌트를 모아 놓은 곳으로 쓰고자 하는 컴포넌트를 찾아서 [Viewer]에 끌어다 넣으면 앱을 사용할 수 있다. 뷰어 화면은 실제 앱이 휴대폰에서 어떻게 보이는지 확인할 수 있게 해 준다. 컴포넌트 속성은 컴포넌트를 선택하고 속성(색, 크기, 간격 등)을 변경한다.

■ 블록[Blocks]에디터

[Built-in-Drawers]는 자주 사용되는 일반적인 명령 블록들을 찾을 수 있으며 블록을 [Viewer]에 끌어다 넣으면 해당 기능이 앱에 추가된다. 블록의 설치는 [Blocks]을 클릭하면 나오는 블록들을 [Viewer]에서 선택한 후, 클릭으로 드래그 앤 드롭을 하는 것으로 진행되며, 대부분의 작업이 마우스를 이용한 직관적인 블록 배치로 가능하다.

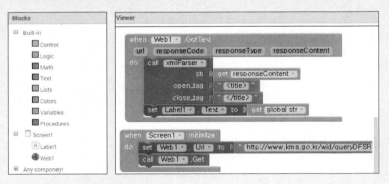

설치된 블록의 실행 순서는 위에서 아래 방향으로 진행된다.

진행 방향

| 예제2 | 구글지도 검색 앱 제작하기 |

앱 인벤터를 구동하기 위한 전반적인 제작 과정과 환경 설정하는 방법을 설명한다. 구현할 앱의
기능은 구글지도 검색으로 Activity Starter 컴포넌트를 사용하여 명칭 검색을 통해 검색 위치를 지
도 상에 호출하여 보여 준다.

(1) 새 프로젝트 생성

① 앱 인벤터 홈페이지(http://appinventor.mit.edu)에 접속하여 페이지 상단, 오른쪽의 Create
  를 선택한다.

② 안내에 따라 구글 메일 계정으로 로그인한다.

③ 페이지 상단의 [Project]−[Start new project]를 선택하고 'Project name'에 "MapFind"를 입력
  하고 OK를 클릭한다.

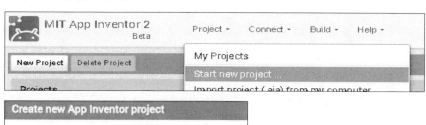

④ 프로젝트명은 반드시 영어 알파벳으로 시작해야 하며, 두 번째 글자부터 언더스코어(_) 밑 숫자의 사용이 가능하다. 언더스코어를 제외한 특수문자 및 한글의 사용은 불가능하다. 프로젝트 생성 후 애플리케이션 제작을 수행한다.

(2) 디자이너에서 컴포넌트 준비

① 드래그 앤 드롭으로 [Palette]에서 아래 표와 같이 컴포넌트를 설치하고 [Viewer]에서 다음 그림과 같이 설치된 것을 확인한다.

Palette	컴포넌트	이름	목적
User Interface	Button	Button1	명칭 검색
	TextBox	TextBox1	문자(명칭) 입력
Connectivity	ActivityStarter	ActivityStarter1	목적지 선택 시 지도 앱 실행

② 액티비티 스타터(ActivityStarter)의 [Properties]의 각 항목을 다음 표와 같이 설정하여 구글지도와 연결한다.

Properites	Value
Action	android.intent.action.VIEW
ActivityClass	com.google.android.maps.MapsActivity
ActivityPackage	com.google.android.apps.maps

③ 버튼 및 텍스트 박스(TextBox), 그리고 액티비티 스타터의 속성을 입력하면 디자이너의 설정

이 완료된다.

(3) 블록에디터에서 기능 정의

① [Blocks]에서 아래 표와 같이 블록을 설정한다.

단계	블록 설정	Viewer
1	Button1을 클릭하고 이벤트 핸들러를 삽입	
2	ActivityStater의 URL 블록을 이벤트 핸들러에 추가	
3	ActivityStarter 실행 명령을 추가	
4	텍스트 박스를 URL에 연결	
5	텍스트 박스와 관련된 블록은 [Blocks]–[Built–In]의 [Text]를 클릭하면 사용할 수 있음 join 블록과 텍스트 블록(" ")을 활용하여 텍스트 박스 블록 확장	
6	텍스트 박스에 "geo:0,0?q=" 입력 (뒤에 나오는 문자로 검색하라는 의미)	

(4) 스마트폰에서 결과 확인

생성된 애플리케이션을 가상의 스마트폰에서 실행 가능한 에뮬레이터를 통해 확인할 수 있다.

① 앱 인벤터의 프로그램 설치 파일을 제공해 주는 페이지(http://appinventor.mit.edu/explore/ai2/windows.html)에 접속하여 아래와 같이 AIStarter를 설치한다.

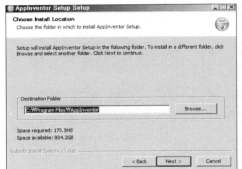
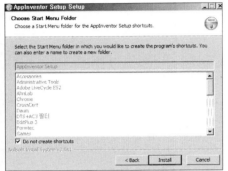

② AIStarter를 실행한다(리부팅 권장).

```
aiStarter
Platform = Windows
AppInventor tools located here: "C:\Program Files"
Bottle server starting up (using WSGIRefServer())...
Listening on http://127.0.0.1:8004/
Hit Ctrl-C to quit.
```

③ [Menu]-[Connect]-[Emulator]를 선택하여 연결한다.

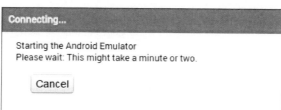

④ 연결 후 에뮬레이터를 사용하여 앱 실행을 위해 블록을 가져오게 된다. (잠시 대기)

⑤ 텍스트 박스에 "inha"를 입력한 후 버튼을 클릭하여 지도 위치를 확인한다.

⑥ QR 코드를 통해 앱 패키징 및 앱 공유가 가능하다. [메뉴]-[Build]-[App (provide QR code for .apk)]을 선택하면 QR 코드가 출력된다.

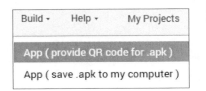

⑦ 포털사이트의 QR 코드 검색 기능을 활용하여 스마트폰으로 스캔하면 애플리케이션을 스마트폰에 다운받아 설치를 실행할 수 있다.

⑧ 설치된 애플리케이션을 실행하여 텍스트 박스에 지명 "인하공업전문대학"을 입력하고 '명칭검색(구글지도)'을 클릭하면 구글지도가 실행되며 지명을 중심으로 지도가 출력되는 것을 확인할 수 있다.

예제3   인사동 문화거리 지도 앱 제작하기

이번에는 인사동 문화거리 가이드 애플리케이션을 만들어 보자. 먼저 ListPicker 컴포넌트를 이용해서 인사동의 대표적인 목적지 리스트를 만들고 사용자가 선택한 지역을 검색할 수 있게 한다.

① 새 프로젝트를 만들기 위하여 [Project]−[Start new project]를 선택한다.

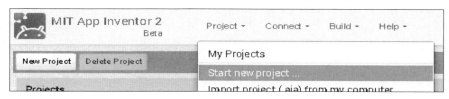

② 'Project name'에 "MapTour"를 입력하고 OK를 클릭한다.

③ 드래그 앤 드롭으로 [Palette]에서 아래 표와 같이 컴포넌트를 설치한다.

팔레트	컴포넌트	이름	목적
User Interface	Image	Image1	
	Lable	Label1	
	ListPicker	ListPicker1	
Connectivity	ActivityStarter	ActivityStarter1	지도 앱 실행

④ 액티비티 스타터의 속성을 설정하여 구글지도를 연결하기 위해 [Components]−[Proper ties]
에 아래 그림을 참고하여 표와 같이 입력한다.

Properites	Value
Action	android.intent.action.VIEW
ActivityClass	com.google.android.maps.MapsActivity
ActivityPackage	com.google.android.apps.maps

⑤ 앞서 설정한 세 개의 속성 외에 블록에디터에서 DataUri를 설정해야 특정 지도를 지도 애플리
케이션에서 나타낼 수 있다. 컴포넌트와 액티비티 스타터의 속성을 입력하면 디자이너의 설정
이 완료된다.

⑥ 목적지 리스트 생성을 위해 아래 표의 단계를 따른다.

단계	블록 설정	Viewer
1	[Built-in]-[Variables]에서 목적지 리스트를 위한 전역 변수 선언	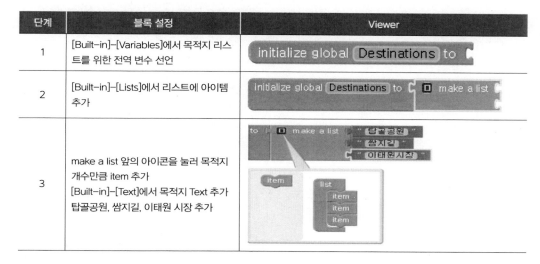
2	[Built-in]-[Lists]에서 리스트에 아이템 추가	
3	make a list 앞의 아이콘을 눌러 목적지 개수만큼 item 추가 [Built-in]-[Text]에서 목적지 Text 추가 탑골공원, 쌈지길, 이태원 시장 추가	

⑦ ListPicker Elements 속성과 초기화 이벤트를 설정하기 위해 아래 표의 단계를 따른다.

단계	블록 설정	Viewer
1	Screen1을 클릭하고 앱이 시작될 때 발생하는 이벤트 설정	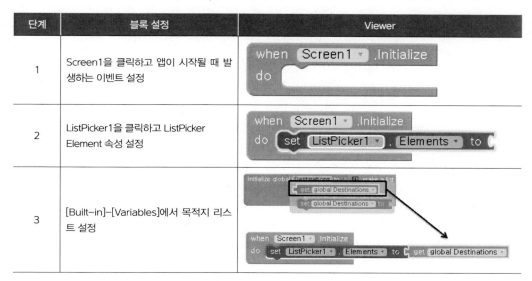
2	ListPicker1을 클릭하고 ListPicker Element 속성 설정	
3	[Built-in]-[Variables]에서 목적지 리스트 설정	

⑧ 문화거리 지도 검색 기능을 위해 사용자가 ListPicker 컴포넌트를 선택 시 ListPicker.After Picking 이벤트가 발생하고 ActivityStarter 컴포넌트의 DataUri를 설정하여 지도 앱을 시작하고 목적지를 검색한다.

단계	블록 설정	Viewer
1	ListPicker1을 클릭하고 사용자가 ListPicker 선택 시 이벤트가 발생하도록 설정	when ListPicker1 .AfterPicking do
2	ActivityStarter1을 클릭하고 지도에서 어떤 지도를 열어야 할지 알려 주는 DataUri 설정	when ListPicker1 .AfterPicking do set ActivityStarter1 . DataUri to
3	{ActivityStarter} – {DataUri} 속성값 "Text" 설정 – geo:0,0?q= – ListPicker 선택 위치 지정	when ListPicker1 .AfterPicking do set ActivityStarter1 . DataUri to join " geo:0,0?q= " ListPicker1 Selection
4	ActivityStarter1을 클릭하여 해당 조건으로 구글지도 애플리케이션이 시작되도록 지정	when ListPicker1 .AfterPicking do set ActivityStarter1 . DataUri to join " geo:0,0?q= " ListPicker1 Selection call ActivityStarter1 .StartActivity

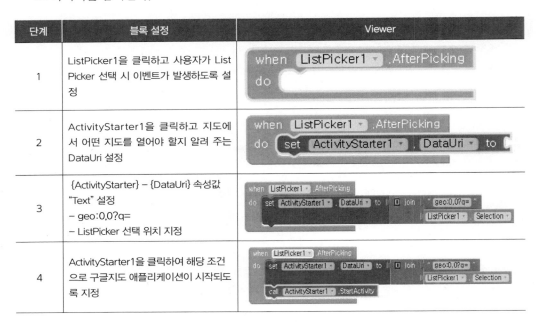

⑨ 앞서 결과를 확인한 과정과 동일한 방식으로 에뮬레이터를 실행하여 결과를 확인한다.

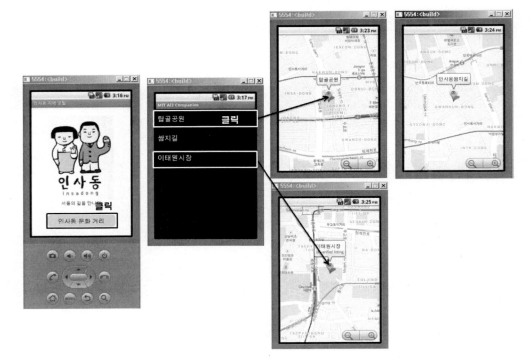

⑩ 이전 장에서 구현했던 일부 기능을 수정해서 인사동 랜드마크 지역의 좌표, 확대 수준을 결정하고, 스트리트 뷰의 형태로 지도에 표시하도록 DataUri 속성을 설정해 본다.

⑪ 프로젝트를 다른 이름으로 저장하기 위해 [Project]−[Save Project As]를 선택하고 'New name'에 "MapTour2"를 입력하고 OK를 클릭한다.

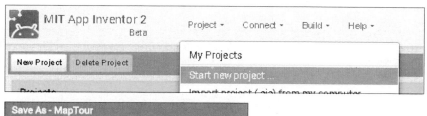

⑫ 지도 상의 인터넷 주소(URL)를 이용하여 위치를 찾아가도록 DataUri 속성값을 설정하기 위해 구글지도(http://maps.goolge.com) 사이트로 이동하여 아래 그림과 같이 위치 검색 후 아래의 공유를 선택하여 지도 URL을 복사한다.

검색	지도 URL
탑골공원	https://www.google.co.kr/maps/place/%ED%83%91%EA%B3%A8%EA%B3%B5%EC%9B%90/@37.571146,126.988329,15z/data=!4m2!3m1!1s0x0000000000000000:0x70ff69e12252e31c

쌈지길	https://www.google.co.kr/maps/@37.574276,126.984859,17z?hl=ko
이태원시장 (스트리트 뷰)	https://www.google.co.kr/maps/@37.5344855,126.9950146,3a,75y,39.78h,85.82t/data =!3m4!1e1!3m2!1saWnJokYe2o5RKMJvzwxSVw!2e0!6m1!1e1?hl=ko

⑬ DataUri로 URL 전체를 사용하거나 URL에서 위도와 경도만을 부분적으로 선택하여 사용할 수 있다.

형식	사용 예(탑골공원)
geo:latitude, longitude	geo:37.571146,126.988329?t=h&z=19

⑭ 경위도의 숫자는 URL의 @ 인자로부터 가져올 수 있으며, 탑골공원의 위도와 경도는 각각 37.571146,126.988329를 나타낸다. t=h 인자는 지도가 주소 보기와 위성 보기 동시에 복합적인 형태로 보여 준다는 것을 의미한다. z=19는 확대 수준을 설정한다.

⑮ 블록 추가를 위해 DataUri 리스트를 만들어 보자.

단계	블록 설정	Viewer
1	[Built-in]-[Variables]에서 전역 변수 DataURIs 선언	initialize global DataURIs to
2	[Built-in]-[List]에서 make a list 기능 블록과 [text]에서 텍스트 블록을 추가	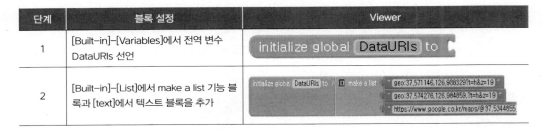

⑯ ListPicker 컴포넌트의 index를 이용하여 위치를 선택하는 방법도 있는데 아래 표와 같다.

단계	블록 설정	Viewer
1	[Built-in]-[Math]에서 사용자 선택을 위한 인덱스를 추가하고 [해당 변수를 1로 초기화하기 위해 블록을 추가	initialize global Index to 1
2	선택된 인덱스의 위치를 설정	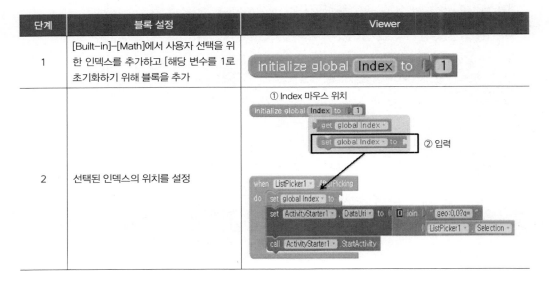

3	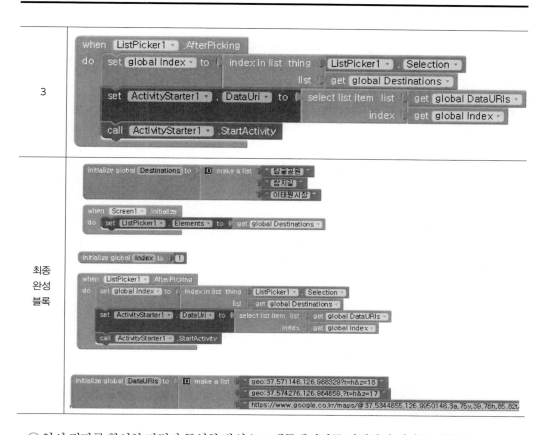
최종 완성 블록	

⑰ 앞서 결과를 확인한 과정과 동일한 방식으로 에뮬레이터를 실행하여 결과를 확인한다.

기상청 동네예보 애플리케이션 개발하기

이번에는 기상청 날씨 API를 활용한 앱을 제작한다. 본 실습을 통해 RSS 기능과 XML 파싱함수를 이용하고 필요한 정보를 출력할 수 있다.

(1) 기상청 동네예보 RSS 소개

정부 3.0의 핵심 가치(개방·공유·소통·협력) 구현을 위해 정보 개방이 더욱 폭넓게 진행되고 있다. 기상청은 동네예보 RSS서비스를 제공하는데 RSS(really simple syndication, rich site summary)는 블로그처럼 컨텐츠 업데이트가 자주 일어나는 웹사이트에서 업데이트된 정보를 쉽게 구독자들에게 제공하기 위해 XML을 기초로 만들어진 데이터 형식이다. 이러한 RSS서비스를 이용하면 업데이트된 정보를 찾기 위해 홈페이지에 일일이 방문하지 않아도 업데이트될 때마다 빠르고 편리하게 확인할 수 있다. 기상청은 관측자료, 예보자료, 기상지수 등 자체 생산하거나 수집한 자료를 분류에 따라 전면 또는 부분적으로 개방하고 있다. 표 2-14는 기상청 공공데이터 중 개방된 예보 데이터 목록이다.

〈표 2-14〉 기상청 공공데이터 중 개방된 예보 데이터

공공데이터	데이터 설명	예보 자료
동네 예보	예보 기간과 구역을 시·공간적으로 세분화하여 행하는 예보	3시간 기온, 최고기온, 최저기온, 상대습도, 풍향, 풍속, 하늘 상태, 강수 확률, 강수 형태, 강수량, 신적설, 유의파고 등의 기상 예보 자료
중기 예보	모레부터 10일간 행하는 예보	기상 전망, 육상날씨, 신뢰도, 기온, 해상날씨, 파고 등

(2) 기상청 RSS 데이터 사용

① 기상청 홈페이지(http://www.kma.go.kr)에 접속하여 [날씨]-[생활과 산업], 왼쪽의 [서비스]-[인터넷]을 선택하여 [RSS]탭을 누른다.

② 동네예보〉시간별예보에서 그림과 같이 지역을 설정하고 RSS버튼을 클릭한다.

③ RSS 버튼을 클릭하면 다음과 같이 XML 형태의 정보를 확인할 수 있다. 실습을 위해 해당 URL(http://www.kma.go.kr/wid/queryDFSRSS.jsp?zone=2817055500)을 복사해 두자.

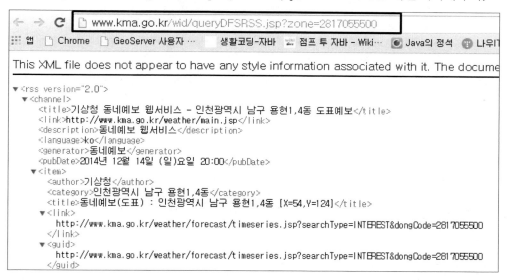

④ 새 프로젝트를 만들기 위해 [Project]-[Start new project]를 선택하고 'project name'에 "KmaXml"을 입력하고 OK를 클릭한다.

⑤ 드래그 앤 드롭으로 팔레트에서 아래의 표와 같이 필요한 컴포넌트를 설치한다.

Palette	컴포넌트	이름	목적
User Interface	Label	Label1	레벨 출력
Connectivity	Web	Web1	목적지 선택 시 지도 실행

⑥ 아래의 표와 같이 블럭 에디터의 기능을 설정한다.

단계	블록 설정	Viewer
1	Screen1, Web1을 각각 클릭해서 스크린이 초기화될 때 웹 주소를 넣을 블록 추가	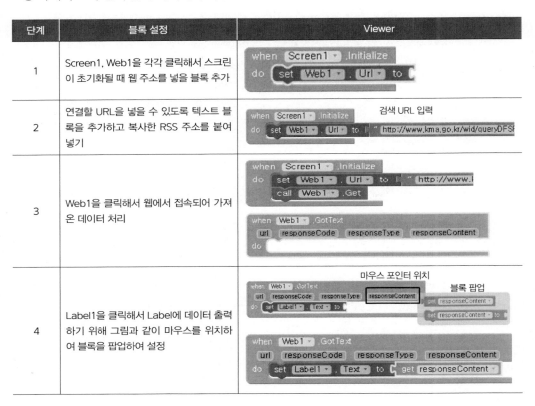
2	연결할 URL을 넣을 수 있도록 텍스트 블록을 추가하고 복사한 RSS 주소를 붙여넣기	
3	Web1을 클릭해서 웹에서 접속되어 가져온 데이터 처리	
4	Label1을 클릭해서 Label에 데이터 출력하기 위해 그림과 같이 마우스를 위치하여 블록을 팝업하여 설정	

⑦ 실행 결과를 확인한다. 주요 XML 코드는 다음 표와 같다.

<표 2-15> 주요 XML 코드

XML 코드	설명	비고
〈?xml version="1.0" encoding="UTF-8" ?〉	xml 선언부에 한글 처리(utf-8) 인코딩 선언	
〈header〉		
〈tm〉201412142000〈/tm〉	발표시각:yyyymmddhhMM	02, 05, 08, 11, 14, 17, 20, 23시 (1일 8회)
〈ts〉6〈/ts〉	시간 step: 동네예보 중 6번째	
〈x〉54〈/x〉	x좌표	
〈y〉124〈/y〉	y좌표	
〈body〉		
〈data seq="0"〉	48시간 중 1번째 sequence 3시간에 대한 data Element	
〈hour〉24〈/hour〉	21~24까지 동네예보 3시간 단위	
〈day〉0〈/day〉	오늘/내일/모레 중 오늘	
〈temp〉-1.1〈/temp〉	현재 시간 온도(21~24시)	
〈sky〉3〈/sky〉	하늘상태 코드	① 1: 맑음 ② 2: 구름조금 ③ 3: 구름많음 ④ 4: 흐림
〈pty〉0〈/pty〉	강수상태 코드	① 0: 없음 ② 1: 비 ③ 2: 비/눈 ④ 3: 눈/비 ⑤ 4: 눈
〈wfKor〉구름 많음〈/wfKor〉	날씨(한국어)	① 맑음 ② 구름 조금 ③ 구름 많음 ④ 흐림 ⑤ 비 ⑥ 눈/비 ⑦ 눈
〈pop〉20〈/pop〉	강수확률(%)	
〈r12〉0.0〈/r12〉	12시간 예상 강수량	강수량 범주/저장값 ① 0.1mm 미만(0mm 또는 없음) / 0 〈= x 〈 0.1 … ⑦ 50mm 이상(50mm 이상) / 50 〈= x
〈s12〉0.0〈/s12〉	12시간 예상 적설량	적설량범주/저장값 ① 0.1cm 미만(0mm 또는 없음) / 0 〈= x 〈 0.1 … ⑥ 50mm 이상(50mm 이상) / 20 〈= x
〈ws〉1.1〈/ws〉	풍속(m/s)	
〈wd〉1〈/wd〉	풍향	풍향(8방): 0~7 ① 북 ② 북동 ③ 동 ④ 남동 ⑤ 남 ⑥ 남서 ⑦ 서 ⑧ 북서
〈wdKor〉북동〈/wdKor〉	풍향(한국어)	
〈reh〉74〈/reh〉	습도(%)	

(3) 예보 정보 추출

XML 파싱을 위해서 전역 변수 str을 선언하고 List로 만든다. 이 List에 오픈 태그와 클로즈 태그 사이의 값을 추출한다. 이 작업을 하는 부분을 함수 프로시저로 생성한다.

① 프로젝트를 다른 이름으로 저장하여 만들기 위해서 [Project]—[Save Projects As]를 선택하여 'New name'에 "KmaXml2"를 입력하고 OK를 클릭한다.

② 아래 표와 같이 블럭 에디터 기능을 설정한다.

단계	블록 설정	Viewer
1	[Built-in]—[Variables]에서 전역 List 변수 str 선언하고 [Built-in]—[List]에서 설정	
2	[Built-in]—[Procedures]에서 파싱 함수 (xmlParser) 생성	
3	xmlParser 프로시저는 3개의 입력 매개변수를 생성하여 매개변수 "str", "a", "b"로 변경	
4	전역 리스트 변수 str [set {global str} to] 프로시저 추가	
5	[Built-in]—[Text]에서 문장 분리	

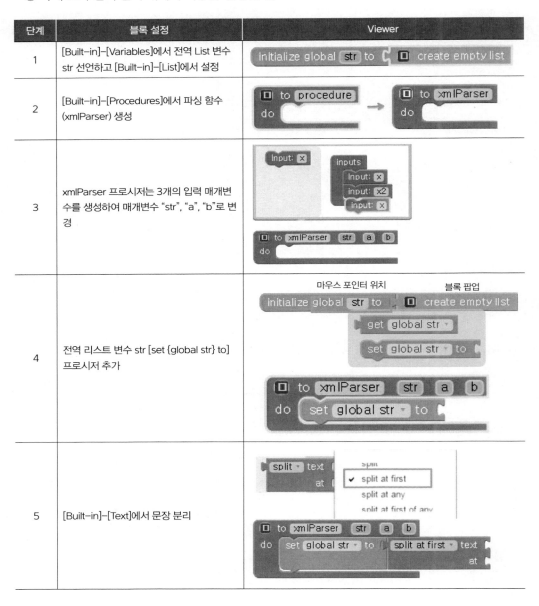

6	프로시저에서 입력받은 문자열(str)과 오픈 태그(a) 텍스트에 추가	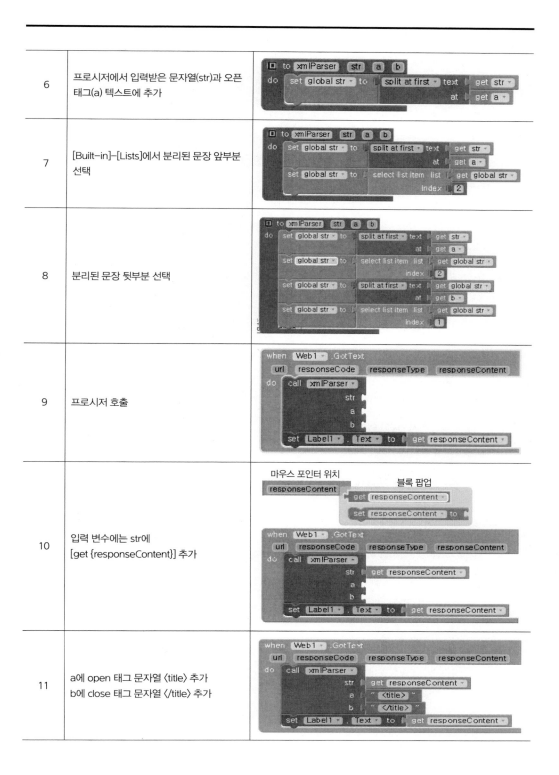
7	[Built-in]-[Lists]에서 분리된 문장 앞부분 선택	
8	분리된 문장 뒷부분 선택	
9	프로시저 호출	
10	입력 변수에는 str에 [get {responseContent}] 추가	
11	a에 open 태그 문자열 〈title〉 추가 b에 close 태그 문자열 〈/title〉 추가	

12	전역 str 변수 Label 출력	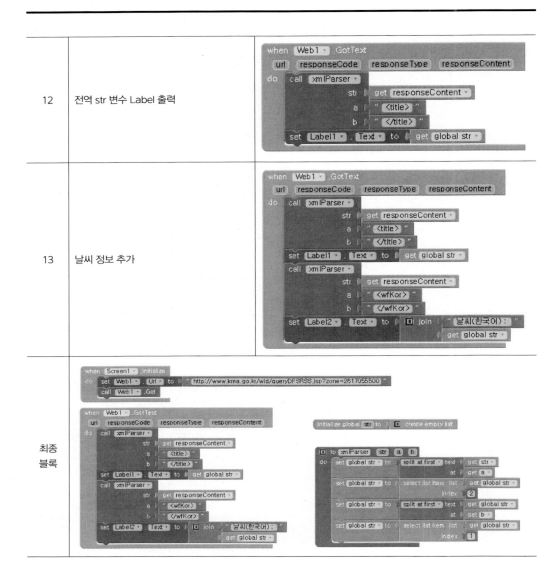
13	날씨 정보 추가	
최종 블록		

③ 예보 위치 및 날씨 정보 실행 결과를 확인한다.

SPATIAL INFORMATION SCIENCE ON PRACTICE

GRASS GIS
실습

3편

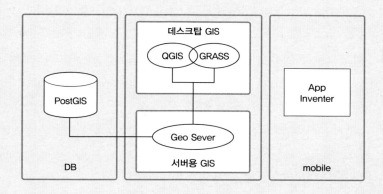

1. 개요

1.1 GRASS GIS 소프트웨어 소개

GRASS GIS에서 'GRASS'는 'Geographic Resources Analysis Support System'의 약자로, 공간데이터의 관리 및 분석, 영상 처리, 그래픽과 지도 제작, 공간 모델링, 시각화 등의 분야에 사용되는 오픈소스 소프트웨어이다. 현재는 많은 정부 기관 및 환경 컨설팅 기업뿐만 아니라 전 세계의 학술 및 상업 분야에서 널리 활용되고 있다.

원래 1982년에서 1995년까지 미국 육군공병단(US Army Corps of Engineers)에서 군사용으로 토지관리 및 환경계획을 위해서 개발된 도구였으나, 현재까지 다양한 응용과 과학 분야에서 강력한 도구로 개발되어 왔다. 전 세계의 많은 분야에서 지속적으로 개발 및 활용되고 있으며, 세계 각국에서 다국적의 개발 팀으로 구성된 조직에 의해 계속 성장하고 있는 오픈소스 소프트웨어이다.

GRASS GIS는 GPL(General Public License)의 라이선스를 지닌다. GPL은 가장 많이 사용되는 대표적인 오픈소스 라이선스로, 사용, 수정, 복제, 배포 등이 모두 자유롭다. 그러나 소스를 수정한다면, 이와 연동된 소스 코드까지 모두 공개해야 하고, 소스 코드를 제공받을 수 있는 방법에 대해서도 설명해야 한다.

이상과 같이 자유롭게 사용할 수 있으며, 다양한 분야에서 널리 활용되고, 지속적으로 개발하고 있으며, 관리의 생태계가 잘 갖추어져 있기 때문에 위성영상처리를 위한 실습도구로 GRASS GIS 소프트웨어를 사용하였다. GRASS GIS는 리눅스, 윈도우, 맥 OS 환경에서 모두 사용할 수 있으며, 윈도우 환경에서는 윈도우 X에서 윈도우 10(32비트 및 64비트)까지 가능하다. 보다 자세한 내용은 GRASS GIS의 웹 사이트(http://grass.osgeo.org)에서 확인할 수 있으며, 개발 환경에 대한 설명과 도움을 받을 수 있는 방법, 소스 코드의 사용과 개발 등 다양한 정보를 얻을 수 있다.

1.2 실습의 구성

위성영상의 처리는 분석 목적에 따라 여러 단계로 구분되어 실행된다. 데이터의 포맷을 맞추는 일, 영상의 오류를 보정하는 일, 육안으로 잘 볼 수 있도록 영상 강조를 수행하는 일, 필요한 작업을 위하여 여러 영상을 함께 사용하여 통계적인 분석을 하거나 새로운 영상을 만드는 일, 원하는 형태의 영상으로 바꾸는 일, 데이터를 처리하여 필요한 내용의 항목으로 분류하는 일 등 상당히 다양한 내용의 일들을 수행할 수 있다. 그러나 일반적인 위성영상의 처리 및 분석기능을 구분해 보면, 다음의 표 3-1과 같은 내용으로 진행될 수 있다.

〈표 3-1〉 주요 위성영상처리 기법의 내용

	목적	주요 처리 기법
전처리	영상 분석 단계 이전에 위성영상의 오류나 왜곡을 보정하거나 복원하는 단계	- 기하보정 - 대기보정 - 그림자효과 제거 - 센서의 오류로 인한 노이즈 제거
영상 강조	시각적 해석과 이해를 돕기 위한 영상의 밝기값 변환	- 히스토그램 강조 - 공간 필터링
영상 변환	여러 위성영상을 조합해서 하나의 영상을 만들어 내는 것으로, 원래의 영상이 가지고 있던 특징을 강조하거나 많은 정보를 압축·요약하는 것	- 주성분 분석 - 식생지수
영상 분류	위성영상의 각 화소를 특정한 항목에 할당함으로써 새로운 영상을 생성하는 과정	- 감독 분류 - 무감독 분류

실습은 위성영상처리의 개념을 쉽게 이해하고 확인하기 위한 내용으로 다음과 같이 구성하였다.

먼저 USGS 사이트로부터 위성영상을 내려받는 방법으로부터 시작하였다. USGS의 두 사이트로부터 랜드샛(Landsat)-7, 8의 위성영상을 내려받았으며, 영상처리와 분석은 랜드샛-7을 대상으로 하였다. 다음으로 GRASS GIS 소프트웨어를 설치하는 방법, 내려받은 위성영상을 GRASS GIS에서 사용할 수 있도록 하는 내용이다. 이후 영상 강조, 무감독 분류와 감독 분류를 포함한 영상 분류, 그리고 분류 결과에 대한 정확도 평가 방법 등을 대상으로 실습을 진행하였다. 단, USGS로부터 좌표변환된 랜드샛 영상을 내려받은 것이기 때문에 기하보정과 다양한 인자를 고려해야 하는 대기보정에 관한 것은 생략하였다.

2. GRASS GIS 실습

예제1	USGS 사이트로부터 위성영상 내려받기

실습의 목적	실습에 사용할 위성영상을 USGS 사이트에서 내려받기
실습의 목표	• USGS 사이트에서 위성영상을 검색하고 내려받기까지의 전 과정을 설명할 수 있다. • USGS 사이트를 통해 검색은 되었으나 내려받을 수 없는 경우에는 서비스를 신청하고, 확인 메일을 받아 내려받기까지의 과정을 설명할 수 있다. • 위성영상을 내려받을 수 있는 USGS 웹 사이트 2곳의 특징에 대해 설명할 수 있다.
실습의 구성	1. 위성영상 검색 2. 사용자 등록 3. 위성영상 신청 4. 또 다른 사이트를 이용해서 위성영상 검색
실습에 사용된 위성영상	랜드샛-7호 영상(수집일: 2000년 4월 29일, 2001년 9월 23일)
실습에 필요한 웹 사이트	USGS 위성영상 검색 사이트 • http://glovis.usgs.gov • http://earthexplorer.usgs.gov

(1) USGS 사이트에서 위성영상 검색

① 인터넷을 사용하여 USGS의 위성영상 검색 사이트(http://glovis.usgs.gov)에 접속한다.

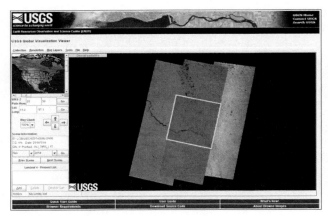

② 내려받을 위성영상의 종류를 선택하기 위해서 뷰어의 상단 메뉴에서 [Collection]-[Landsat Archive]-[L7 SLC-on(1999~2003)]을 차례대로 선택한다. 랜드샛-7의 검색 조건으로 변경된 것을 알 수 있다.

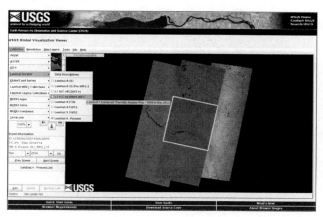

③ 원하는 위성영상의 수집 연도를 입력한다. 실습을 위해서 임의로 1999년 5월을 입력한다.

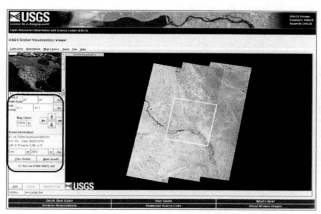

④ 왼쪽의 'path/row'의 입력 창에 각각 "116", "34"를 입력하고 입력 창 우측의 GO 버튼을 클릭한다.

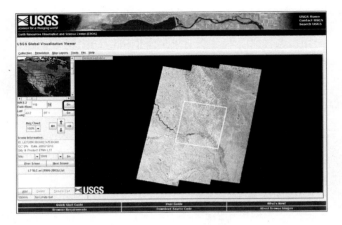

⑤ 검색 결과로 2003년 4월의 위성영상이 나타났다. 다른 날짜의 위성 영상을 선택하려면 좌측의 Prev Scene과 Next Scene 버튼을 눌러 변경할 수 있다.

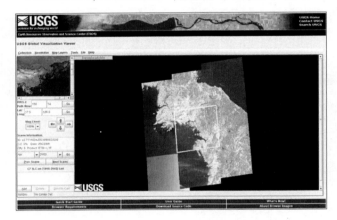

⑥ 아래와 같이 2001년 2월 영상으로 변경하여 화면에 출력할 수 있다.

⑦ 특정 조건에 맞는 위성영상 검색이 가능하다. 이 실습에서는 구름이 0%인 2000년 4월 영상을
내려받기로 한다.

⑧ 영상에서 구름의 양은 좌측의 영상정보 창에 있는 CC(Cloud Coverage) 창의 설명을 통해 알
수 있다.

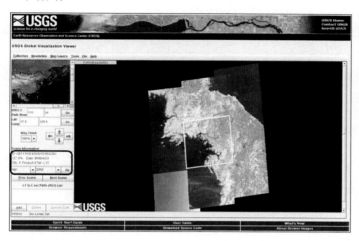

(2) 사용자 등록

① 앞서 실습을 통해 얻은 검색 결과의 위성영상을 내려받으려면 화면 상단에 'downloadable'의
표시가 있어야 한다.

② 이를 확인했으면 왼쪽 하단의 Add 버튼을 눌러 검색된 영상을 목록에 등록한다.

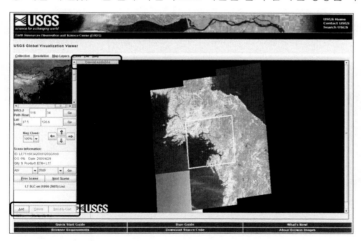

③ 좌측 하단의 목록에서 영상이 등록되었음을 확인할 수 있다. 검색을 계속하면서 원하는 영상
을 추가로 등록할 수 있다. 내려받기 위해 모두 등록하였으면 Send to Cart 버튼을 클릭한다.

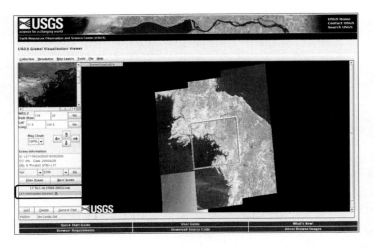

④ 앞에서 버튼을 클릭하면, 위성영상을 내려받을 수 있는 USGS 사이트(https://earthexplorer.usgs.gov)로 이동된다.

⑤ 위성영상을 내려받으려면 사용자 등록이 되어 있어야 한다. 사용자 등록이 되어 있으면 직접 로그인하고, 그렇지 않으면 사용자 등록을 한 다음 로그인한다.

⑥ 내려받을 위성영상을 확인하고 'Bulk Download'에 체크한 후 Apply 버튼을 누른다.

⑦ 원하는 영상을 내려받을 수 없는 경우 요청한 위성영상이 남아 있지 않음을 알리는 메시지가 있다. Go to Item Basket 버튼을 클릭해서 검색된 위성영상의 ID를 클릭한다.

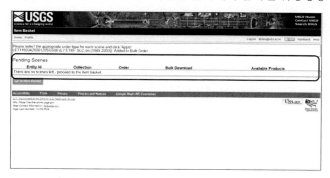

(3) 위성영상 신청

① 목록의 위성영상이 적절한 것인지 다시 한번 확인하고 하단의 Proceed to Checkout 버튼을 클릭한다.

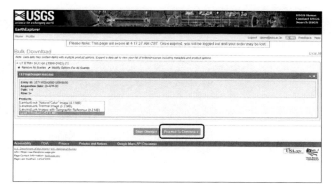

② 내용을 다시 확인한 후 Submit Order 버튼을 클릭하면 신청이 완료되며, 결과는 이메일로 받을 수 있다.

③ 예제2의 USGS 위성영상 사이트(http://earthexplorer.usgs.gov)로 되돌아가 위성영상 검색을 다시하여 신청한다.

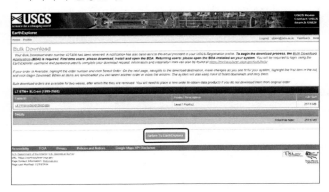

④ 위성영상을 신청하면, USGS로부터 위성영상의 신청은 2주간 유효하며 이 기간 동안 내려받을 수 있다는 내용의 결과를 이메일로 받게 된다.

⑤ 신청한 위성영상을 내려받기 위해 영상의 ID를 클릭하여 메타데이터 사이트로 이동하면 메타데이터와 미리보기 영상을 통해 신청 내용을 확인할 수 있다.

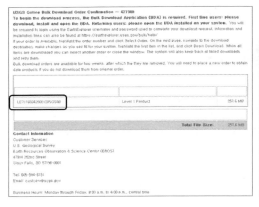
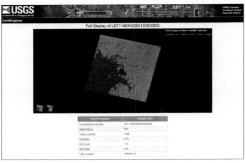

⑥ 메타데이터 페이지의 아래에 있는 'Download'를 클릭한다.

⑦ 내려받기 위해 이동된 페이지에서 좌측의 Download 버튼을 클릭해서 영상과 설명 파일을 내려받으면 된다.

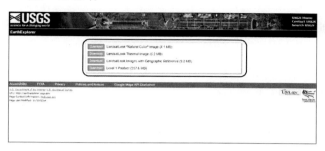

(4) 또 다른 사이트를 이용해서 위성영상 검색

① 별도의 검색 사이트(http://earthexplorer.usgs.gov)를 이용해서 위성영상을 검색한다.

② 'path/row'에 각각 "115", "34"를 입력하고, 하단의 show 버튼을 클릭하면 오른쪽 화면에 우리나라가 나타나며 좌측에 경위도 좌푯값도 출력된다.

③ 상단의 [Data Sets] 탭에서 [Landset Legacy]를 눌러 위성영상의 종류를 'ETM+(1999-2003)'로 선택하고 하단의 Results 버튼을 누른다.

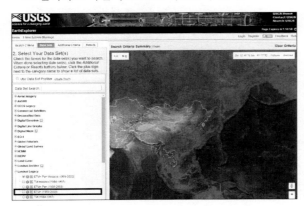

④ 내려받을 수 있는 위성영상(2001년 9월 23일 수집)이 검색된다.

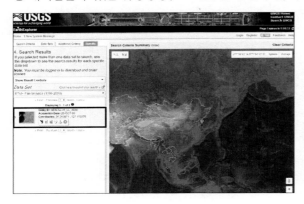

⑤ 검색 결과의 메타데이터를 통해 위성영상의 정보를 확인할 수 있다.

⑥ 내려받기 아이콘(⬇)을 클릭해서 위성영상을 내려받는다.

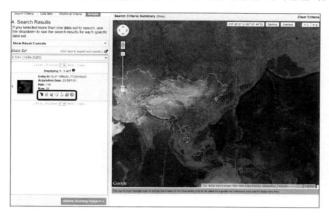

⑦ 위성영상을 내려받을 수 있는 창이 열리면 내려받을 폴더의 위치를 지정한다.

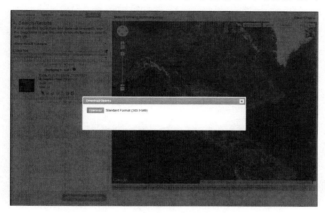

⑧ 내려받기가 완료되면, 압축을 해제한 뒤 영상을 확인할 수 있다.

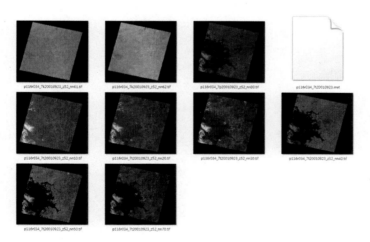

예제2	**GRASS GIS 내려받기 및 설치하기**

실습의 목적	실습에 사용할 위성영상 처리 소프트웨어 GRASS GIS를 내려받고 설치하기
실습의 목표	• 안정적으로 사용할 수 있는 GRASS GIS의 최신 버전이 무엇인지 설명할 수 있다. • GRASS GIS 사이트로부터 사용법이나 필요한 샘플 데이터를 내려받을 수 있다. • GRASS GIS의 설치 방법을 설명할 수 있다.
실습의 구성	1. GRASS GIS 내려받기 2. GRASS GIS 설치 3. GRASS GIS 시작 4. 위성영상을 GRASS GIS로 import
실습에 사용된 GRASS GIS의 버전	GRASS GIS 6.4.4
실습에 필요한 웹 사이트	GRASS GIS 홈페이지 • http://grass.osgeo.org

(1) GRASS GIS 내려받기

① GRASS GIS 사이트(http://grass.osgeo.org)에 접속한다.

② 메뉴에서 [Download]-[Software]-[MS-Windows]를 순서대로 선택하여 내려받기 페이지로 이동한다.

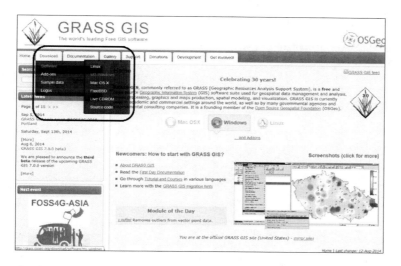

③ 내려받을 소프트웨어의 버전을 선택할 수 있는데, 최신 버전보다는 안정적으로 사용할 수 있는 것이 실습에 적절하다. 따라서 GRASS GIS 6.4를 선택하여 링크를 클릭한다.

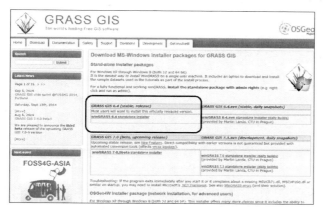

④ 이동한 페이지에서 박스 내의 설치 실행 파일(WinGRASS-GIS 6.4.4-1-Setup.exe)을 클릭하여 원하는 폴더에 GRASS GIS 설치 실행 파일을 다운로드한다.

⑤ 다운로드한 설치 실행 파일을 더블클릭하여 설치를 시작한다.

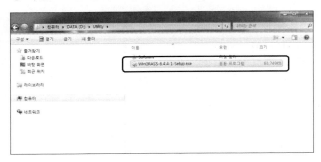

(2) GRASS GIS 설치

① 아래 그림과 같이 설치 시작 화면이 나타나면 Next 버튼을 클릭한다.

② 라이선스를 확인하고 Next 버튼을 클릭해서 계속 진행한다.

③ 설치 경로는 다음 그림과 같이 한글이 포함되지 않도록 설정한다.

④ 소프트웨어 설치 시 GRASS GIS의 샘플 데이터도 함께 내려받을 수 있으나, 실습 대상이 아니
므로, 체크할 필요는 없다.

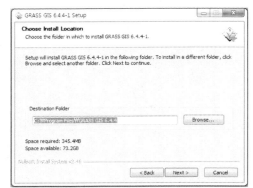

⑤ 압축이 해제되면서 설치되고 완료 창이 나타나면 Next 버튼을 클릭해서 계속 진행한다.

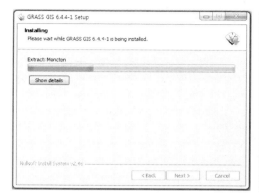 

⑥ Finish를 눌러 설치가 종료되면 바탕화면에 GRASS GIS의 아이콘이 나타난다.

(3) GRASS GIS 시작

① GRASS GIS의 설치 후 바탕화면에 생성된 GRASS GIS 아이콘을 더블클릭한다.

② GRASS GIS가 시작되면 아래와 같은 창이 나타나는데 Browse 버튼을 눌러 위성영상의 분석에 사용될 폴더를 지정할 수 있으며, Location wizard 아이콘으로 위성영상의 좌표 체계와 투영법을 정의할 수 있다.

③ Location wizard 버튼을 누르고 'Project Location'에는 "Seoul_Landsat", 'Location Title'에는 "Seoul Landsat Data"를 입력한다.

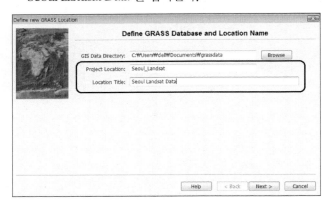

④ 내려받은 랜드샛 영상의 좌표 체계와 동일하게 설정한다.

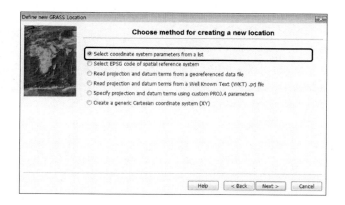

⑤ 프로젝션 선택 창에서 아래 그림과 같이 'Search in description'에 "utm"을 입력하고 엔터 키를 누르면 목록이 출력되는데 목록에서 "utm"을 선택하면 'Projection code'에 "utm"이 자동으로 입력된다.

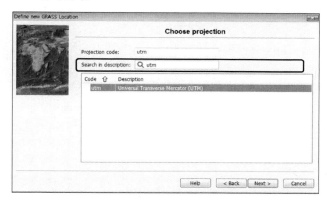

도움말 위성영상의 'Projection parameters' 확인하기

USGS 사이트에서 내려받은 위성영상의 설명 파일('랜드샛영상의ID'_MTL.txt)을 열어 좌표 체계와 투영법을 확인한다.

```
LC81160342014150LGN00_MTL.txt
190     K1_CONSTANT_BAND_11 = 480.89
191     K2_CONSTANT_BAND_10 = 1321.08
192     K2_CONSTANT_BAND_11 = 1201.14
193   END_GROUP = TIRS_THERMAL_CONSTANTS
194   GROUP = PROJECTION_PARAMETERS
195     MAP_PROJECTION = "UTM"
196     DATUM = "WGS84"
197     ELLIPSOID = "WGS84"
198     UTM_ZONE = 52
199     GRID_CELL_SIZE_PANCHROMATIC = 15.00
200     GRID_CELL_SIZE_REFLECTIVE = 30.00
201     GRID_CELL_SIZE_THERMAL = 30.00
202     ORIENTATION = "NORTH_UP"
203     RESAMPLING_OPTION = "CUBIC_CONVOLUTION"
204   END_GROUP = PROJECTION_PARAMETERS
205 END_GROUP = L1_METADATA_FILE
206 END
```

⑥ 'Projection Zone'에 "52"를 입력한다.

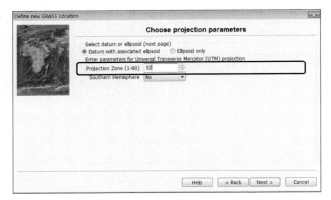

⑦ "wgs"를 검색하여 "wgs84"를 선택하면 'Datum code'에 "wgs84"가 자동으로 입력된다.

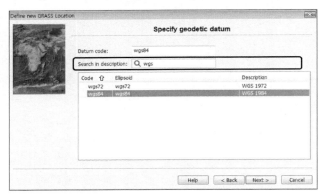

⑧ 입력이 완료되면 내려받은 랜드샛 영상의 좌표 체계와 동일하게 입력하였기 때문에 좌표 변환
이 필요없다는 내용의 확인 창이 나타난다. 이때 OK 버튼을 클릭한다.

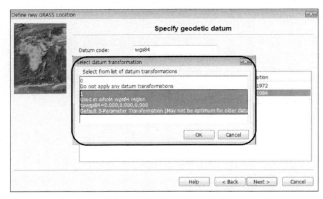

⑨ 내용을 확인한 후 Finish를 클릭하면 뜨는 창에서 아니요(N)를 클릭한다.

⑩ 새로운 mapset의 이름으로 "2014150"을 입력한다.

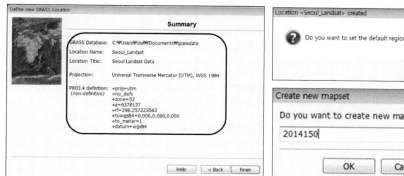
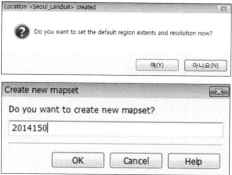

⑪ 새로운 내용의 "Seoul_Landsat"과 "2014150"이 만들어진 것을 알 수 있다. 이제 Start GRASS 버튼을 눌러 GRASS GIS를 시작한다.

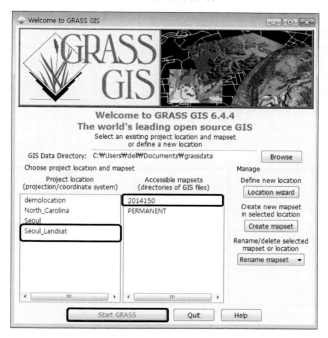

(4) 위성영상을 GRASS GIS로 import

① import의 내용을 선택하기 위해서 좌측의 [Layer Manager] 창의 메뉴에서 [File]-[Import raster data]-[Common formats import]를 클릭한다.

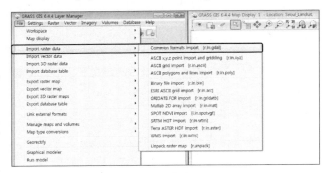

② 아래의 [import rester data] 창에서 'Source type'을 "Directory"로 설정하고 위성영상을 내려 받은 폴더를 설정한다. 실습에 필요한 밴드를 선택하기 위해 'List of GDAL layers'에서는 밴드 1,2,3,4,8을 선택하고 Import를 클릭한다.

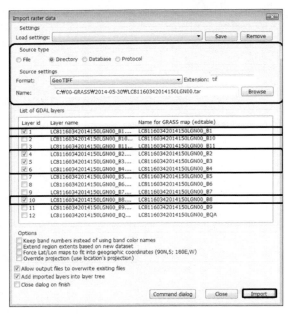

③ import가 완료되면 좌측 하단의 [Map layers] 탭을 클릭하고 출력을 원하는 밴드를 클릭하면 오른쪽의 출력 창에 영상이 나타난다.

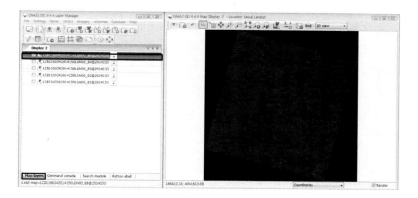

④ [Layer Manager] 창 상단의 도구 모음에서 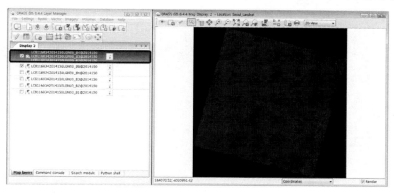(Add various raster map layers)를 클릭한다.

⑤ [Add RGB map layer]를 통해 색 조합(false color composite)으로 컬러 영상을 출력할 수 있다.

⑥ 위성영상이 화면에 출력되었다. 그러나 영상의 내용을 잘 알아 볼 수 없을 정도로 어둡게 출력
되었다. 어떻게 해야 위성영상을 밝은 상태에서 잘 볼 수 있을까? 이 문제를 다음 실습을 통해
해결해 보자.

예제3   **영상 강조하기**

실습의 목적	GRASS GIS를 사용한 영상 강조의 내용을 이해하기
실습의 목표	• 위성영상의 히스토그램을 출력하고 영상의 특성을 설명할 수 있다. • 다양한 영상 강조의 내용에 대해 설명할 수 있다. • 위성영상을 색 조합해서 화면에 출력하는 방법을 설명할 수 있다. • 식생지수(NDVI)를 구하는 방법에 대해 설명할 수 있다. • 화면에 출력된 위성영상의 결과물 위에 범례를 표시할 수 있다. • GRASS GIS의 mapcalc 기능을 이용한 영상 처리 방법을 설명할 수 있다.

실습의 구성	1. 각 밴드를 개별적으로 출력 2. 3개의 밴드를 조합하여 출력 3. 위성영상의 히스토그램 출력 4. 영상 강조 실행 5. 색 조합 6. 식생지수 계산
실습에 사용된 위성영상	랜드샛-7호 영상(수집일: 2003년 5월 8일)

(1) 각 밴드를 개별적으로 출력

① 이미 Project location과 Accessible mapsets은 정의하였으므로, 각각 "Seoul_Landsat", "20030508"을 선택하고 Start GRASS를 클릭한다.

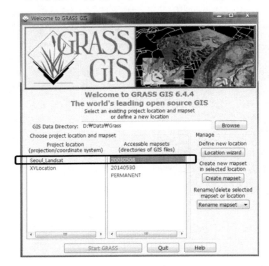

② 위성영상을 화면에 출력하는 방법은 각 밴드의 위성영상을 개별적으로 출력하거나, 3개의 밴드를 선택해서 RGB 색 조합으로 출력하는 두 가지 방법이 있다.

③ 각 밴드의 개별적인 출력은 도구 모음의 [이미지](Add raster map layer)를 사용하고, 3개의 밴드를 선택하는 것은 [이미지](Add various raster map layers)를 사용한다.

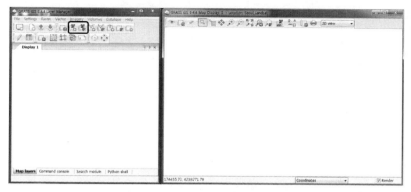

④ 먼저 각 밴드의 위성영상을 개별적으로 출력하기 위해서 [Layer Manager] 창의 ![icon] 를 클릭하면 [Layer Manager] 창에 자동으로 래스터 맵의 목록이 나타난다. 또한 [d.rast] 창을 통해 출력을 원하는 래스터 맵을 선택할 수 있다(아래 그림의 ①~③).

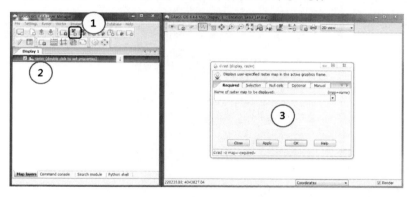

⑤ [d.rast] 창에서 출력을 원하는 래스터 맵을 선택한다(아래 그림의 ④).

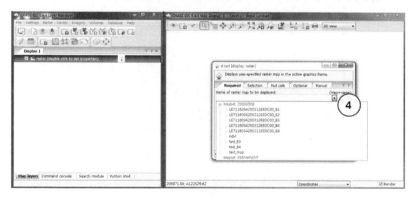

⑥ 선택된 래스터 맵이 목록에 나타나는 것을 확인하고 창 하단의 OK를 클릭한다(아래 그림의 ⑤~⑥).

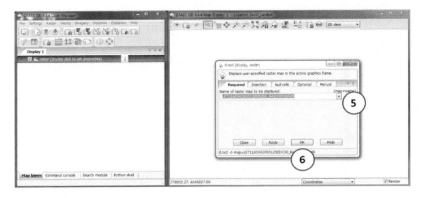

⑦ [Layer Manager] 창의 목록에 선택된 래스터 맵의 이름이 나타나고 이와 동시에 [Map Display] 창에 래스터 맵이 출력된다(아래 그림의 ⑦~⑧).

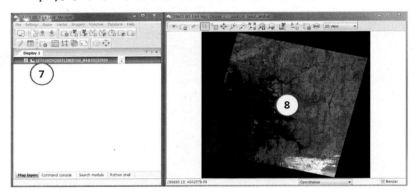

⑧ 앞에서의 과정을 동일하게 반복해서 원하는 래스터 맵을 출력할 수 있다(아래 그림의 ⑨).

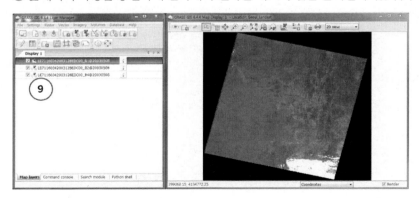

⑨ 동일한 방법으로 여러 개의 래스터 맵을 추가해서 출력할 수 있다. 이때, 래스터 맵 목록의 체크 박스가 선택되면 [Map Display] 창에 래스터 맵이 출력되고, 체크 박스가 해제되면 래스터 맵이 사라진다. 또한 레이어 목록에서 래스터 맵의 순서에 따라 우측에 출력되는 래스터 맵도

달라진다(아래 그림의 ⑩).

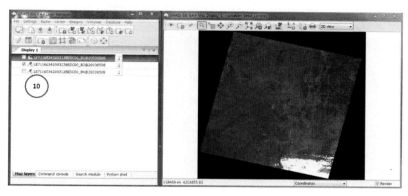

(2) 3개의 밴드를 조합하여 출력

① [Layer Manager] 창에서 ◻ 도구를 선택한다(아래 그림의 ①).

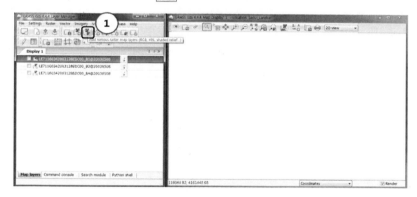

② 풀다운(pull-down) 메뉴에서 [Add RGB map layer]를 선택한다(아래 그림의 ②).

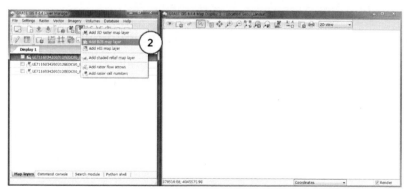

③ [Layer Manager] 창에 자동으로 래스터 맵 목록이 나타나고(아래 그림의 ③) 우측에 [d.rgb] 창

이 나타난다(아래 그림의 ④). 여기에서 red, green, blue의 색에 할당될 래스터 맵을 선택하여 입력할 수 있다.

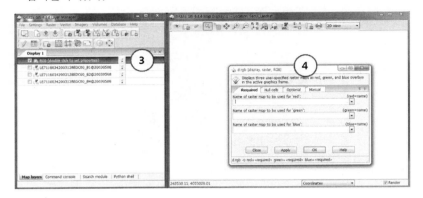

④ red의 래스터 맵(Name of raster map to be used for 'red')에 밴드 4의 영상을, green의 래스터 맵(Name of raster map to be used for 'green')에 밴드 2의 영상을, blue의 래스터 맵(Name of raster map to be used for 'blue')에 밴드 1의 영상을 선택하고 OK를 클릭한다(아래 그림의 ⑤~⑧을 차례대로 선택하고 클릭).

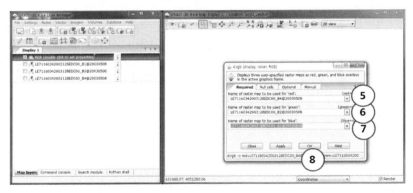

⑤ [Layer Manager] 창의 목록에서 앞에서 선택한 3개의 래스터 맵을 찾을 수 있고(아래 그림의 ⑨) 우측의 [Map Display] 창에 색 조합된 위성영상이 출력된다. 그러나 영상이 어둡게 나타난다(아래 그림의 ⑩).

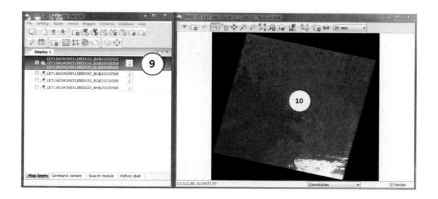

(3) 위성영상의 히스토그램 출력

① 래스터 맵의 히스토그램을 통하여 위성영상의 값의 분포를 확인할 수 있다. 이때 히스토그램
의 계산과 출력은 각 래스터 맵마다 개별적으로 처리된다(아래 그림의 ①).

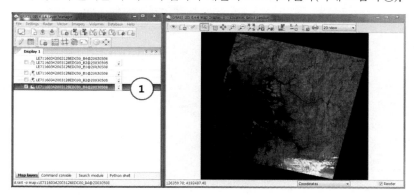

② [Layer Manager] 창의 메뉴에서 [Imagery]−[Histogram]을 선택한다(아래 그림의 ②~③).

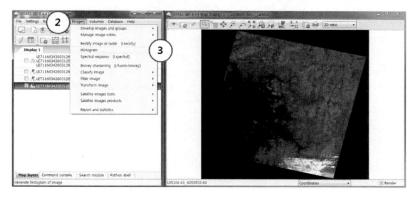

③ 우측에 히스토그램 툴 창이 나타나면 ▨(Create histogram with)를 클릭한다(아래 그림의 ④).

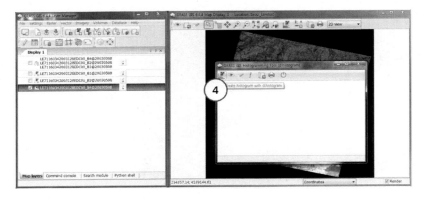

④ [d.histogram] 창이 열리면 히스토그램의 출력을 원하는 래스터 맵을 선택한다(아래 그림의 ⑤).

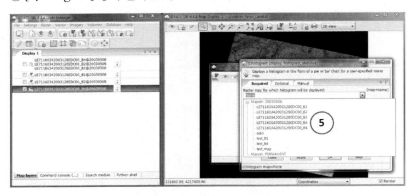

⑤ 출력을 원하는 래스터 맵을 선택하면 [Layer Manager] 창의 목록에 나타나는데(아래 그림의 ⑥), 이때 OK 버튼을 클릭한다(아래 그림의 ⑦).

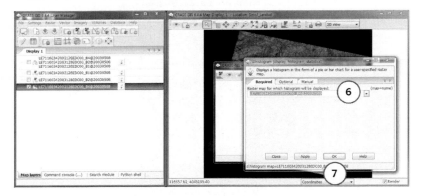

⑥ 위성영상 밴드 4의 히스토그램을 출력한다. 출력 영상이 어두운 이유는 히스토그램에서 x축은 0에서 255까지 밝기 값의 범위를, y축은 각 밝기 값에서의 빈도를 나타내는 것인데 영상의 밝기 분포에서 가장 높은 빈도 값이 밝기 값 20에 집중되어 있기 때문이다(아래 그림의 ⑧).

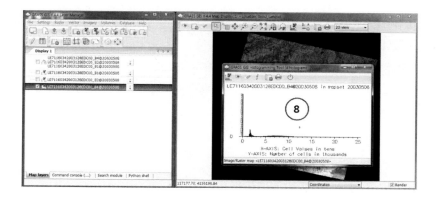

(4) 영상 강조 실행

① 영상 강조를 수행할 래스터 맵을 선택해서 [Map Display] 창에 출력시켜 영상의 밝기 변화를 쉽게 파악할 수 있도록 한다(아래 그림의 ①).

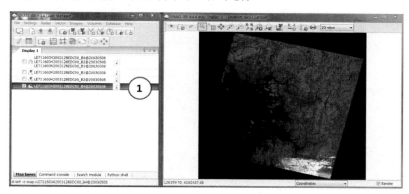

② [Layer Manager] 창의 메뉴에서 [Raster]-[Manage colors]-[Color Tables]를 선택한다(아래 그림의 ②).

③ [r.colors] 창의 [Required] 탭에서 영상 강조를 원하는 래스터 맵을 선택하고 [Colors] 탭을 클릭한다(아래 그림의 ④).

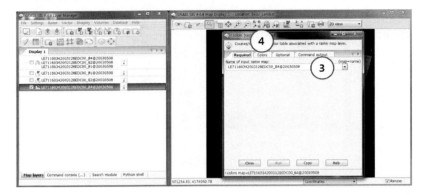

④ [Colors] 탭의 'Type of color table'에서 "grey.eq"를 선택하여 영상의 평활화를 실행하기 위해 Run을 클릭한다(아래 그림의 ⑤).

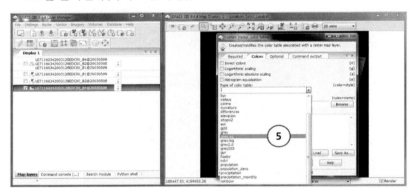

⑤ [Command output] 탭에 실행 결과의 이상 유무가 나타난다(아래 그림의 ⑥). 이상 없음이 확인되면 Close를 클릭해서 종료한다(아래 그림의 ⑦).

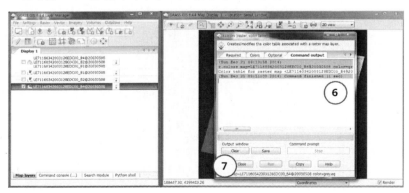

⑥ 오른쪽의 [Map Display] 창에 선택된 래스터 맵이 한층 밝게 나타난 영상 강조 결과가 출력된다
(아래 그림의 ⑧).

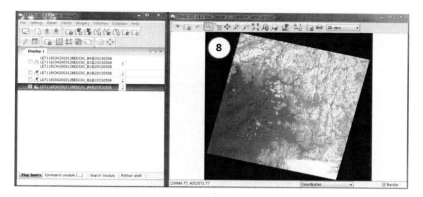

⑦ 나머지 두 개의 래스터 맵, 즉 밴드 1과 밴드 2의 래스터 맵에 대해서도 동일한 방식으로 영상
강조를 실행하고 이상 없이 완료되었음을 확인한다(아래 그림의 ⑨).

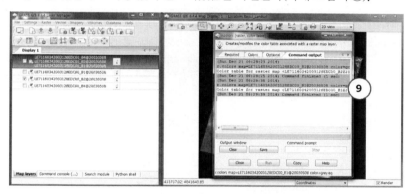

⑧ 이제 Add RGB map layer에 의해 출력된 [Layer Manager] 창의 레이어 목록을 클릭하면, 실행
된 영상 강조의 결과가 반영되고 반영된 결과가 [Map Display] 창에 출력된다(아래 그림의 ⑪).
이제 영상 강조 결과가 반영되어 래스터 맵이 밝게 출력되었다.

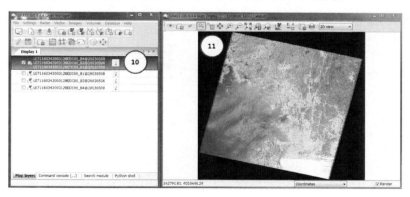

(5) 색 조합

① 앞의 실습에서 래스터 맵의 출력을 위해 밴드 1, 2, 4를 사용했는데 색 조합의 실습을 위해 밴드 3이 필요하므로 밴드 3의 래스터 맵에 대해서도 영상 강조를 실행하여 색 조합의 준비를 마친다(아래 그림의 ①).

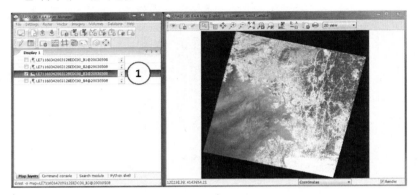

② 이제 [Layer Manager] 창에서 [🖼] 도구를 선택하여 [Add RGB map layer]를 클릭한다.

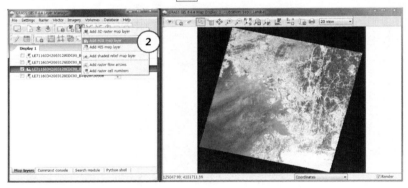

③ [d.rgb] 창의 [Required] 탭에서 red, green, blue의 영역에 각각 밴드 3, 밴드 2, 밴드 1의 래스터 맵을 입력하고(아래 그림의 ③) OK를 누른다(아래 그림의 ④).

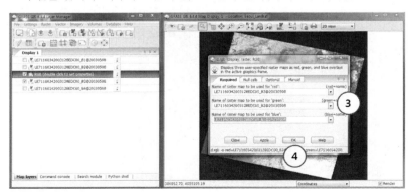

④ 자연색으로 조합된 영상이 출력된다. 이는 적색 밴드의 영상이 red, 녹색 밴드의 영상이 green, 청색 밴드의 영상이 blue로 원래의 색상에 맞게 조합된 결과이다(아래 그림의 ⑤).

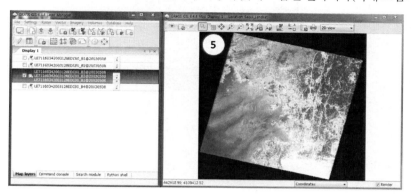

⑤ 이번에는 위색 조합을 위해 [Layer Manager] 창에서 [🖼] 도구를 선택하고 Add RGB map layer를 클릭한다(아래 그림의 ⑥).

⑥ 적외선 영역의 밴드 4를 red, 적색 영역의 밴드 3을 green, 녹색 영역의 밴드 2를 blue로 선택하고(아래 그림의 ⑦) OK를 누른다(아래 그림의 ⑧).

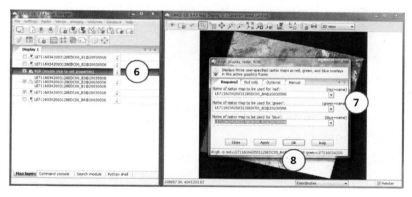

⑦ 위색 조합 결과가 출력된다. 식생에 높은 반사 값을 갖는 적외선 밴드가 다른 색상에 비해 강하게 나타나는 red로 조합되었으므로, 식생의 분포를 쉽게 볼 수 있다(아래 그림의 ⑨).

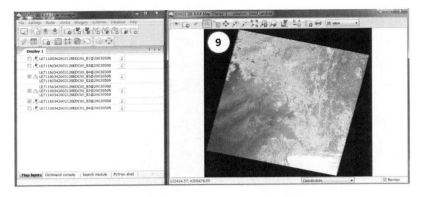

⑧ 각 밴드의 조합에 따라 출력되는 결과가 달라지는 것을 이해할 수 있다. (좌측의 그림은 red, green, blue 밴드에 각각 밴드 3, 2, 1이 적용된 것이다. 오른쪽 그림은 red, green, blue 밴드에 차례대로 4, 3, 2가 적용되었다.)

색 조합: 321/RGB

색 조합: 432/RGB

(6) 식생지수 계산

① 식생지수를 구하기 위해서는 적색과 근적외선 밴드의 래스터 맵이 필요하다. [Layer Manager] 창을 통해 [Map Display] 창에 두 래스터 맵을 각각 출력한다(아래 그림의 ①).

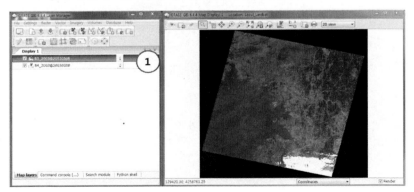

② [Layer Manager] 창의 메뉴에서 [Raster]−[Raster map calculator]를 클릭하여 래스터 맵에 대

한 다양한 영상 처리가 가능하다(아래 그림의 ②).

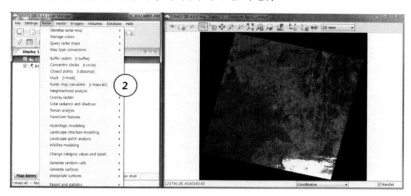

③ [GRASS GIS Raster Map Calculator]는 입력의 오류를 방지하고, 손쉽게 입력할 수 있도록 다양한 수식 작성 기능을 제공한다. 이를 사용하여 입력할 밴드를 선택하고 계산식을 작성한다.

④ 'Expression'에 작성된 수식은 다음과 같다(여기에서 1.0은 정수 간의 계산을 실수로 변환시키기 위해 사용한 것이다.)(아래 그림의 ③~④).

> NDVI=1.0(B4_2003−B3_2003)/(B4_2003+B3_2003)

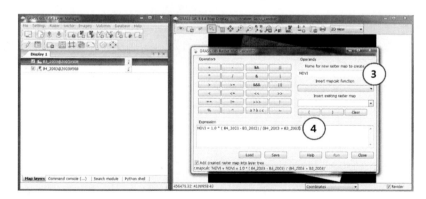

⑤ [GRASS GIS Raster Map Calculator]에서 작성한 수식의 실행 결과 아래와 같이 [Layer Manager] 창에 레이어가 표시되고, 오른쪽의 [Map Display] 창에는 결과 영상이 출력되었다(아래 그림의 ⑤).

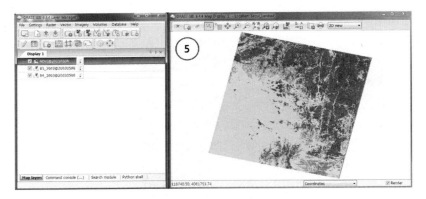

⑥ 결과 영상이 무엇을 의미하는지 이해하기 어렵기 때문에 컬러 맵을 적절한 것으로 변경해 주
어야 한다(아래 그림의 ⑥).

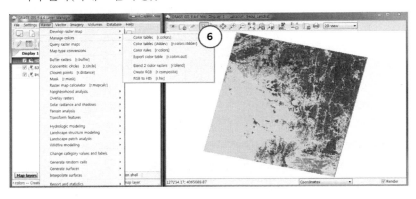

⑦ [r.colors] 창의 [Required] 탭에 식생지수를 처리한 결과 맵의 이름을 입력하고(아래 그림의
⑦) [Colors] 탭의 'Type of color table'에는 "ndvi"를 선택해서 입력(아래 그림의 ⑧)한 다음
Run을 클릭한다(아래 그림의 ⑨).

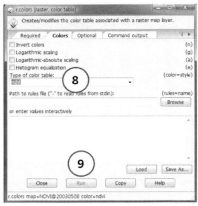

공간정보학 실습

⑧ [Map Display] 창에 ndvi 컬러 맵이 적용된 결과가 출력되었다(아래 그림의 ⑩).

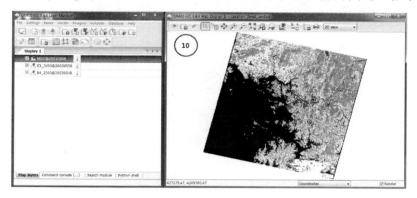

⑨ 출력된 최종 결과물에 범례를 표시하기 위하여 [Map Display] 창에서 ▣A▣(Add map elements)를 클릭하고 풀다운 메뉴에서 [Add legend]를 선택한다(아래 그림의 ⑪).

⑩ 새로 나타난 팝업 창에서 'Show legend'의 체크 박스를 체크하고 OK를 클릭한다(아래 그림의 ⑫~⑬).

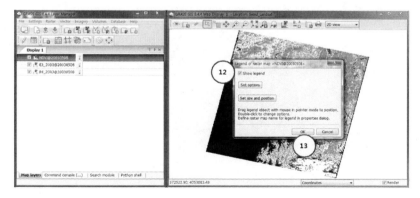

⑪ 식생지수 계산 결과가 출력된 [Map Display] 창에 범례가 표시된다(아래 그림의 ⑭).

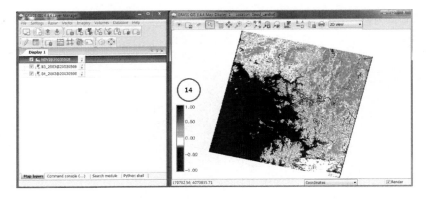

⑫ [Map Display] 창에서 [B-A] 를 클릭하여 풀다운 메뉴에서 [Create histogram of raster map]을 선택한다(아래 그림의 ⑮).

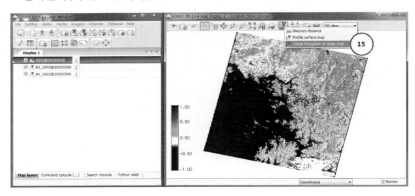

⑬ 식생지수의 계산 결과에 대한 히스토그램이 출력되어 이를 통해 식생지수 값의 분포를 알 수 있다(아래 그림의 ⑯).

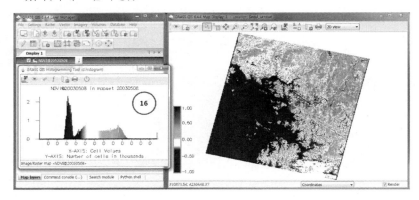

<table>
<tr><td>예제4</td><td>영상 분류: 무감독 분류하기</td></tr>
</table>

실습의 목적	GRASS GIS를 사용한 무감독 분류 방법의 이해
실습의 목표	• 위성영상의 무감독 분류 방법을 설명할 수 있다. • 위성영상의 무감독 분류 결과를 설명할 수 있다. • 영상의 컬러 맵과 데이터의 값을 변경하는 방법을 설명할 수 있다.
실습의 구성	1. 무감독 분류를 실행할 위성영상의 밴드를 그룹으로 지정 2. 군집 분석 3. 무감독 분류 4. 범례 표시 5. 분류 항목별 분포 출력 6. 컬러 맵 변경 7. 분류 결과 해석 8. 분류 결과 재조정
실습에 사용된 위성영상	랜드샛-7호 영상(수집일: 2003년 5월 8일)

(1) 무감독 분류를 실행할 위성영상의 밴드를 그룹으로 지정

① GRASS GIS를 시작할 때 이미 'project location'과 'Accessible mapsets'이 정의되었으므로 각
각 "Seoul_Landsat", "20030508"을 선택하고 Start GRASS를 클릭한다.

GRASS GIS는 각각의 밴드를 별도의 래스터 맵으로 다루고 있기 때문에 영상 분류를 위해서는
각 래스터 맵을 하나의 그룹으로 지정하는 것이 필요하다.

② [Layer Manager] 창의 메뉴에서 [Imagery]-[Develop Images and Groups]-[Create/Edit group]을 선택한다.

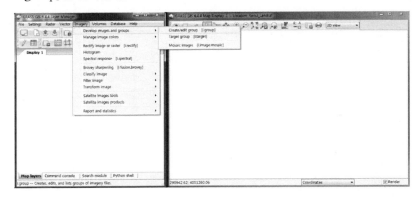

③ 창이 열리면 새로 만들 그룹의 이름을 "group_2003"로 입력하고 Add를 클릭한다.

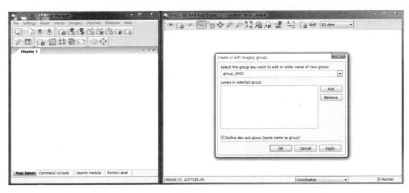

④ 창이 열리면 무감독 분류에 사용될 래스터 맵을 체크해야 하는데 이 실습에서는 4개의 밴드를 모두 사용하므로 모두 체크하고 OK를 클릭한다.

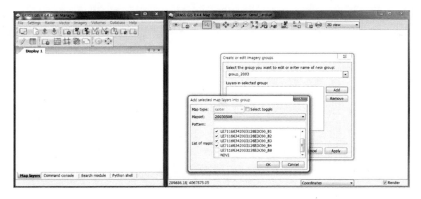

⑤ 창 하단의 'Define also sub-group'에도 체크하고 OK를 클릭한다. 서브 그룹(sub-group)은

그룹의 부분집합을 의미한다. 이는 그룹으로 지정되었다 하더라도 그룹 전체가 아닌 일부의 래스터 맵을 대상으로 분류하고자 할 때 사용한다.

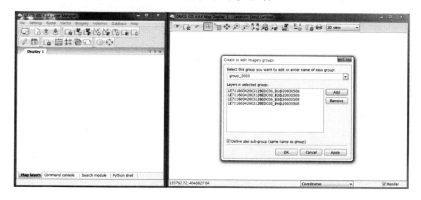

분류에 사용될 영상을 로드하고 그룹과 서브 그룹으로 지정하고 나서 마지막으로 실행할 것은 영역의 설정이다. 영역은 직사각형의 경계로 정의되는 것으로 GRASS GIS에서 처리되는 영상의 영역을 설정해 주고 있기 때문에 래스터와 영상의 처리를 위해서는 매우 중요하다.

⑥ 영역 설정을 위해 [Layer Manager] 창의 메뉴에서 [Settings]-[Region]-[Set region]을 선택하면 아래의 그림과 같은 설정 창이 나타나는데, 이때 '[multiple] Set region to match this raster map'의 선택 창에서 "LE71160342003128EDC00_B1@20030508"을 입력하고 Run을 클릭한다. "@20030508"은 정의된 mapset을 의미한다.

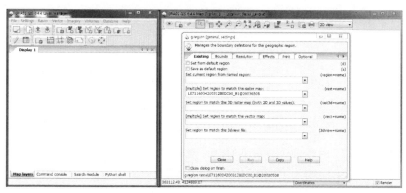

⑦ 자동으로 [Command output] 탭으로 전환되고
'ERROR' 표시가 나타나지 않으면 영역 설정은 성공
적으로 수행된 것이므로 Close를 눌러 창을 닫는다.

(2) 군집 분석

① [Layer Manager] 창의 메뉴에서 [Imagery]-[Classify Image]-[Clustering input for unsuper
vised classification]을 선택한다.

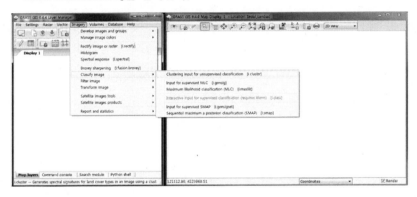

② [i.cluster] 창의 [Required] 탭에서 앞에서 입력한 그룹과 서브 그룹의 이름을 입력하고 군집
분석의 결과를 저장할 파일의 이름을 "unsupervised_signature_2003"로 입력한 다음, 무감독
분류를 통해 분류할 초기 항목 수 "16"을 입력한다. 군집 분석의 내용을 자세히 이해하기 위해
서는 [i.cluster] 창의 [Manual] 탭의 내용을 참고한다.

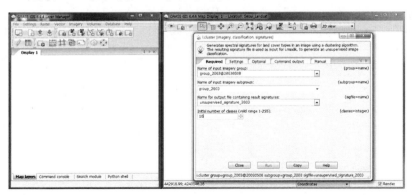

③ [Optional] 탭으로 이동해서 'Name for output file containing final report'의 내용으로 "un super vised_report_2003"을 입력하고 Run을 클릭한다.

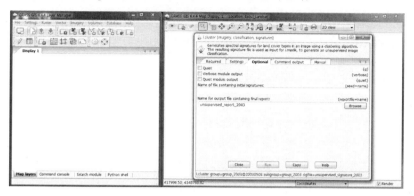

④ 실행 과정과 결과의 이상 유무는 [Command output] 탭에 출력된다.

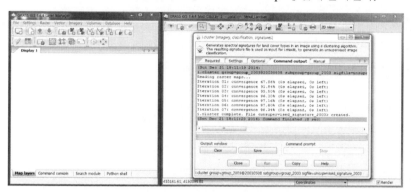

(3) 무감독 분류

① 무감독 분류 실행을 위해 [Layer Manager] 창의 메뉴에서 [Imagery]-[Classify Image]-[Maximum likelihood classification(MLC)]을 선택한다.

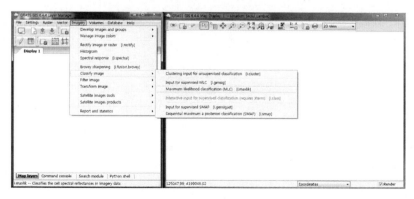

② [i.maxlik] 창이 나타나면 [Required] 탭에서 그룹과 서브 그룹의 이름과 군집 분석 결과 파일의 이름을 입력하고 무감독 분류의 결과로 만들어질 래스터 맵의 이름을 입력하기 위해 "unsuper vised_map_2003"을 입력하고 Run을 클릭한다.

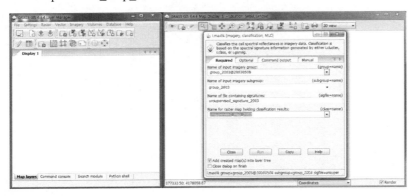

③ [Command output] 탭에 무감독 분류의 수행 과정과 결과가 출력되며 통계적으로 의미 없는 항목은 이 과정을 통해서 분류 항목에서 제외하기도 한다.

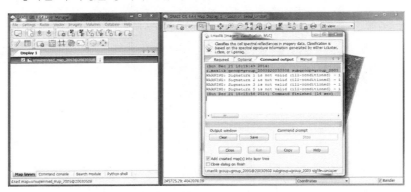

④ i.maxlik의 실행이 완료되면, [Map Display] 창에 무감독 분류 결과가 출력된다.

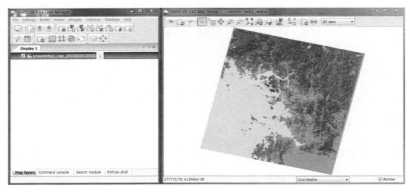

(4) 범례 표시

① 무감독 분류의 결과를 쉽게 이해하기 위해서는 범례가 필요하다. [Map Display] 창에서 ▣ (Add map elements)를 클릭한다. 이때의 풀다운 메뉴에서 [Add legend]를 선택한다.

② 출력된 범례를 통해서 분류된 결과의 내용을 쉽게 이해할 수 있다. 이 실습에서는 초기 분류 항목의 개수로 지정한 16개 중 1, 2, 3, 15, 16 등이 제외되었음을 알 수 있다.

(5) 분류 항목별 분포 출력

① 무감독 분류 결과를 확대해서 전체적으로 살펴보고, 어느 항목들이 통합될 수 있는지, 어느 항목이 잘못 분류되었는지를 확인한다.

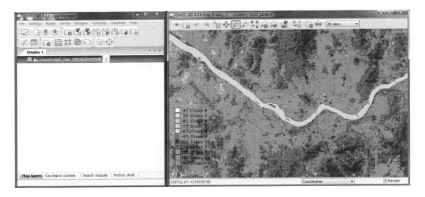

② 무감독 분류 결과에서 분류 항목의 크기는 히스토그램을 통하여 비교할 수 있다. [Map Display] 창에서 을 클릭하여 [Create histogram of raster map]을 선택한다.

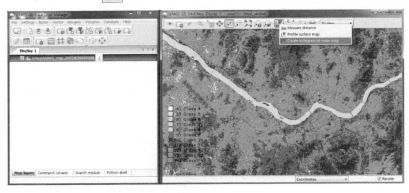

③ 각 분류 항목별 분포 크기를 비교할 수 있다.

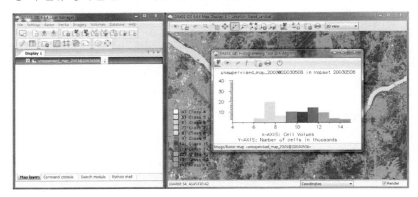

(6) 컬러 맵 변경

① 무감독 분류 결과의 색상은 임의로 할당된 것이므로, 컬러 맵을 변경하여 결과를 적절하게 표현하기 위해서 [Layer Manager] 창의 메뉴에서 [Raster]-[Manage colors]-[Color tables]를 선택한다.

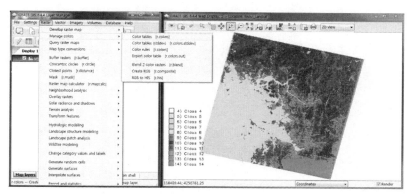

② [r.colors] 창의 [Required] 탭에서 컬러 맵을 변경할 래스터 맵의 이름을 선택한다.

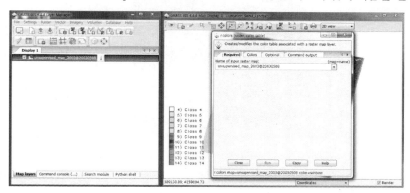

③ [Colors] 탭의 'Type of color table'에서 원하는 항목의 컬러 맵을 선택하고 Run을 클릭한다.

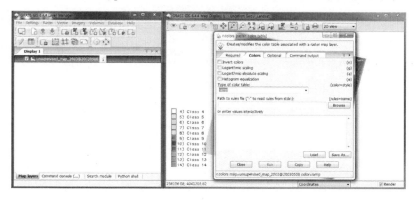

④ [Command output] 탭의 내용으로 선택된 컬러 맵으로 변경된 결과가 표시된다.

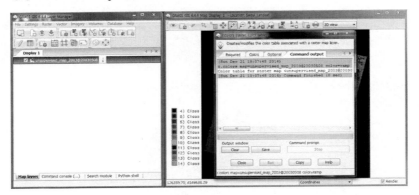

⑤ 다른 내용의 컬러 맵을 선택해서 원하는 색상으로 출력할 수 있으며, 이를 통해 분류 결과를 비교하고 분류 결과의 요약 파일을 통해 통계적 특성을 확인할 수 있다.

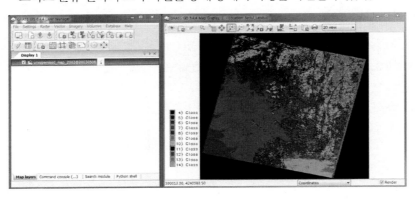

(7) 분류 결과의 해석

① 분류 결과의 통계적 특성은 C:\사용자\user 폴더의 "unsupervised_report_ 2003" 파일에 작성되었다.

② 이 파일은 문서장 등을 통해서 쉽게 열어 볼 수 있으며 파일을 열면 무감독 분류 결과에 대한 내용이 정리되어 있음을 확인할 수 있다.

③ 군집 분석의 결과를 정리한 파일은

```
Location: Seoul_Landsat
Mapset:    20030508
Group:     group_2003@20030508
Subgroup: group_2003
 LE71160342003128EDC00_B1@20030508
 LE71160342003128EDC00_B2@20030508
 LE71160342003128EDC00_B3@20030508
 LE71160342003128EDC00_B4@20030508
Result signature file: unsupervised_signature_2003

Region
 North:  4260915.00 East:    408315.00
 South:  4040985.00 West:    167085.00
 Res:        30.00 Res:        30.00
 Rows:        7331 Cols:        8041  Cells: 58948571
Mask: none
```

GRASS\Seoul_Landsat\20030508\group\group_2003\subgroup\group_2003\sig 폴더에

"unsupervised_signature_2003"으로 저장되어 있어서 확인할 수 있다.

④ 이 파일의 내용을 통해 각 분류 항목의 자세한 통계적 특성(화소의 개수, 평균, 분산 등)을 이해
할 수 있다.

```
      #produced by i.cluster
      …
      #Class 7 (클래스 ID)
      1615 (화소의 개수)
      100.536 72.6799 54.2043 17.8632 (각 밴드에서의 평균)
밴드 1  7.25384 (동일 밴드 간의 분산)
밴드 2  5.53898 10.7395
밴드 3  4.27773 13.2067 24.6125
밴드 4  1.08821 2.56955 5.56082 7.53207
      …
      밴드 1     밴드 2     밴드 3     밴드 4
```

(8) 분류 결과 재조정

① 분류 결과를 재조정하기 위한 배경화면을 만들기 위해서 3개 밴드의 래스터 맵을 색 조합해서
출력할 수도 있으나 하나의 래스터 맵으로 만들어서 출력한다.

② [Layer Manager] 창의 메뉴에서 [Raster]-[Manage colors]-[Create RGB]를 선택한다.

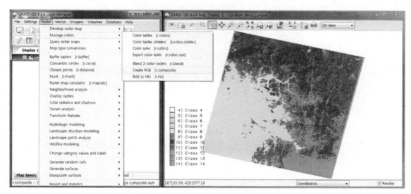

③ [r.composite] 창이 나타나면 필요한 밴드를 각각 red, green, blue의 래스터 맵으로 설정하고
실행 결과 파일의 이름을 "seoul_2003_RGB"로 입력한다.

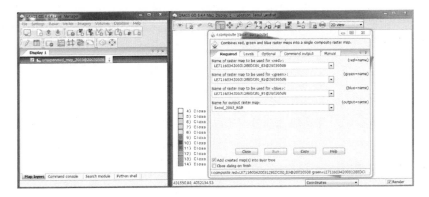

④ [r.composite]의 실행이 이상 없이 종료되면, [Layer Manager] 창에 'seoul_2003_RGB'의 래스
터 맵이 목록에 추가된다.

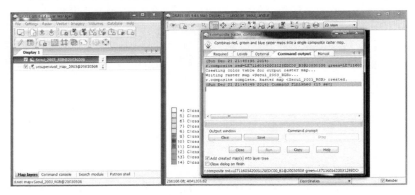

⑤ [Layer Manager] 창에 'seoul_2003_RGB' 래스터 맵이 목록에 추가된 결과이다.

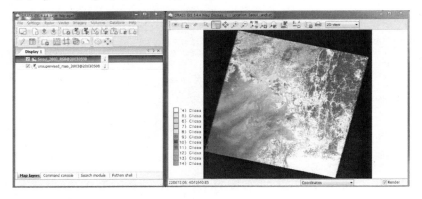

⑥ 래스터 맵의 레이어를 이동하여 출력을 변경하기 위해 목록의 아래에 있는 무감독 분류 영상
을 마우스로 드래그해서 가장 위의 위치로 변경한다.

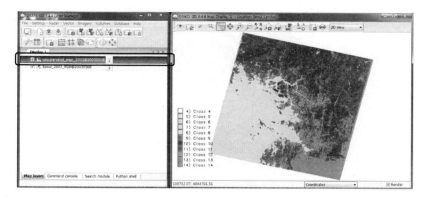

⑦ 파일 이름 앞의 체크 박스를 번갈아 클릭하면서 위에서 조합한 래스터 맵과 무감독 분류 결과를 비교한다. 래스터 맵과 무감독 분류 결과가 잘 일치되는지를 비교한다.

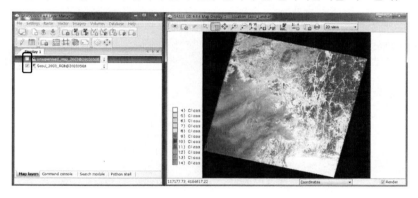

⑧ 필요에 따라 확대, 축소, 이동 등을 통해 일치하는 정도를 파악한다.

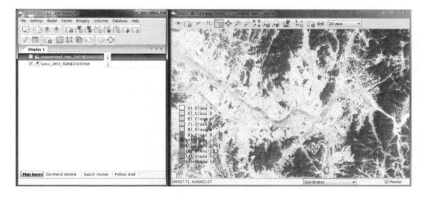

⑨ 이 상태에서 (Query raster/vector map) 도구를 클릭한다. 우측의 [Map Display] 창에서 수역, 도심지, 산림 등의 각 지점을 클릭한다.

⑩ 우측의 [Map Display] 창에서 마우스로 아래의 ×표시 부분과 같은 산림 지역을 클릭하면, 좌 측의 [Layer Manager] 창의 'Command console'에는 클릭한 위치의 클래스 값이 출력된다. 이 와 같은 방식으로 계속해서 무감독 분류 결과와 조합 영상의 값을 비교할 수 있다.

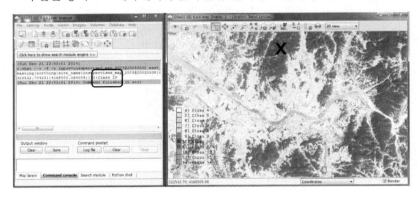

⑪ 앞의 단계에서 충분한 비교를 통해 분류 항목을 어떻게 변경할 것인지 결정했으면 범례의 항목을 변경하기 위해서 [Layer Manager] 창에서 [Raster]-[Change Category values and labels]-[Reclassify]를 클릭한다.

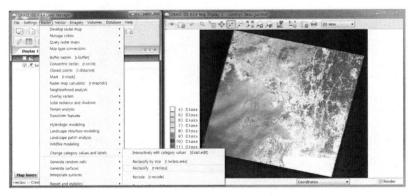

⑫ [r.reclass] 창의 [Required] 탭에서 래스터 맵의 이름을 입력하는데 이때, 'File Containing reclass rules'의 내용은 자동으로 입력되는 부분이므로, 별도의 내용을 입력하지 않고, 'or enter values interactively'의 리스트 박스 내에 다음의 내용을 입력한다.

```
5 6 7 8 = 1 Water
9 10 11 = 2 Forest
12 13 = 3 Urban Area
14  = 4 Cloud
*  = NULL
```

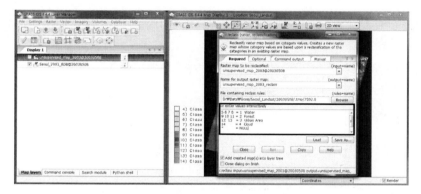

⑬ 분류 결과의 항목 변경이 이상 없이 실행되면, [Layer Manager] 창의 목록에 새로운 파일이 추가된다. 새로운 래스터 맵으로 추가되었으나, 기존 래스터 맵의 범례가 그대로 표시되고 있으므로 기존의 범례가 표시되지 않도록 삭제해야 한다.

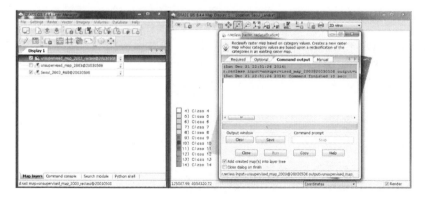

⑭ [Layer Manager] 창에서 기존의 래스터 맵 레이어를 선택하고 [Map Display] 창에서 를 클릭하고 풀다운 메뉴에서 [Add legend]를 선택한다.

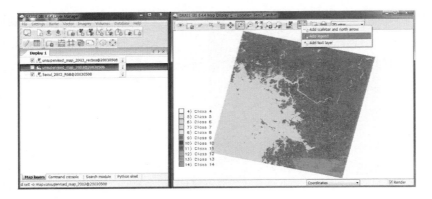

⑮ 창이 뜨면 'Show legend'의 체크 상태를 해제하고, OK를 클릭하면 화면에 나타나 있던 범례가 사라진다.

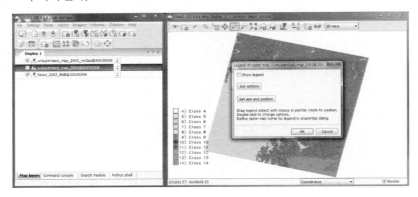

⑯ [Layer Manager] 창에서 분류 항목이 변경된 새로운 래스터 맵 레이어를 선택하고 [Map Display] 창에서 [아이콘]를 클릭하고 풀다운 메뉴에서 [Add legend]를 선택한다.

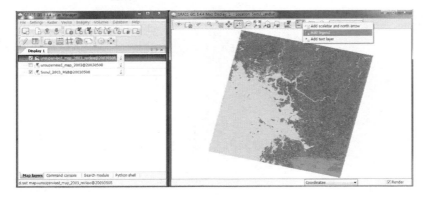

⑰ 원하는 내용의 범례가 나타난다.

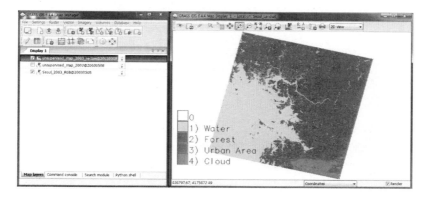

⑱ 결과가 이상 없는지 확인하기 위해서 [Map Display] 창에서 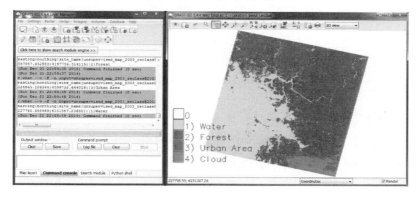 (Query raster/vector map) 을 클릭하고 이 상태에서 출력된 래스터 맵을 마우스 왼쪽으로 클릭하면 [Layer Manager]의 [Command console] 탭의 'output window'에 클릭한 위치의 정보가 출력된다. 이를 확인하면 클릭한 위치의 분류 항목이 무엇인지 알 수 있다.

무감독 분류 결과를 나타내는 래스터 맵의 범례는 이제 이상이 없으나, 범례와 래스터 맵의 색 상이 자연스럽게 나타나도록 변경해야 한다.

⑲ [Layer Manager] 창의 메뉴에서 [Raster]-[Manage colors]-[Color tables]를 선택한다.

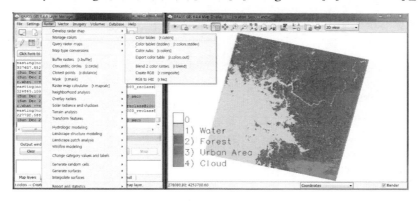

⑳ 이때 나타나는 [r.colors] 창의 [colors] 탭에서 'or enter values interactively'의 목록에 다음의
내용을 입력한다.

```
0 white
1 blue
2 green
3 red
4 black
```

㉑ 색상 변경과 관련한 입력 양식은 [Manual] 탭의 내용을 참고한다.

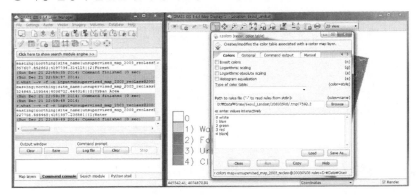

㉒ 'or enter values interactively'의 목록에 내용을 입력하고 Run을 클릭하면, [Command out
put] 탭에 처리 결과가 출력되어 범례와 분류 결과 영상이 변경되었음을 알 수 있다.

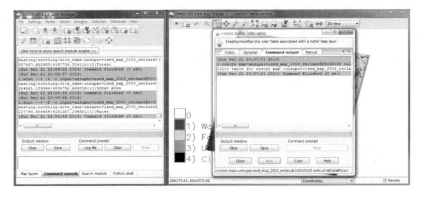

㉓ 무감독 분류가 모두 이상 없이 진행되었다.

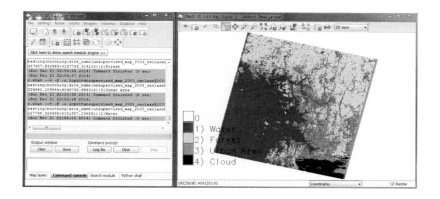

예제5	영상 분류: 감독 분류하기

실습의 목적	GRASS GIS를 사용한 감독 분류 방법의 이해
실습의 목표	• 위성영상의 감독 분류 방법을 설명할 수 있다. • 위성영상의 감독 분류 결과를 설명할 수 있다.
실습의 구성	1. 감독 분류를 실행할 위성영상의 밴드를 그룹으로 지정 2. 훈련 자료 작성 3. 작성된 벡터 맵의 훈련 자료를 래스터 맵으로 변환 4. 감독 분류를 위한 훈련 자료의 통계적 특성 파악 5. 감독 분류 실행 6. 범례 표시 7. 분류 결과 확인 및 항목 재조정
실습에 사용된 위성영상	랜드샛-7호 영상(수집일: 2003년 5월 8일)

(1) 감독 분류를 실행할 위성영상의 밴드를 그룹으로 지정

① GRASS GIS를 시작하면 'project location'과 'Accessible mapset'이 정의되었으므로, 각각 "Seoul_Landsat", "20030508"을 선택하여 Start GRASS를 클릭한다.

② 무감독 분류에서는 그룹을 지정하는 것이 우선이므로 [Layer Manager] 창의 메뉴에서 [Imagery]–[Develop Images and Groups]–[Create/Edit group]을 선택한다.

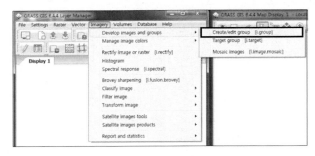

③ 앞의 무감독 분류의 실습에서와 같이 동일한 내용으로 그룹과 서브 그룹, 영역 설정을 진행한다. 이때, 그룹의 이름을 "group_supervised_2003"으로 입력한다.

(2) 훈련 자료 작성

무감독 분류와 다른 점은 훈련 자료를 통해 각 분류 항목의 통계적 특성을 미리 파악하고 있는 점이다. 이를 위해 벡터 맵의 훈련 자료를 작성한 뒤, 이를 래스터 맵으로 변환하여 사용한다.

① [Layer Manager] 창의 메뉴에서 [Vector]–[Develop vector map]–[Create new vector map]

을 클릭한다.

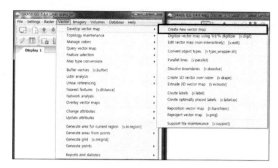

② 벡터 맵의 이름을 "training_2003"으로 입력
하고, 속성 테이블을 만들어 주는 체크 키 속
성을 말하는 'Key column'에 "category"를 입
력하고 OK를 클릭한다.

③ 좌측의 [Layer Manager] 창에 벡터 맵 레이어가 표시된다.

④ [Layer Manager] 창의 벡터 맵 레이어에서 마우스 오른쪽을 클릭하면 나타나는 메뉴에서
[Show attribute data]를 선택한다.

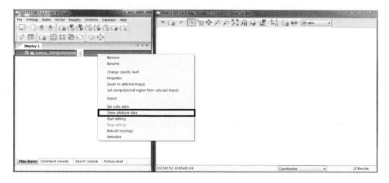

⑤ 이때 나타나는 창에서 'category' 컬럼을 확인하
고 [Manage tables] 탭으로 이동한다.

⑥ [Manage tables] 탭으로 이동하면, 'category' 항
목의 속성을 알 수 있다. 여기에 새로운 컬럼을 추
가한다. 즉 훈련 자료의 ID를 정수 값으로 나타내
고자 하는 것이 'category' 항목이고, 이를 설명하
기 위한 컬럼이 필요하다.

⑦ 컬럼을 추가하기 위해서 이름은 'Colum'에
"Description", 데이터 타입은 'Type'에 "varchar",
길이는 'Length'에 "20"을 각각 입력하고 Add를
클릭하면, 데이터베이스 테이블에 입력한 내용이
나타난다.

⑧ 새로 만든 컬럼의 속성을 확인할 수 있는데 컬럼
의 이름 'Description'의 마지막 문자 'n'은 삭제된
것을 볼 수 있다. Quit를 클릭해서 창을 닫는다.

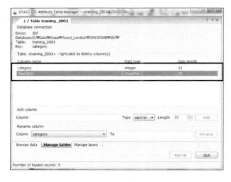

⑨ 훈련 자료 작성에 배경이 되는 위성영상 출력을 위해서 [Layer Manager] 창에서  (Add various raster map layers)를 선택하고 [Add RGB map layer]를 선택한다.

⑩ [d.rgb] 창에서 red, green, blue로 할당될 래스터 맵을 입력한다.

⑪ 입력한 래스터 맵이 출력되었다. [Layer Manager] 창의 레이어 목록에서 벡터 맵 레이어의 위치를 가장 위로 변경한다.

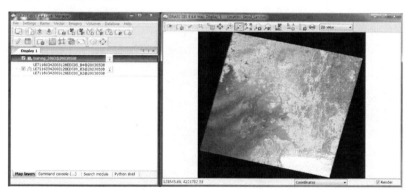

⑫ [Layer Manager] 창의 레이어 목록에서 벡터 맵 레이어를 선택하고, 마우스 오른쪽을 클릭하면 나타나는 메뉴에서 [Start editing]을 선택한다.

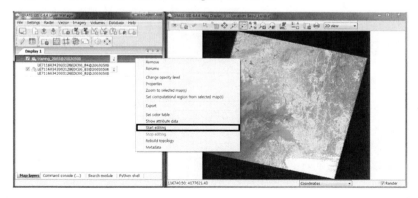

⑬ 이때, 오른쪽의 [Map Display] 창에는 벡터 맵 데이터를 편집할 수 있는 메뉴가 나타난다.

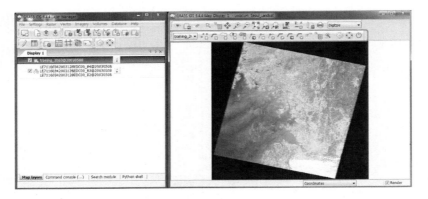

⑭ 훈련 자료를 입력하기 위해서는 벡터의 폴리곤 데이터를 작성하기 위해 메뉴에서 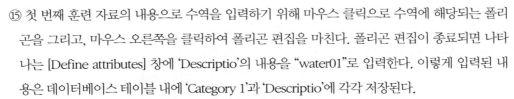 (Digitize new area)를 선택한다.

⑮ 첫 번째 훈련 자료의 내용으로 수역을 입력하기 위해 마우스 클릭으로 수역에 해당되는 폴리곤을 그리고, 마우스 오른쪽을 클릭하여 폴리곤 편집을 마친다. 폴리곤 편집이 종료되면 나타나는 [Define attributes] 창에 'Descriptio'의 내용을 "water01"로 입력한다. 이렇게 입력된 내용은 데이터베이스 테이블 내에 'Category 1'과 'Descriptio'에 각각 저장된다.

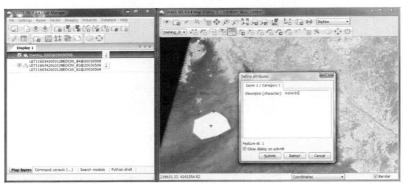

⑯ 두 번째 훈련 자료의 항목으로 'Category 2'와 'Descriptio'는 "water02"인 수역의 폴리곤을 입력한다.

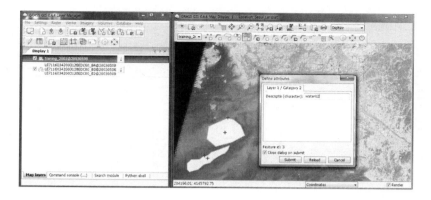

⑰ 차례대로 벡터 맵의 훈련 자료를 입력할 수 있으며, 삭제( ), 이동( ) 등 다양한 기능을 통하여 편집을 수행한다.

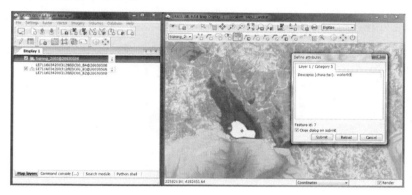

⑱ 농경지의 훈련 자료를 입력하고 추가로 농경지의 훈련 자료를 더 입력한다.

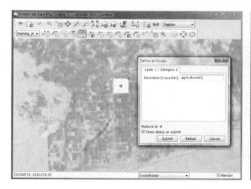

⑲ 산림의 훈련 자료를 입력하고 산림의 훈련 자료를 추가한다.

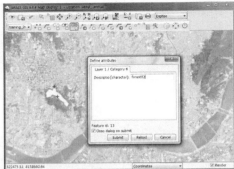

⑳ 도시와 구름의 훈련 자료를 입력한다.

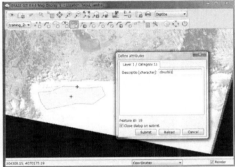

㉑ 훈련 자료의 입력이 모두 종료되면, 화면을 축소해서 전체의 입력 내용을 확인할 수 있고 입력을 종료하기 위해서는 메뉴의 ⏻(Quit digitizer)를 클릭한다.

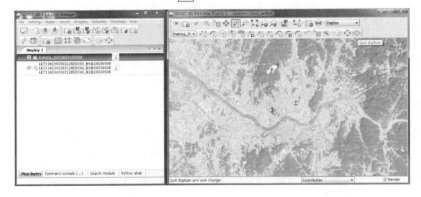

㉒ 입력한 내용을 저장할 것인지를 묻는 창이 나타나면 예(Y)를 클릭해서 종료한다.

㉓ 이제 훈련 자료의 입력이 종료되었다.

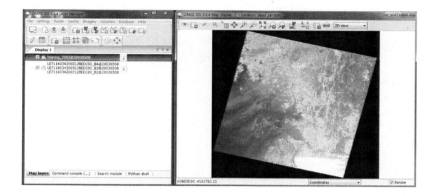

(3) 작성된 벡터 맵의 훈련 자료를 래스터 맵으로 변환

① 벡터 맵의 훈련 자료를 래스터 맵으로 변환하기 위해 [Layer Manager] 메뉴에서 [Vector]–[Map type conversions]–[Vector to raster]를 클릭한다.

② [v.to.rast] 창의 [Required] 탭에서 입력되는 벡터 맵과 출력되는 래스터 맵의 이름을 각각 입력한다. 'Source of raster values'는 "attr"로 입력되어 있다.

③ [Attributes] 탭에서 'Name of column for 'attr' parameter'는 "Category"로, 'Name of column used as raster category labels'는 "Descriptio"로 입력하고 Run 을 클릭한다.

④ 변환된 결과가 [Command output] 탭의 창에 출력되고

[Layer Manager] 창의 레이어 목록에 변환된 래스터 맵이 출력된다.

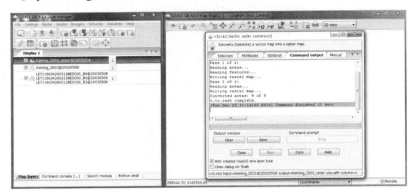

⑤ 래스터 맵으로 변환된 결과는 자동으로 [Layer Manager] 창에 등록되고, [Map Display] 창에 출력된다. 현재의 래스터 맵은 투명하지 않아, 아래의 래스터 맵을 볼 수 없다. 래스터 맵을 보기 위해서는 속성을 변경해야 한다.

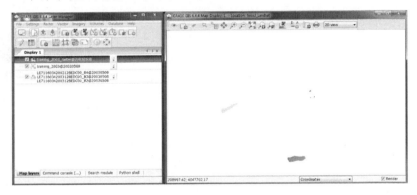

⑥ [Layer Manager] 창에서 래스터 맵을 선택하고, 마우스 오른쪽을 클릭하면 나타는 메뉴에서 [properties]를 선택한다.

⑦ [d.rast] 창의 [Required] 탭에서 출력될 래스터 맵의 이름을 "training_2003_raster"로 입력한다.

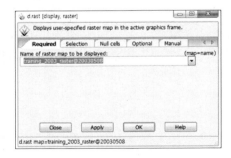

⑧ [d.rast] 창의 [Null cells] 탭에서 'Overlay (non-
   null values only)'에 체크하고 창 하단의 OK를 클
   릭한다.

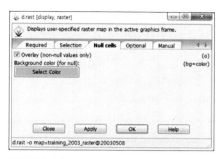

⑨ 이제 벡터 맵으로부터 변환된 래스터 맵이 투명해
   져 아래에 있는 다른 레이어가 표시된다.

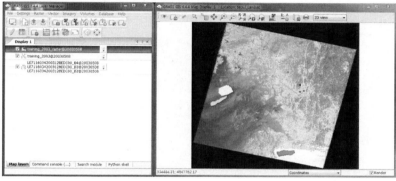

⑩ [Map Display] 창에서 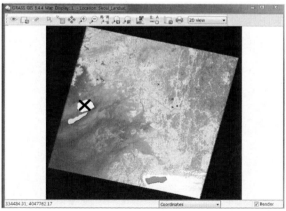(Query raster/vector map)를 선택하고, 변환된 래스터 맵의 폴리
   곤 위에서 마우스를 클릭한다.

⑪ [Layer Manager] 창의 [command console] 탭에 클릭된 폴리곤의 속성이 나타나고 이상 없이
   변환되었음을 알 수 있다.

(4) 감독 분류를 위한 훈련 자료의 통계적 특성 파악하기

① 훈련 자료의 통계 분석 결과를 작성하기 위해 [Layer Manager] 창의 메뉴에서 [Imagery]-[Classify image]-[Input for supervised MLC]를 클릭한다.

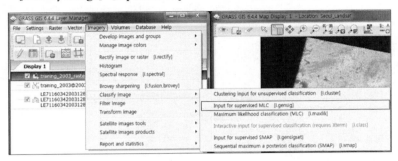

② [i.gensig] 창 [Required] 탭의 'Ground truth traing map'에는 "training_2003_raster@20030508"을, 'Name of input imagery group'에는 "group_super vised_2003@20030508"을, 'Name of input imagery subgroup'에는 "group_supervised_2003"을, 'Name for output file contain ing result signatures'에는 "training_2003_supervised_signature"를 각각 입력하고 Run을 클릭한다.

③ [Command output] 탭에 실행 결과가 출력된다.

④ 훈련 자료의 통계적 특성을 분석한 결과는 GRASS\seoul_Landsat\20030508\group\group_super vised_2003\subgroup\group_supervised_2003\Sig 폴더에 'training_2003_supervised_signature'라는 이름으로 저장되어 있다.

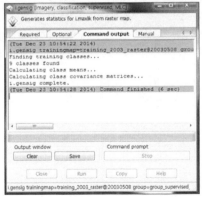

⑤ 훈련 자료 'forest01'을 보면 대해 화소의 개수, 각 밴드에서의 평균과 각 밴드 간의 공분산 등의 정보를 알 수 있다.

다음과 같이 대각선 방향으로 각 밴드 간의 공분산이 상대적으로 큰 값이 하나인 것은 이상적이다. 만일 큰 값들이 여러 개 존재한다면, 이는 훈련 자료의 표준편차와 분산이 큰 것이기 때문에 훈련 자료로 적합하지 않음을 의미한다.

```
#
#forest01              (클래스 ID, 입력한 클래스의 이름)
3138                              (화소의 개수)
77.0484 63.74 45.3572 105.011    (각 밴드에서의 평균)
2.96546                          (각 밴드 간의 공분산)
0.574602 4.35442
1.78059 2.25199 4.3776
3.35489 12.5984 2.90166 107.502
```

(5) 감독 분류 실행

① [Layer Manager] 창의 메뉴에서 [Imagery]−[Classify image]−[Maximum likelihood classification]을 클릭한다.

② 감독 분류를 실행하기 위해 [i.maxlik] 창 [Required] 탭의 'Name of input imagery group'에 "group_supervised_2003@20030508"을, 'Name of input imagery subgroup'에 "group_supervised_2003"을, 'Name of containing signatures'에 "training_2003_supervised_signature"를, 'Name for raster map holding classification results'에 "supervised_map_2003"을 입력하고 Run을 클릭한다.

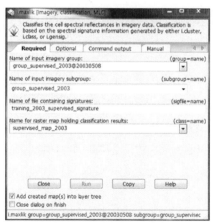

③ [Command output] 탭에 실행 결과가 출력된다. 또한 [Layer Manager] 창에 감독 분류의 결과인 "supervised_map_2003"이 목록에 출력된다.

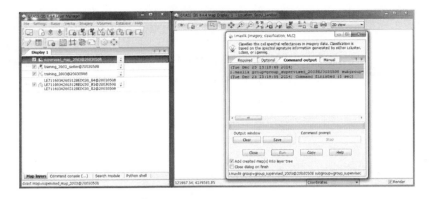

④ 이와 동시에 감독 분류의 결과가 [Map Display] 창에 출력된다.

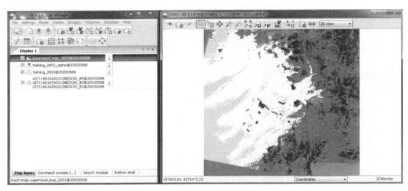

(6) 범례 표시

① 감독 분류의 결과를 쉽게 이해하기 위해서는 범례가 필요하므로 [Map Display] 창에서  (Add map elements)를 클릭하고 메뉴에서 [Add legend]를 선택한다.

② [Legend of raster map] 창의 'Show legend'에 체크되 어 있는지 확인하고 OK를 클릭한다.

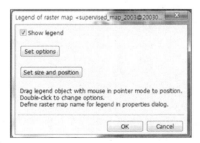

③ 범례가 표시된 감독 분류의 결과가 아래와 같이 나타난다.

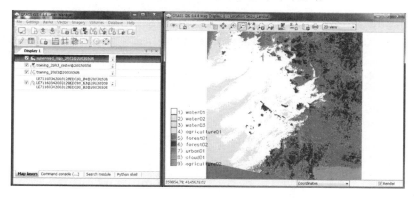

(7) 분류 결과 확인 및 항목 재조정

① [Layer Manager] 창의 메뉴에서 [Raster]–
[Change Category values and labels]–
[Reclassify]를 클릭한다.

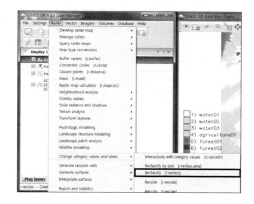

② [r.reclass] 창의 [Required] 탭에서 래스터 맵의
이름을 입력한다. 이때, 'File Containing reclass
rules'의 내용은 자동으로 입력되는 부분이므로,
별도의 내용을 입력하지 않는다.

③ 'or enter values interactively'의 리스트 박스 내에 다음의 내용을 입력한다.

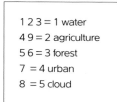

```
1 2 3 = 1 water
4 9 = 2 agriculture
5 6 = 3 forest
7  = 4 urban
8  = 5 cloud
```

④ 분류 결과의 항목 변경 실행이 이상 없이 종료 되면, [Layer Manager] 창의 목록에 새로운 파일
　이 추가된다.

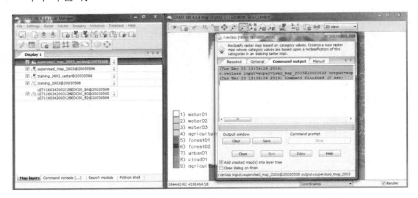

⑤ 재분류 결과가 이상 없음을 확인한다.

⑥ 이제 색상을 변경하기 위해 [Layer Manager] 창의 메뉴에서 [Raster]-[Manage colors]-[Color
　tables]를 선택한다.

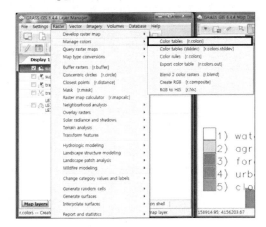

⑦ [r.colors] 창의 [Required] 탭에서 'Name of input
　raster map'에 "supervised_map_2003_reclass@
　20030508"을 입력한다.

⑧ [r.colors] 창의 [Colors] 탭에서 'or enter values interactively'에 다음의 내용을 입력하고 Run
　을 클릭한다.

```
1 blue
2 yellow
3 green
4 red
5 black
```

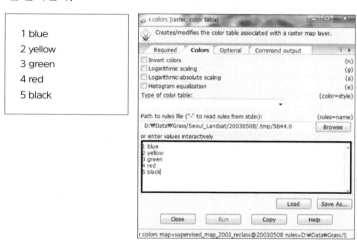

⑨ 처리 결과가 [Command output] 탭에 출력된다.

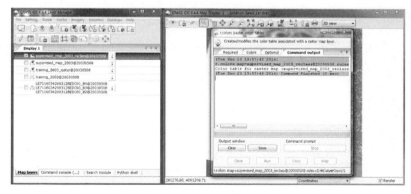

⑩ 색상이 변경되었다.

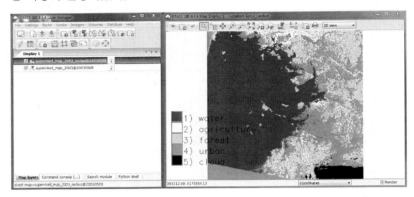

⑪ 감독 분류의 실습이 모두 이상 없이 진행되었다.

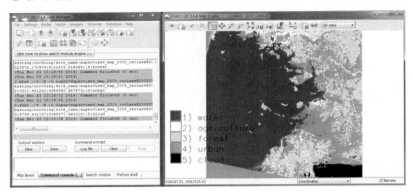

<table>
<tr><td style="background:#555;color:#fff">예제6</td><td colspan="1">영상 분류: 분류 정확도 평가하기</td></tr>
</table>

실습의 목적	GRASS GIS를 사용한 분류 정확도 평가 방법의 이해
실습의 목표	• 훈련 자료와 참조 자료의 차이점을 설명할 수 있다. • 분류 정확도의 평가 방법을 설명할 수 있다. • 전체 정확도 및 kappa 값의 계산 방법을 설명할 수 있다.
실습의 구성	1. 참조 자료의 작성 2. 작성된 벡터 맵의 참조 자료를 래스터 맵으로 변환 3. 분류 정확도 평가
실습에 사용된 위성영상	랜드샛-7호 영상(수집일: 2003년 5월 8일)

(1) 참조 자료의 작성

① GRASS GIS를 시작한다. 'Project location'과 'Accessible mapsets'이 정의되었으므로 각각 "Seoul_Landsat", "20030508"을 선택하여 Start GRASS를 클릭한다.

② 참조 자료의 작성은 훈련 자료의 작성 방법과 동일하게 벡터 맵을 생성하는 것이다. [Layer Manager] 창의 메뉴에서 [Vector]−[Develop vector map]−[Create new vector map]을 클릭한다.

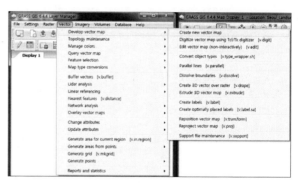

③ 'Name for new vector map'에 새로운 벡터 맵의 이름 "reference_2003"으로 입력하고 속성테이블을 만들어 주는 "Create attribute table"에 체크하고, 키 속성을 "category"로 입력하고 'Add created map into layer tree'를 선택한다.

④ 좌측의 [Layer Manager] 창에 벡터 맵 레이어가 표시된다.

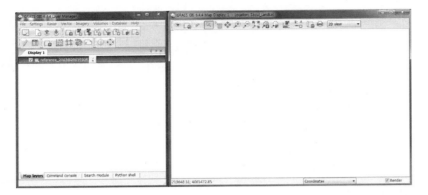

⑤ [Layer Manager] 창의 벡터 맵 레이어에서 마우스 오른쪽을 클릭하면 메뉴가 나타나는데 이 메뉴에서 [Show attribute data]를 선택한다.

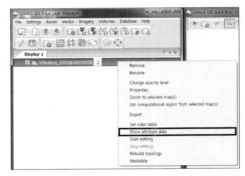

⑥ 이때 나타나는 창에서 이미 "category" 컬럼이 있는 것을 확인한다.

⑦ [Manage tables] 탭으로 이동해 "category" 항목의 속성을 확인하고 새로운 컬럼을 추가한다.

⑧ 추가할 컬럼의 이름은 'Colum'에 "Descrip
tion", 'Type'에 "varchar", 'Length'에 "20"을 입
력하고 Add를 클릭한다.

⑨ 데이터베이스 테이블에 입력한 내용이 나타나
새로 만든 컬럼 항목의 속성을 확인할 수 있다.
컬럼의 이름 'Description'에서 마지막 문자 n
은 삭제되었다. Quit를 클릭해서 창을 닫는다.

⑩ 참조 자료를 작성하기 위해 배경이 되는 위성
영상을 출력해야 한다. [Layer Manager] 창에
서 ▣(Add various raster map layers)를 클
릭하고 [Add RGB map layer]를 선택한다.

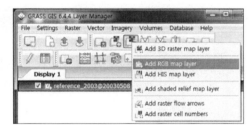

⑪ [d.rgb] 창에서 아래의 그림과 같이 red,
green, blue의 색으로 할당될 래스터 맵을 각
각 입력한다.

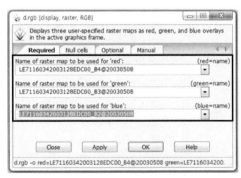

⑫ 입력된 래스터 맵이 출력되었다.

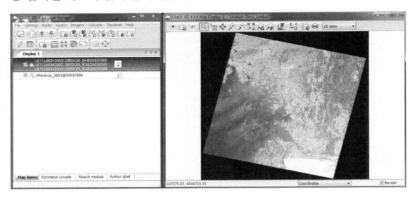

⑬ [Layer Manager] 창의 레이어 목록에서 벡터 맵 레이어의 위치를 가장 위의 위치로 변경한다.

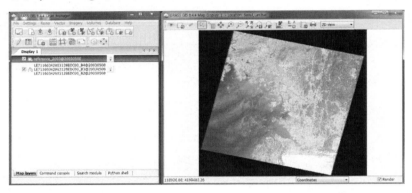

⑭ [Layer Manager] 창의 레이어 목록에
서 벡터 맵 레이어를 선택하고, 마우
스 오른쪽을 클릭하면 나타나는 메뉴
에서 [Start editing]을 선택한다.

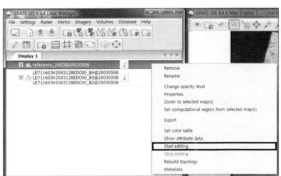

⑮ 이때, 오른쪽의 [Map Display] 창에는 벡터 맵 데이터를 편집할 수 있는 도구 모음이 나타난다.
참조 자료를 입력하기 위해서는 벡터의 폴리곤 데이터를 작성해야 한다. 도구 모음에서
(Digitize new area)를 선택한다.

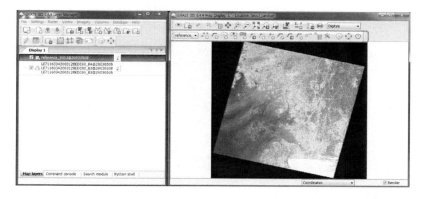

⑯ 첫 번째 참조 자료의 내용으로 수역을 입력
한다. 즉 'Layer 1/category 1'의 'Descriptio'
에 "water"로 입력한다.

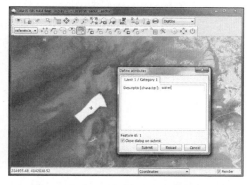

⑰ 두 번째 참조 자료의 항목으로 'Layer 1/cate
gory 2'의 'Descriptio'에 "agriculture"인 농경
지의 폴리곤을 입력한다.

⑱ 세 번째 참조 자료의 항목으로 'Layer 1/cate
gory 3'의 'Descriptio'에 "forest"인 산림지역
의 폴리곤을 입력한다.

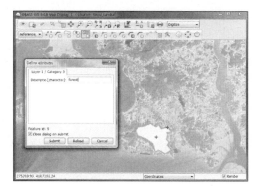

⑲ 네 번째 참조 자료의 항목으로 'Layer 1/category 4'와 'Descriptio'에 "urban"인 도시지역의 폴리곤을 입력한다.

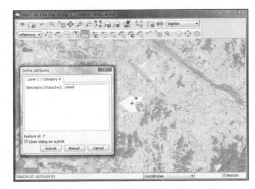

⑳ 다섯 번째 참조 자료의 항목으로 'Layer 1/category 5'와 'Descriptio'에 "cloud"인 구름의 폴리곤을 입력한다.

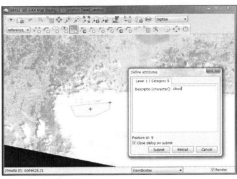

㉑ 참조 자료의 입력이 모두 종료되면, 화면을 축소해서 전체의 입력 내용을 확인할 수 있다. 입력을 종료하기 위해서는 도구 모음의 ⏻(Quit digitizer)를 클릭한다.

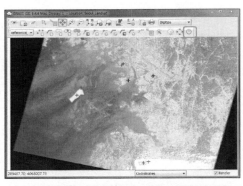

㉒ 입력한 내용을 저장할 것인지를 묻는 창이 나타나면 예(Y)를 클릭하여 종료한다.

㉓ 이제 참조 자료의 입력이 종료되었다.

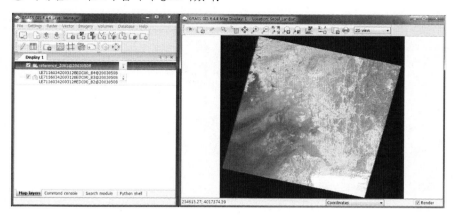

(2) 작성된 벡터 맵의 참조 자료를 래스터 맵으로 변환

① 벡터 맵의 참조 자료를 래스터 맵으로
변환하기 위해 [Layer Manager] 메뉴에
서 [Vector]-[Map type conversions]-
[Vector to raster]를 클릭한다.

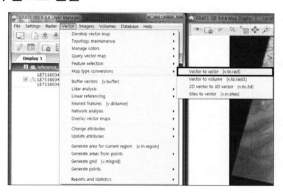

② [v.to.rast] 창에서 [Required] 탭의 'Name of in
put vector map'에 "reference_2003@20030508"
을, 'Name for output raster map'에 "reference_
2003_raster"를, 'Source of raster values'에 "attr"
을 입력하고 'Add created map(s) into layer tree'
에 체크한다.

③ [Attributes] 탭에서 'Name of column for 'attr' parameter'는 "Category"로, 'Name of column used as raster category labels'에는 "Descriptio"로 입력한다.

④ 입력 후 하단의 Run을 클릭하면 변환된 결과가 [Command output] 창에 출력된다.

⑤ 또한 [Layer Manager] 창의 레이어 목록에 변환된 래스터 맵이 출력된다.

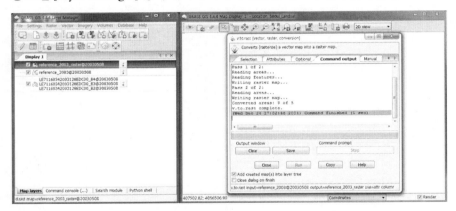

⑥ 앞서 했던 실습을 토대로 벡터 맵으로부터 변환된 래스터 맵을 투명하게 처리하여 아래에 있는 다른 레이어가 표시되도록 한다.

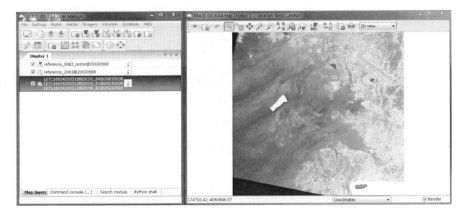

(3) 분류 정확도 평가

① [Layer Manager] 창의 메뉴에서 [Imagery]-[Report and statistics]-[Kappa analysis]를 선택한다.

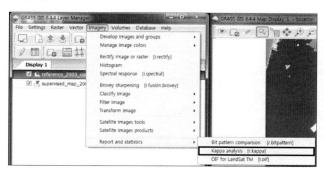

② [r.kappa] 창에서 [Required] 탭의 'Name of raster map containing classification result'에는 "supervised_map_2003_reclass@20030508"을, 'Name of raster map containing reference classes'에는 "reference_2003_raster@20030508"을 입력하고 Run을 클릭한다.

③ 분류 정확도 평가가 그림과 같이 실행된다.

④ 분류 정확도 평가 결과는 [r.kappa] 창의 [Command output] 탭에 아래와 같이 출력된다. 분류 오차표와 kappa 값을 통해 분류 정확도를 평가할 수 있으며, 내용은 Save를 클릭해서 별도의 파일로 저장할 수 있다.

```
r.kappa classification=supervised_map_2003_reclass@20030508 reference=reference_2003_raster@20030508
           ACCURACY ASSESSMENT
LOCATION: Seoul_Landsat          Wed Dec 24 22:50:40 2014
MASK: none
MAPS: MAP1 = Rasterized vector map from labels (reference_2003_raster@20030508 in 20030508)
      MAP2 = Reclass of supervised_map_2003@20030508 in 20030508 (supervised_map_2003_reclass@20030508 in 20030508)
Error Matrix
Panel #1 of 1
```

```
                MAP1
        cat#    1    2    3    4    5
   M    1    75971    0    0    0    0
   A    2       0   272   30  321    0
   P    3       0     0 9286    1    0
   2    4       0   626    0 4900   110
        5       0     0    0    0  25774
  Col Sum    75971   898 9316      5222     25884
  cat#    Row Sum
  s    1    75971           0           0           0           0      75971
  u    2        0         272          30         321           0     152565
  p    3        0           0        9286           1           0     238446
  e    4        0         626           0        4900         110     329963
  r    5        0           0           0           0       25774     447254
     1244199
```

이렇게 저장된 내용이 의미하고 있는 것은 다음과 같다.

- 분류 정확도 평가에 사용된 전체 화소 수: 75,971+898+9,316+5,222+25,884=117,291

- 정확하게 분류된 전체 화소 수: 75,971+272+9,286+4,900+25,774=116,203

- 전체 분류 정확도: (116,203/117,291)×100=99.072393(%)

- kappa 값: 0.982281

```
Cats    % Commission    % Ommission  Estimated Kappa
1    0.000000       0.000000        1.000000
2   56.340289      69.710468        0.432250
3    0.010768       0.322027        0.999883
4   13.058907       6.166220        0.863326
5    0.000000       0.424973        1.000000
Kappa          Kappa Variance
0.982281       0.000000
Obs Correct  Total Obs    % Observed Correct
116203         117291          99.072393
MAP1 Category Description
1:    water
2:    agriculture
3:    forest
4:    urban
5:    cloud
MAP2 Category Description
1:    water
2:    agriculture
3:    forest
4:    urban
5:    cloud
```

집필진

1편   **강영옥(姜英玉)**

미국 오하이오 주립대학교(The Ohio State University) / 박사

이화여자대학교 사범대학 사회과교육과 / 교수

GIS 및 정보화 정책

現 국토교통부 국토교통미래기술위원회 위원

現 한국공간정보학회 기획부회장

저서: (공저) 『공간정보 응용』, 도서출판 드림북, 2016

(공저) 『공간정보 소프트웨어 실무』, 도서출판 드림북, 2015

이메일: ykang@ewha.ac.kr

2편   **주용진(朱勇鎭)**

인하대학교 대학원 / 공학박사

인하공업전문대학 항공지리정보과 / 부교수

데이터베이스 및 WEB GIS

現 국토교통부 국가공간정보위원회 공간정보표준 전문위원

現 한국공간정보학회 기획이사

저서: 『공간정보 웹 프로그래밍』, 도서출판 드림북, 2016

『공간정보 자바 프로그래밍』, 도서출판 드림북, 2015

이메일: jyj@inhatc.ac.kr

3편   **서동조(徐東祚)**

서울대학교 대학원 / 공학박사

서울디지털대학교 컴퓨터공학과 / 부교수

원격탐사 및 GIS

저서: 『고등학교 위성영상처리』, 국토교통부, 2015

(공저) 『도시의 계획과 관리를 위한 공간정보활용 GIS』, 대한국토도시계획학회, 2010

(공저) 『도시정보와 GIS』, 대왕사, 1999

이메일: djseo@sdu.ac.kr